高等学校"十一五"规划教材

建筑安全学概论

编著　赵运铎　孙世钧　方修建

主审　郑　忱

哈尔滨工业大学出版社

内 容 提 要

本书结合国家有关现行规范,以及新的教学大纲和对注册执业建筑师相关建筑法规方面知识的要求,融合了作者在本门课程多年教学中积累的经验。全书系统介绍了建筑设计中建筑学及相关专业的建筑设计防火和建筑设计抗震方面的知识及建筑安全设计原理和方法。

本书适用于建筑学、城市规划、室内设计等本科专业的教学,专科、电大、夜大、函大等各类院校相关专业也可以有针对性地选择使用,还可供建筑师、规划师、室内设计师等工程技术人员参考。

图书在版编目(CIP)数据

建筑安全学概论/赵运铎等编著. —哈尔滨:哈尔滨工业
大学出版社,2006.8(2017.1 重印)
ISBN 978 - 7 - 5603 - 2372 - 5

Ⅰ. 建… Ⅱ. 赵… Ⅲ. ①建筑物-防火系统-建筑设计
②建筑结构-抗震设计 Ⅳ. ①TU892 ②TU352.104

中国版本图书馆 CIP 数据核字(2006)第 079066 号

责任编辑 贾学斌
封面设计 马 辉
出版发行 哈尔滨工业大学出版社
社   址 哈尔滨市南岗区复华四道街 10 号 邮编 150006
传   真 0451 - 86414749
网   址 http://hitpress. hit. edu. cn
印   刷 哈尔滨市工大节能印刷厂
开   本 787mm×1092mm 1/16 印张 15.5 字数 361 千字
版   次 2006 年 8 月第 1 版 2017 年 1 月第 2 次印刷
书   号 ISBN 978 - 7 - 5603 - 2372 - 5
定   价 35.00 元

前　言

　　本书是在作者 1993 年开始主讲的高层建筑防火和 1996 年主讲的建筑抗震课程教案的基础上,并以现行相关规范为主要依据撰写而成的。本书着重于建筑设计防火、抗震安全系统知识的内容。本书被纳入高等学校"十一五"规划教材。

　　建筑安全性侧重强调建筑应具有安全性质,建筑安全学是强调系统的建筑安全知识。作者通过十几年的教学实践,深感系统的建筑安全知识之重要。不仅建筑结构专业、建筑设备专业要有系统的安全知识,建筑师、规划师和室内设计师也应掌握系统的建筑安全知识,并把这些知识应用到规划设计、建筑设计和室内设计中去。

　　建筑安全学是建筑学与安全学相结合、渗透形成的边缘学科。严格意义的建筑安全学应是以建筑学和安全学的基本理论为指导,以所有影响建筑安全的因素为对象,研究建筑安全问题的一门科学。这门学科的研究,既要有深厚的建筑学专业知识,又要有宽泛的安全学理论,但影响建筑安全的因素很多,不仅是火灾、地震,还有腐蚀、滑坡、冻胀、洪灾、雪灾等。因为作者的知识和时间所限,整合资源的能力等受到一定限制,目前还不具备完成建筑安全学教材的条件,但考虑到教学的急需及目前危害建筑安全的最主要因素还是火灾和地震,所以,本书的编写以建筑安全学概论为形式,以建筑设计防火和建筑设计抗震为内容是适宜和必要的。

　　本书的编写有如下特点:

　　第一,内容上仅分为两编,即建筑设计防火和建筑设计抗震。每一编相对独立,既便于教学,也为下步增编形成完整的建筑安全学留下伏笔。

　　第二,建筑设计防火编是以民用建筑为重点,工业建筑仅作为单独的一章,这主要是考虑到由于教学学时的限制,只能突出重点。另外,建筑设计防火编中,也未包括水、暖、电等设备设计防火内容。这是因为建筑学、城市规划和室内设计等专业的建筑设备课已涉及相关内容。但从知识系统性和完整性考虑,这部分知识又是必要的,为了弥补这一不足,在附录中收录了《高层民用建筑设计防火规范》。

　　第三,书中的建筑设计防火和建筑设计抗震均以现行规范为主要依据,但引用时突出了与建筑设计相关的条款内容,并且按教学思路、习惯,侧重于系统知识的培养,做了重新组织编排。编写原则是偏重于建筑安全知识介绍、建筑安全设计原理、安全设计的重点和要点。

　　值得说明的是,现行规范往往滞后建筑的发展,故规范不断被修正,在使用本教材时,也要关注规范的变化,我们将利用再版的机会,对新增和修订的规范条款加以补充。

　　第四,在每一章后都有思考题,便于读者掌握本章的重点。

　　本书由哈尔滨工业大学赵运铎、孙世钧及克拉玛依职业技术学院方修建撰写,其中赵运铎、方修建编写第 1 编,孙世钧编写第 2 编。全书的图、表制作均由方修建完成。

做成一件事情,肯定是许多人共同努力的结果,本书在撰写过程中也凝聚着大家的汗水。在此首先要感谢我的导师郑忧教授。老先生虽年事已高,还在灯下逐字逐句审校书稿,严谨认真的治学态度,精准求实的科学精神化在字里行间,也再次让学生感动;马辉老师的装帧设计工作,使本书增色添彩,再此表示感谢。同时也要感谢哈尔滨工业大学教务处以及建筑学院领导和诸多同志的帮助、支持。

由于编者水平有限,书中难免有疏漏及不妥之处,恳请读者提出宝贵意见,以便修正、完善。

作　者

2006 年 8 月

目 录

第1编　建筑设计防火

第2编　建筑设计抗震

第1编　建筑设计防火

第1章　建筑火灾及防火对策

1.1　燃烧的基本知识

火能够造福于人类,人类的生产和生活离不开火。但当人们对火失去应有的控制时,火就会危害于人,成为一种灾害。火灾就是一种违反人们意愿,在时间和空间上失去控制的燃烧现象。掌握燃烧的基本知识,了解燃烧的条件,对于预防、控制和扑救火灾有着重要的意义。

1.1.1　燃烧条件

燃烧是一种伴随放热和发光现象的剧烈氧化反应。放热、发光、生成新的物质是燃烧的三个特征。要发生燃烧就同时具备下列三个条件。

1.可燃物

凡是在空气、氧气或其他氧化剂中发生燃烧反应的物质都称为可燃物。

可燃物按其组成可分为无机可燃物和有机可燃物两大类。按其状态又可分为可燃固体、可燃液体及可燃气体三大类。不同状态的同一种物质燃烧性能是不同的。一般来说,气体更容易燃烧,其次是液体,最后是固体。相同状态的不同物质燃烧性能也不相同。

2.氧化剂

凡是能和可燃物发生反应并引起燃烧的物质都称为氧化剂。

氧化剂的种类很多,氧气是一种最常见的氧化剂,它存在于空气中,所以一般的可燃物质均可以燃烧。例如 1 kg 木柴完全燃烧需要 $4 \sim 5 \ m^3$ 空气,1 kg 石油完全燃烧需要 $10 \sim 12 \ m^3$ 空气,空气供应不充足时燃烧就不完全或者会停止。其他的氧化剂有卤族元素氟、氯、溴、碘等,此外,还有一些化合物,如硝酸盐、氯酸盐、过氧化物等。

3.点火源

点火源是指具有一定能量,能够引起可燃物质燃烧的能源,有时也称着火源。

点火源的种类很多,有直接火源,如明火、电火花、雷击、冲击与摩擦火花等;有间接火源,如加热自燃、本身自燃等。

可燃物、氧化剂和点火源是构成燃烧的三个要素,缺一不可,均是必要条件。但这还不够,还需要量的条件,即数量,数量的多少是充分条件。

1.1.2　燃烧条件在防火中的应用

一切防火、灭火的措施(设计与消防)均是针对物质发生燃烧的条件而采取的,所以要及时防火、灭火就要阻止燃烧三要素,破坏三个条件同时存在。

1.防火的基本措施

一切防火措施都是为了防止燃烧条件的形成,其防止措施主要有以下几方面。

(1)控制可燃物。用难燃或不燃材料代替可燃材料;用防火涂料涂刷可燃材料,改变其燃烧性能;对于具有火灾、爆炸危险性的厂房,采取通风方法,以降低易燃气体、蒸气和粉尘在厂房空气中的浓度,使之不超过最高允许浓度;凡是性质上能相互作用的物品要分开存放,等。

(2)隔绝空气。生产、使用易燃、易爆物质,应在密闭设备中进行;对于异常危险的生产,可充装惰性气体保护;采取隔绝空气储存,如钠存于煤油中,磷存于水中等。

(3)消除点火源。采取隔离、控温、接地、避雷、安装防爆灯、遮挡阳光、设禁止烟火的标志等方法。

(4)阻止火势蔓延。如在相邻建筑物之间留出一定的防火间距;在建筑物内设防火墙、防火门窗、防火卷帘;在管道上设防火阀,等。

2.灭火的基本方法

一切灭火方法的原理都是破坏已经产生的燃烧条件,使燃烧停止。灭火的方法主要有以下几种。

(1)隔离法。将火源或其周围可燃物质隔离或移开,使燃烧停止。

(2)窒息法。阻止空气流入燃烧区或用不燃物质冲淡空气,使燃烧得不到充足的空气而终止。

(3)冷却法。降低燃烧物的温度到燃点之下,使燃烧停止;或将灭火剂喷洒在火源附近的物体上,使其不受火焰辐射的威胁,避免形成新的火点。常用的方法是用水和二氧化碳冷却、降温灭火。

(4)抑制法。灭火剂使燃烧过程产生的游离基消失,从而形成稳定分子或低活性的游离基,使燃烧反应终止。

1.1.3 燃烧类型及常用术语

1.闪燃和闪点

在一定温度条件下,液态可燃物质表面会产生蒸气,有些固态可燃物质也因蒸发、升华或分解产生可燃气体或蒸气,它们与空气混合形成混合可燃气体,当遇明火时会发生一闪即灭的火苗或闪光,这种燃烧现象称为闪燃。

能引起可燃物质发生闪燃的最低温度称为该物质的闪点,用"℃"表示,采用闪点标准测定仪器测定。

闪点是衡量各种液态可燃物质火灾和爆炸危险性的重要依据。有些固态可燃物质如樟脑、萘、磷等,在一定的条件下也能缓慢地蒸发产生可燃蒸气,因而也可以采用闪点来衡量其火灾和爆炸危险性。

各种可燃液体有着不同的闪点温度,闪点温度越低,火灾的危险性越大。所以,在《建筑设计防火规范》中,对于生产和储存液态可燃物质的火灾危险性,都是根据闪点进行分类的。如闪点<28℃的液体的生产划为甲类生产;28℃≤闪点<60℃的液体的生产划为乙类生产;闪点≥60℃的液体的生产划为丙类生产。对于火灾危险性不同的生产厂房,采取的防火措施也应该有所不同。表1.1所示是常见的几种易燃、可燃液体的闪点。

表1.1 常见的几种易燃、可燃液体的闪点

液体名称	闪点/℃	液体名称	闪点/℃
石油醚	-50	吡啶	+20
汽油	-58~+10	丙酮	-20
二硫化碳	-45	苯	-14
乙醚	-45	醋酸乙酯	+1
氯乙烷	-38	甲苯	+1
二氯乙烷	+21	甲醇	+7

从表1.1可以看出,许多液体的闪点都是很低的,说明它们的火灾危险性都比较大。为了便于防火管理,有区别地对待不同火灾危险性的液体,便以45℃为界,将闪点小于或等于45℃的液体划为易燃液体,闪点大于45℃的液体划为可燃液体。

2.着火和燃点

可燃物质在与空气共存条件下,当达到一定的温度时与火源接触,立即引起燃烧,并在火源移开后仍能持续燃烧,这种持续燃烧现象称为着火。

可燃物质开始持续燃烧所需的最低温度叫燃点或着火点,用"℃"表示。

所有可燃液体的燃点都高于闪点。因此,在评定液体的火灾危险性时,燃点没有多大的实际意义。燃点对可燃固体却有重要的意义,如将这些物质的温度控制在燃点以下时,就可以防止火灾的发生。

表1.2所示是几种可燃固体的燃点。

表1.2 可燃固体的燃点

固体名称	燃点/℃	固体名称	燃点/℃
纸张	130	粘胶纤维	235
棉花	150	涤纶纤维	390
棉布	200	松木	270~290
麻绒	150	橡胶	130

3.自燃和自燃点

自燃是可燃物质不用明火点燃就能够自发着火燃烧的现象,分为受热自燃和自热燃烧(化学、物理、生化过程)两类。可燃物质在外部热源作用下,温度升高,当达到一定温度时着火燃烧,称受热自燃;一些物质在没有外来热源影响下,由于物质内部发生化学、物理或者生化过程而产生热量,这些热量积聚引起物质温度持续上升,达到一定温度时发生燃烧,称自热燃烧。

可燃物质在没有外部火花或火焰的条件下，能自动引起燃烧和继续燃烧时的最低温度称为自燃点，一般用"℃"表示。表1.3所示是部分可燃物质的自燃点。

表1.3 部分可燃物质的自燃点

名 称		自燃点/℃	名 称		自燃点/℃
固体物质	黄磷	30	液体物质	苯甲醇	435
	电影胶片	120		异丙醇	455
	纸张	130		丙酸甲酯	469
	赛璐珞	150		二氯乙烯	456
	棉花	150		丁酸乙酯	464
	麻绒	150		甲醇	475
	蜡烛	190		丙酸乙酯	477
	布匹	200		丙烯腈	480
	赤磷	200		醋酸乙酯	486
	松香	240		丁醇	503
	沥青	250		酒精	510
	木材	260		甲乙酮	515
	煤	320		氯化乙烷	519
	木炭	350		甲基吡啶	537
	樟脑	375		氰氢酸	538
	无烟煤	500		丙醇	540
	萘	515		三聚乙醛	541
	磷甲酚	559		氯苯	550
	苯酚	574		甲苯	552
	对甲酚	626		乙苯	553
	有机玻璃	660		二甲苯	553
液体物质	二硫化碳	112		丙酮	570
	乙醚	180		吡啶	573
	乙醛	185		戊烷	579
	甲乙醚	100		苯	580
	丁烯醛	232		冰醋酸	599
	缩醛	233		间甲酚	626
	松节油	235		醋酸甲酯	654
	石油醚	246		酚	710
	丙烯醛	270	气体物质	硫化氢	260
	重油	300		石油气	356
	乙二胺	315		甲醛	430
	戊醇	327		丙烷	446
	亚麻仁油	350		异丁烷	462
	醋酸丁酯	371		乙炔	480
	异丁胺	372		环丙烷	497
	丙烯醇	378		乙烷	510
	二氯乙烷	378		甲烷	537
	醋酸戊酯	379		乙烯	546
	煤油	380		天然气	550
	石油	380		氢	570
	甘油	390		氯化甲烷	632
	糠醛	393		甲烷	650
	醋酸酐	400		发生炉煤气	700
	氯乙醇	410		氨	780
	汽油	415		氰	850

有些自燃点很低的可燃物质,自燃时还会释放、分解大量可燃气体,浓度达到爆炸极限时则会发生爆炸。因此,对于自燃点很低的可燃物质,除了采取防火措施外,还应分别采取防爆措施。

4.爆炸和爆炸极限

爆炸是物质由一种状态迅速地转变成另一种状态,并在极短的时间内释放大量能量的现象。爆炸伴随高温、高压气体,周围空气剧烈震荡(冲击波)。

可燃气体、可燃蒸气和可燃粉尘一类物质,在接触到火源时会立即燃烧,当此类物质与空气结合在一起时,只要浓度达到一定比例范围,就形成爆炸性混合物,此时一接触到火源就立即爆炸,此浓度界限范围称为爆炸极限。能引起爆炸的浓度最低的界限称为爆炸下限,浓度最高的界限称为爆炸上限。浓度在下限以下的时候,可燃气体和易燃、可燃液体蒸气及粉尘的数量很少,不足以发生燃烧;浓度在下限和上限之间,即浓度比较合适时遇明火就要爆炸;浓度超过上限则因氧气不足,在密闭容器内遇明火不会燃烧、爆炸。

可燃气体和可燃蒸气的爆炸极限,用可燃气体和可燃蒸气占爆炸混合物的体积分数表示;可燃粉尘的爆炸极限,用可燃粉尘占爆炸混合物的质量浓度表示。

为了防爆安全的需要,多选择爆炸性混合物的爆炸下限作为其危险浓度,如表 1.4 所示。

表 1.4　部分可燃气体,易燃、可燃液体蒸气爆炸下限

名　称	爆炸下限/%	名　称	爆炸下限/%
煤油	1.0	丁烷	1.9
汽油	1.0	异丁烷	1.0
丙酮	2.55	乙烯	2.75
苯	1.5	丙烯	2.0
甲苯	1.27	丁烯	1.7
二硫化碳	1.25	乙炔	2.5
甲烷	5.0	硫化氢	4.3
乙烷	3.22	一氧化碳	12.5
丙烷	2.37	氢	4.1

5.火灾荷载和火灾荷载密度

所谓火灾荷载,是指着火空间内所有可燃物燃烧时所产生的总热量值。火灾荷载是衡量建筑物室内所能容纳可燃物数量多少的一个参数。建筑物火灾荷载越大,发生火灾的危险性越大,需要的防火措施也就越严。火灾荷载并不能定量地阐明它与作用面积之间的关系,为此需要引进火灾荷载密度的概念。火灾荷载密度是指房间中所有可燃材料完全燃烧时所产生的总热量与房间的特征参考面积之比,即火灾荷载密度是单位面积的可燃材料的总发热量。

火灾荷载可分成三种:①固定火灾荷载 Q_1,指房间中内装修用的,其位置基本固定不变的可燃材料,如墙纸、吊顶、壁橱、地板等;②活动式火灾荷载 Q_2,指为了房间的正常使用而另外布置的,其位置可变性较大的各种可燃物品,如衣物、家具、书籍等;③临时性火灾荷载 Q_3,主要由建筑的使用者临时带来并且在此短暂停留的可燃体构成。

因此火灾荷载可表示为 $Q = Q_1 + Q_2 + Q_3$

火灾荷载密度可表示为 $q = Q/A = (Q_1 + Q_2 + Q_3)/A$

式中,A 指火灾荷载作用的面积,m^2。

由于 Q_3 的不确定性,所以在常规计算中可不考虑它的影响,则

$$q = Q/A = (Q_1 + Q_2)/A = q_1 + q_2$$

1.2　建筑火灾基本知识

1.2.1　起火原因

凡是事故皆有起因,火灾亦不例外。分析建筑物的起火原因是为了在建筑设计时有针对性地采取防火技术措施,防止和减少火灾危害。建筑物起火的原因是多种多样且较复杂的,在生产和生活中,有因为使用明火引起的,有因为化学或生物化学的作用造成的,有因为用电引起的,也有因为纵火破坏引起的。建筑物起火的原因归纳起来大致可分为以下六类。

1.生活和生产用火不慎

(1)生活用火不慎。我国城乡居民家庭火灾绝大多数是生活用火不慎引起的,引起这类火灾的原因主要有以下几方面。

①吸烟不小心。未熄灭的烟头和火柴梗虽是个不大的火源,但它能引起许多可燃物质燃烧着火。在生活用火引起的火灾中,吸烟不小心引起的火灾占很大比例。如将没有熄灭的烟头和火柴梗扔在可燃物中引起的火灾;躺在床上,特别是醉酒后躺在床上吸烟,烟头掉在被褥上引起的火灾;在禁止一切火种的地方吸烟引起的火灾,等。

②炊事用火。炊事用火是人们日常生活中最常用的,除了居民家庭外,单位的食堂、饮食行业也都涉及炊事用火。炊事用火的主要器具是各种炉灶,如煤、柴炉灶,液化石油气炉灶,煤气炉灶,天然气炉灶,沼气炉灶,煤油炉等。许多炉灶还设有烟囱,如果炉灶设置的位置不当,或是安装不符合安全要求,烟囱距离可燃构件太近或其间没有可靠的隔火、隔热措施,在使用炉灶过程中违反防火安全的要求等都可能引起火灾。

③取暖用火。在我国特别是北方地区,冬季需要取暖。除了宾馆、饭店和部分居民住宅使用空调和集中供热外,绝大多数都使用明火取暖。取暖用的火炉、火炕、火盆及用于排烟的烟囱在设置、安装、使用不当时,也都可能引起火灾。

④灯火照明。城市和乡村,现已使用电灯照明,但在因供电发生故障或修理线路而导

致停电时,也常用蜡烛、油灯照明。此外,婚事、丧事等也往往燃点蜡烛。少数无电的农村和边远地区则都靠蜡烛、油灯等照明。蜡烛和油灯放置位置不当,用时不小心等都容易引发火灾事故。

⑤小孩玩火。小孩玩火虽不是正常生活用火,但却是生活中常见的火灾原因。尤其是在农村,小孩玩火引起的火灾经常出现。

⑥燃放烟花爆竹。每逢节日庆典,人们多燃放烟花爆竹来增加欢乐气氛。但是,在烟花爆竹燃放时遇到可燃物往往会引起火灾。我国每年春节期间火灾频繁,其中 80% 以上是燃放烟花爆竹所引起的。

⑦宗教活动用火。在进行宗教活动的主要场所,如庵堂、寺庙、道观中,整日香火不断,烛火通明,如果不注意防范,也会引发火灾。庵堂、寺庙、道观中很多是古建筑,一旦发生火灾,将会造成重大损失。

(2)生产用火不慎。用明火熔化沥青、石蜡或熬制动、植物油时,如超过其自燃点就易着火而酿成火灾。在烘烤木板、烟叶等可燃物时,如温度过高也可引起烘烤的可燃物起火成灾。锅炉中排出的炽热炉渣处理不当,亦会引燃周围的可燃物。

2.违反生产安全制度

由于违反生产安全制度而引起火灾的情况也很多。如在易燃易爆的车间内动用明火时,会引起爆炸起火;将性质相抵触的物品混存在一起也可引起燃烧、爆炸;在用气焊焊接和切割时,会飞出大量火星和熔渣,而且焊接切割部位温度很高,如果没有采取相应的防火措施,则很容易酿成火灾;在机器运转过程中,不按时加油润滑,或没有清除附在机器轴承上面的杂质、废物,从而使机器这些部位摩擦发热,引起附着物燃烧起火;电熨斗放在台板上,如果没有切断电源就离去,就容易导致电熨斗过热,将台板烤燃引起火灾;化工生产设备失修,发生可燃气体、易燃和可燃液体冒、滴、漏现象,如遇到明火就会发生燃烧或爆炸。

3.电气设备设计、安装、使用及维护不当

电气设备引起火灾的原因,主要有电气设备超过负荷、电气线路接头接触不良、电气线路短路;照明灯具设置使用不当,如将功率较大的灯泡安装在木板、纸等可燃物附近,将日光灯的镇流器安装在可燃基座上,以及用纸或布做灯罩紧贴在灯泡表面上等;在易燃易爆的车间内使用非防爆型的电动机、灯具、开关等。

4.自然现象引起

(1)自燃。所谓自燃是指在没有任何明火的情况下,物质受空气氧化或外界温度、湿度的影响,经过较长时间的发热和蓄热,逐渐达到自燃点而发生燃烧的一种现象。如大量堆积在库房里的油布、油纸,因为通风不好,内部发热,以致积聚热量而发生自燃。

(2)雷击。由雷电引起的火灾大体上有三种,一是雷直接击在建筑物上发生的热效应、机械效应等;二是雷电产生的静电感应作用和电磁感应作用;三是高电位沿着电气线路或金属管道系统侵入建筑物的内部。在雷击较多的地区,建筑物上如果没有设置可靠的防雷保护设施,便有可能发生雷击起火。

（3）静电。静电通常是由摩擦、撞击而产生的。因静电放电引起的火灾事故屡见不鲜。如易燃、可燃液体在塑料管中流动，由于摩擦产生静电，引起易燃、可燃液体燃烧爆炸；输送易燃液体流速过大，无导除静电设施或者导除静电设施不良，致使大量静电荷积累，产生火花引起爆炸起火；在有大量爆炸性混合气体存在的地点，身上穿的化纤织物的摩擦、塑料鞋底与地面的摩擦产生的静电，引起爆炸性混合气体爆炸等。

（4）地震。发生地震时，人们急于疏散，往往来不及切断电源、熄灭炉火以及处理好易燃生产装置和危险物品等，因而地震发生时也会有各种火灾发生。

5.纵火

纵火分刑事犯罪纵火及精神病人纵火。

6.建筑布局不合理、建筑材料选用不当

在建筑布局方面，防火间距不符合消防安全要求，没有考虑风向、地势等因素对火灾蔓延的影响，往往会造成发生火灾时火烧连营，形成大面积火灾。在建筑构造、装修方面，大量采用可燃构件，可燃、易燃装修材料等都大大增加了建筑火灾发生的可能性。

1.2.2 室内火灾的发展过程

建筑火灾最初是发生在建筑物内的某个房间或局部区域，然后由此蔓延到相邻房间或区域，以至整个楼层，最后蔓延到整个建筑物。所以，研究了解室内火灾的发展过程对建筑设计防火也是非常必要的。建筑设计防火中耐火设计、分区设计、安全疏散设计、内部装修设计和防烟排烟、自动灭火及自动报警设计的原理都与室内火灾发展过程有着密切的联系。

关于室内火灾发展过程的阶段划分，我国专家学者有两种不同的方式，如王学谦、刘万臣主编的《建筑防火设计手册》中分为三个阶段，即火灾初起阶段、火灾全面发展阶段、火灾熄灭阶段；李引擎主编的《建筑防火性能化设计》中分为四个阶段，即起火期、成长期、全盛期和衰退期。两种划分其实没有本质区别，都是用室内烟气的平均温度随时间的变化来描述。本书仅以李引擎主编的《建筑防火性能化设计》中的描述为例，如图1.1所示。

1.起火期

室内发生火灾后，最初只是起火部位及其周围可燃物着火燃烧，这时火灾好像在敞开的空间里进行一样。在火灾局部燃烧形成之后，可能会出现下列三种情况之一。

（1）最初着火的可燃物质燃烧完，而未延至其他的可燃物质，尤其是初始着火的可燃物处在隔离的情况下。

（2）如果通风不足，则火灾可能自行熄灭，或受到通风供氧条件的支配以很慢的燃烧速度继续燃烧。

（3）如果存在足够的可燃物质，而且具有良好的通风条件，则火灾迅速发展到整个房间，使房间中的所有可燃物（家具、衣物、可燃装修等）卷入燃烧之中，从而使室内火灾进入到成长期。

起火期的特点是，火灾燃烧范围不大，仅限于初始起火点附近；室内温度差别大，在燃

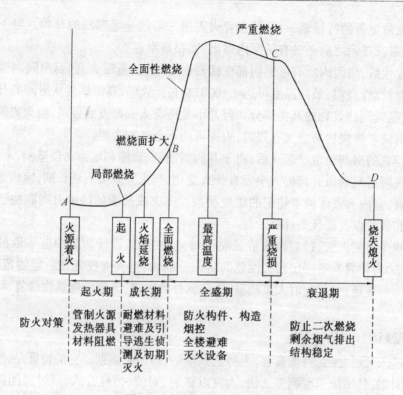

图 1.1 火灾历程与防火对策

烧区域及其附近存在高温,室内平均温度低;火灾发展速度较慢,在发展过程中,火势不稳定;火灾发展时间因点火源、可燃物质性质和分布、通风条件影响长短差别很大。

根据起火期的特点可见,该阶段是灭火的最有利时机,应设法争取尽早发现火灾,把火灾及时控制消灭在起火期。为此,在建筑物内安装和配备适当数量的灭火设备,设置及时发现火灾和报警的装置是很有必要的。起火期也是人员疏散的有利时机,发生火灾时人员若在这一阶段不能疏散出房间,就很危险了。起火期时间持续越长,就有越多的机会发现火灾和灭火,并有利于人员安全撤离。在火灾局部燃烧形成之后,起火点处局部温度较高,燃烧的面积不大,室内各点的温度极不平衡。由于可燃物燃烧性能、分布、通风、散热等条件的影响,燃烧的发展大多比较缓慢,有可能形成火灾,也有可能中途自行熄灭,燃烧发展是不稳定的。

起火期持续时间的长短不定。建筑材料的燃烧性能,对火灾初起阶段的影响很大。在易燃的简易房屋中起火和在不燃结构建筑物中起火,火灾初起阶段持续的时间,因为蔓延成灾的条件不同而不同。由此看出,建筑材料的燃烧性能,对火灾初起阶段来说,具有重要意义。为了防火安全,最好不采用或少采用能够燃烧的建筑材料。

2.成长期

在火灾起火期,火灾由局部开始横向蔓延,整个房间都充满了火焰,房间内所有可燃物表面部分卷入火灾之中,温度升高很快。这时,燃烧挥发出的可燃气体与空气混合,达到一定浓度,会产生轰燃。轰燃通常指房间内局部燃烧向全室性燃烧过渡的现象。轰燃是室内火灾最显著的特征之一,它标志着火灾第三阶段全盛时期的开始。对于安全疏散而言,人们若在轰燃之前还没有从室内逃出,则很难幸存。

轰燃发生后,房间内所有可燃物都在猛烈燃烧,放热量很大,因而房间内温度升高很快,并出现持续性高温,最高温度可达1 100℃左右。火焰、高温烟气从房间的开口大量喷出,把火灾蔓延到建筑物的其他部分。但并不是所有火灾都发生轰燃,当火灾发生在一个大的房间内或者燃烧物与空气有限时,火灾可能不会达到轰燃。

耐火建筑的房间通常在起火后,由于其四周墙壁、顶棚和地面比较坚固,不会烧穿,因此发生火灾时房间通风开口的大小没有什么变化,当火灾发展到成长期,室内燃烧大多由通风控制着,室内火灾保持着稳定的燃烧状态。火灾成长期的持续时间取决于室内可燃物的性质和数量以及通风条件等。

为了减少火灾损失,针对火灾成长期的特点,在建筑设计防火中应采取的主要措施是,在建筑物内设置具有一定耐火性能的防火分隔物,把火灾控制在一定的范围之内,防止火灾大面积蔓延,为火灾时人员疏散、消防队扑救火灾,火灾后建筑物修复、继续使用创造条件。

3.全盛期

火灾进入轰燃之后,持续高温,火势达到鼎盛,即为全盛期。它的特征是,室内可燃物已被全面引燃,且燃烧速度剧烈加快,火灾以辐射、对流、传导方式,通过房间门窗及不耐火部位开始向相邻房间、空间蔓延,房间结构受到考验或者损害,混凝土和石材墙柱等构件可能产生爆裂。

全盛期持续时间的长短,与可燃物种类、数量及其与空气接触面积等有关,全盛期的主要防火对策是建筑结构构件应有一定的耐火能力,使其在猛烈的火焰作用下,保持应有的强度和一定的稳定性,直到把火扑灭,而且要求建筑物为了减少火灾损失,阻止火势蔓延,限制燃烧面积,而采用防火分隔的措施(防火墙、防火卷帘、消防栓、防火门等),把火限制在起火部位使它不能很快向外蔓延;并适当地选用耐火时间较长的建筑结构,使它在猛烈的火焰作用下,保持应有的强度和稳定,直到消防人员到达把火熄灭。而且要求建筑物的主要承重构件不会遭到致命的损害,便于修复、继续使用。

4.衰退期

当室内平均温度降到温度最高值的80%时,则认为火灾进入了第四阶段——衰退期。室内可供燃烧的物质减少,门窗破坏,木结构的屋顶烧穿,温度逐渐下降,直到室内外的温度平衡,全部可燃物烧光,宣告火灾结束。这是火灾发生时假设不进行抢救的情况。这个阶段对于防火已无意义,但要防止二次火灾。

该阶段前期,燃烧仍然十分猛烈,火灾温度仍很高。针对该阶段的特点,应注意防止建筑构件因较长时间受高温作用和灭火射水的冷却作用而出现裂缝、下沉、倾斜或倒塌,确保消防人员的人身安全,并应注意防止火灾向相邻建筑蔓延。

四个阶段的火灾特征及防火对策如表1.5所示。

表1.5　室内火灾历程及防火对策

阶　段	分　期	特　征　描　述	防　火　对　策
第一阶段	起火期	火源引燃其他可燃物 着火范围一般不大 室内温度差别大,着火点温度高 烟气一般不大	灭火最佳时期 如果通风不足,火灾可自行熄灭 减少可燃物,及早疏散室内人员
第二阶段	成长期	着火范围扩大,横向发展 散发大量可燃气体和烟气 室温急剧上升,末期至900℃左右 有可能产生轰燃	天花板难燃或不燃 减少可燃物,推迟轰燃 自动灭火,排烟 轰燃前疏散室内人员
第三阶段	全盛期	火势达到鼎盛,可燃气体剧增 火势从着火房间向外蔓延 持续高温,产生热辐射 房屋结构受到损害	有水平防火分区以抵制蔓延 管井分隔,挑檐阻止垂直蔓延 结构有一定的耐火能力 全楼避难
第四阶段	衰退期	可燃物燃烧殆尽 火势逐渐减弱 烟气稀薄 温度下降	消灭残火 防止二次燃烧 剩余烟气排出 主体结构稳定

1.2.3　建筑火灾的蔓延形式

火灾蔓延实质是热的传播。在起火的建筑物内,火由起火房间转移到其他房间的过程,主要是靠可燃构件的直接延烧、导热、热辐射和热对流。在建筑物内火灾蔓延的形式与起火地点、建筑材料、物质的燃烧性能和可燃物的数量有关。

1.火焰蔓延

起火点的火舌可以直接点燃周围的可燃物,使之发光、燃烧,而将火灾蔓延开来。其蔓延的速度取决于火焰传热的速度,这种形式多在近距离的条件下才会出现。固体可燃物表面或易燃、可燃液体表面上的一点起火,通过传热使燃烧沿表面连续不断地向外发展下去,造成火势的扩大。

2.热传导

热传导即物体一端受热,通过物体热分子运动把热传到另一端。房间隔墙的一侧起火,钢筋混凝土楼板下面起火或通过管道及其他金属容器内部的高热,隔墙、楼板、管壁等的一侧表面传到另一侧表面,使靠墙或放在楼板上的易燃物升温自燃,造成火灾蔓延。例如,水暖工在顶棚下面用喷灯烘烧由闷顶内穿出的暖气管道,在没有采取安全措施的条件下,经常会使顶棚上的保暖材料自燃起火,这就是钢管热传导的结果。火灾通过热传导的方式蔓延扩大,有两个明显的特点,一是必须具有导热性能良好的媒介,如金属构件、薄壁型钢构件或金属设备等;二是蔓延的距离较近,一般只能是相邻的建筑物之间。可见,通过这种方式传播火灾的规模是有限的。

3.热辐射

起火点附近的易燃、可燃物,在没有与火源接触,又没有中间导热物体做媒介的条件下而起火燃烧是由热辐射造成的。

热辐射是将热能以类似电磁波的形式直接传播到周围的物体上。如烧得很旺的火炉旁边,能把湿的衣服烤干,离的较近、时间较长以至烤糊、着火。

在火场上,起火建筑物就如火炉一样,能把距离较近的建筑物烤着燃烧,这就是热辐射作用的结果。

4.热对流

房间内的热烟与室外冷空气的密度不同,冷空气密度大,而热烟气密度小,形成压力差,产生一种浮力,热烟气向上升腾,由窗口上部流出室外,与此同时,室外冷空气由窗口下部补充进室内,冷空气经燃烧,受热膨胀又向上升腾,这样循环不断,出现热对流的现象。

建筑物的房间起火时,其燃烧的火焰和烟雾往往经过房门流向走道,窜到其他房间里,并通过楼梯间向上层扩散。在火灾现场,浓烟流动的方向就是火灾蔓延的方向。

1.2.4 火灾蔓延的途径

研究火灾蔓延的途径,主要目的是为了在建筑设计时采取有效的防火措施。根据建筑火灾实际情况,可以看出建筑物火灾蔓延的途径主要有以下几个方面。

1.内墙门

开始时,建筑物内燃烧的房间往往只有一个,而火灾最后蔓延至整个建筑物,其原因大多数是因为内墙的门没能把火挡住,火烧穿内墙门,窜到走廊,再通过相邻房间开敞的门进入邻间,如果在相邻房间的门关得很严,走廊内没有可燃物的条件下,火灾蔓延的速度就会大大减慢。

内墙门多数为木板门和胶合板门,它是房间外壳阻火的薄弱环节,是火灾突破外壳到其他房间的重要途径之一。所以,内墙门的防火问题是很重要的。

2.隔墙

房间隔墙采用可燃材料制作,或采用不燃、难燃材料制作而耐火性却很差时,在火灾高温作用下就会被烧坏,失去隔火作用,使火灾蔓延到相邻房间或区域。

当隔墙为木板时,火就很容易穿过木板缝,窜到隔墙的另一面;当隔墙为板条抹灰墙时,一旦受热,内部首先自燃,直到背火面的抹灰层破裂,火才能够蔓延过去。

当隔墙为非燃烧体,且墙体厚度很小时,隔壁靠墙堆放的易燃物体可能因为墙的导热和辐射而自燃起火,造成火灾的蔓延。

3.楼板上的孔洞和各种竖井管道

由于建筑功能的需要,建筑物内往往设有各种竖井管道或竖向开口部位,如楼梯间、电梯井、管道井、垃圾井、通风井、排烟井,它们贯穿若干楼层甚至全部楼层,在建筑物发生火灾时,会产生"烟囱效应",抽拔烟火,造成火势迅速向上部楼层蔓延。试验研究表明,高温烟气在竖井内向上蔓延的速度约为 3～5 m/s,可见垂直方向的火蔓延很快,向上蔓延的危险性很大。

4.空心结构

空心结构是指板条抹灰后两面板条、木筋间的空间、木楼板搁栅之间的空间等封闭的空间。

热气流能把火由起火点带到连通的全部空间,在内部燃烧时不易被觉察,当人们发觉时,火灾已经难以扑救了。这种情况的出现,给灭火带来很多困难,使真正的起火点不易找到,难以一次将火扑灭,致使建筑物遭到严重的损失和破坏。

5.闷顶

闷顶内往往是没有采取防火分隔措施的较大的空间,多数是大量的木制结构材料和大量的有机保温材料,加上闷顶内的通风,很容易发展成稳定的燃烧。起火后,通过闷顶内孔洞向四处蔓延,又不易被人们发觉,待发现时,已蔓延成灾,难以扑救了。

6.外墙窗口

房间起火,室内温度增高,达到250℃左右时,窗玻璃就会膨胀、变形,受窗框的限制,玻璃会自行破碎,火焰窜出窗口,向外蔓延。火焰的热辐射穿过窗口,威胁着对面的建筑物,另外火舌直接烧向上一层或屋檐。底层起火,火舌由室内经底层窗口窜出向上,从上层窗口窜到上层室内。这样逐层向上蔓延,会使整个建筑物起火。

建筑物外墙窗口的形状、大小对火势蔓延有很大的影响。窗口形状通常有纵长和横长两种。纵长窗口在火灾情况下,火焰(或热气流)流出窗口后不贴在墙壁上;而横长窗口则紧贴在墙壁上,使火势很容易向上方蔓延发展。造成此种现象的主要原因是墙壁对火焰具有吸附作用。同一房间室内外各种因素都相同,则窗口越大,火焰越靠近墙壁,造成火势向上蔓延的可能性就越大;反之,窗口越小,火焰越不会贴在墙壁上,造成火势向上蔓延的可能性减小,火焰形状类似于纵长窗口火势的蔓延特征。这主要是因为大的窗口在火焰流出窗口时,流体(烟气、火焰)的流速较小,具有较大的压强,很快在窗口外部扩散,受吸附力作用及浮力的影响,火焰窜出窗口后,紧贴墙壁向上流动,造成火势向上蔓延的可能性增大;而小的窗口,火焰流出窗口后,流体(烟气、火焰)的流速较大,具有较大的动能,要继续向前流动一段距离再向上扩散,则造成火势向上蔓延的可能性要小一些。

1.2.5 影响建筑火灾严重性的因素

建筑火灾严重性是指在建筑中发生火灾的大小及其危害程度。火灾严重性取决于火灾达到的最高温度及最高温度燃烧持续的时间。因此,它所表明的是火灾对建筑物或建筑结构造成损害和对建筑中人员、财产造成危害的趋势。了解火灾严重性对选择适当的建筑设计和构造方法,采取必要的防火措施,达到减少和限制火灾的损失和危害是十分重要的。

火灾严重性与建筑的可燃物或可燃材料的数量、材料的燃烧性能以及建筑的类型和构造有关。影响火灾严重性的因素大致有以下六个方面。

(1)可燃材料的燃烧性能；

(2)可燃材料的数量(火灾荷载)；

(3)可燃材料的分布；

(4)房间开口的面积和形状；

(5)着火房间的大小和形状；

(6)着火房间的热性能。

其中前三个因素主要与建筑中的可燃材料有关,而后三个因素主要涉及建筑的布局。各因素之间的相互影响关系如图1.2所示。减小火灾严重性的条件就是限制有助于火灾发生、发展和蔓延成大火的因素,合理选择材料,合理布局,合理设计结构和构造。

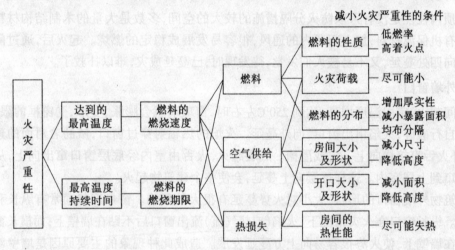

图1.2 影响火灾严重性的因素

1.可燃材料对火灾严重性的影响

(1)可燃材料的性质。建筑用途不同(如住宅建筑、工业建筑、公共建筑等),其使用或存放的可燃材料的性质和组成也存在很大的不同。材质有差异,其燃烧所释放出来的热量和燃烧速度等燃烧性能也不同。材料的燃烧率在多数情况下与上述六个因素都有关,而材料燃烧所释放出来的总热量一般只取决于材料本身的性质,与材料的燃烧热值有关。燃烧热值是单位质量的材料完全燃烧所释放出来的总热值。

(2)可燃材料的数量。火灾荷载是影响建筑火灾严重性的重要因素。火灾荷载越大,火灾持续时间越长,室内温度也就上升得越高,破坏和损失也就越大。

(3)可燃材料的分布。可燃材料及物品在房间中的分布对火势的蔓延起着很大的作用,如果布置不当,即使很小的火源也会蔓延成大火。如果各种可燃物品在建筑物中分开布置,并使其相互之间有一定的间隔,则火势蔓延就会慢得多;如果可燃物品堆放得高,则火势就很快会蔓延到房顶,进而蔓延到其他房间;如果物品比较厚实,暴露于空气或受热面积较小,则火势就蔓延得慢。

2.建筑布局对火灾严重性的影响

建筑发生火灾时,火灾的严重性除与材料的数量和燃烧性能有关外,还与空气的供给量和热损失有关,而建筑的布局对空气的供给量影响很大。

(1)房间开口的大小和形状。如房间门、窗、洞口面积很小,火灾时进入房间的空气量就受到限制。若可燃物多,则由于空气量不足而燃烧不充分;若开口大,则进气量增多,火烧速度也就会加快,这种受空气影响的火灾性能被称为受通风控制的火灾。当开口进一步增大到空气供给量足以燃烧所需时,空气的进一步增加就不再会影响燃烧速度了,这样的火灾称为受燃料控制的火灾。

(2)房间的大小和形状。其中最重要的因素是房间的大小,房间面积越大,可能容有的有效可燃荷载就越大。当房间进深较大时,由于通过开口流入和流出房间的冷空气对所有燃烧的材料影响小,所以比一般火灾温度更高。从防火工程方面来考虑,应尽可能地减小房间的尺寸和高度,但在设计中应同时满足建筑的有效使用面积。

(3)房间的热性能。火灾严重性取决于房间中达到的最高温度和达到最高温度的速度。房间内低导热系数的墙、屋面及地板会保存燃烧释放的热,使火灾的温度上升得比较快。如结构材料吸热性与导热性能良好,则这种影响就很小。这里较重要的参数是材料的导热系数、密度和比热容。

1.3 室内火灾中烟气的危害

国外多次建筑火灾的统计表明,死亡人数中有 50%左右是被烟气毒死的。近年来由于各种塑料制品大量用于建筑物内,以及空调设备的广泛使用等原因,烟气中毒致死的实例有显著增加。英国对此作了一个比较:1956 年火灾死亡总人数中只有 20%死于烟气中毒,1966 年上升到 40%左右,1976 年则高达 50%以上。众所周知,燃烧是一种伴随光、热的化学反应过程,物质在燃烧的开始阶段,首先释放出来的是燃烧气体,其中有单分子的 CO 和 CO_2 气体。塑料燃烧能释放出氯化氮、氢氰酸、醛、苯、氨等有毒气体,仅木材的燃烧就能释放出 200 多种生成物,这些有害烟雾的危害性可以从以下三个方面说明。

1.3.1 对人体的危害

在火灾中,人员除了直接被烧死或者跳楼死亡之外,其他的死亡原因大都和烟气有关,主要有如下四种。

1.CO 中毒

CO 被人吸入后与血液中的血红蛋白结合成为一氧化碳血红蛋白,从而阻碍血液把氧输送到人体各部分。当 CO 与血液中 50%以上的血红蛋白结合时,便能造成脑和中枢神经严重缺氧,继而失去知觉,甚至死亡,即使吸入的 CO 在致死量以下时,也会因缺氧而发生头痛无力及呕吐等症状,最终仍可导致不能及时逃离火场而死亡。不同浓度的 CO 对人体的影响程度,如表 1.6 所示。

表 1.6　CO 对人体的影响

空气中 CO 的体积分数/%	对人体的影响程度	空气中 CO 的体积分数/%	对人体的影响程度
0.01	数小时对人体影响不大	0.5	引起剧烈头晕,经过 20~30 min 有死亡危险
0.05	1.0 h 内对人体影响不大	1.0	呼吸数次推动知觉,经过 1~2 min 即可能死亡
0.1	1.0 h 后头痛,不舒服,呕吐	—	—

2. 烟气中毒

木材制品燃烧产生的醛类,聚氯乙烯燃烧产生的氢氯化合物都是刺激性很强的气体,甚至是致命的。例如,烟中含有体积分数为 $5.5 \times 10^{-4}\%$ 的丙烯醛时,便会对上呼吸道产生刺激症状;如体积分数在 $1.0 \times 10^{-3}\%$ 以上时,就能引起肺部的变化,数分钟内即可死亡。丙烯醛的允许体积分数为 $1.0 \times 10^{-5}\%$,而木材燃烧产生的烟中丙烯醛的体积分数已达 $5.0 \times 10^{-3}\%$ 左右,加之烟气中还有甲醛、乙醛、氢氧化物、氢化氰等毒气,对人都是极为有害的。随着新型建筑材料及塑料的广泛使用,烟气的毒性也越来越大,火灾疏散时的有毒气体允许体积分数如表 1.7 所示。

表 1.7　疏散时有毒气体的允许体积分数　　　　　　单位:%

毒性气体种类	允许体积分数	毒性气体种类	允许体积分数	毒性气体种类	允许体积分数
CO	0.2	HCl	0.1	NH_3	0.3
CO_2	3.0	$COCl_2$	0.002 5	HCN	0.02

3. 缺氧

在着火区域的空气中充满了 CO、CO_2 及其他有毒气体,加之燃烧需要大量的氧气,这就造成空气的含氧量大大降低。发生爆炸时含氧量甚至可以降到 5% 以下,此时人体会受到强烈的影响而死亡,其危险性也不亚于 CO。空气中缺氧时,对人体的影响如表 1.8 所示。气密性较好的房间,有时少量可燃物的燃烧也会造成含氧降低,也必须引起足够的重视。

表 1.8　缺氧对人体的影响程度

空气中氧的体积分数/%	症　　状	空气中氧的体积分数/%	症　　状
21	空气中含氧的正常值	12~10	感觉错乱,呼吸紊乱,肌肉不舒畅,很快疲劳
20	无影响	10~6	呕吐,神志不清
16~12	呼吸、脉搏增加,肌肉有规律地运动受到影响	6	呼吸停止,数分钟后死亡

4.窒息

火灾时,火灾内部的人员可能因头部烧伤或吸入高温的烟气而使口腔及喉部肿胀,以致引起呼吸道阻塞产生窒息。此时,如不能得到及时抢救,就有被烧死或被烟气毒死的可能性。

在烟气对人体的危害中,以 CO 的增加和氧气的减少影响最大。但实际上,起火后这些因素往往相互混合共同作用于人体,一般说来,比其单独作用更具危险性。

1.3.2　对疏散的影响

在着火区域的房间及疏散通道内,充满了含有大量 CO 及各种燃烧成分的热烟,甚至远离火区的部位及火区的上部空间也可能烟雾弥漫,这对人员的疏散带来了极大的困难。烟气中的某些成分会对眼睛、鼻、喉产生强烈刺激,使人们视力下降且呼吸困难。浓烟能造成人们的恐惧感,使人们失去行为能力甚至出现异常行为。

除此之外,由于烟气集中在疏散通道的上部空间,通常人们需掩面弯腰摸索行走,速度既慢又不易找到安全出口,甚至还可能走回头路。火场的经验表明,人们在烟中停留 1~2 min就可能昏倒,4~5 min 即有死亡的危险。

1.3.3　对扑救的影响

消防队员在进行灭火救援时,同样要受到烟气的威胁。烟气严重妨碍消防员的行动,弥漫的烟雾影响视线,使消防队员很难找到起火点,也不易辨别火势发展的方向,灭火战斗难以有效地开展。同时,烟气中某些燃烧产物还有造成新的火源和促使火势发展的危险;不完全燃烧物可能继续燃烧,有的还能与空气形成爆炸性混合物;带有高温的烟气会因气体的热对流和热辐射而引燃其他可燃物。上述情况导致火场扩大,给扑救工作加大了难度。

1.4　室内火灾对建筑构件的破坏

1.4.1　火灾高温下建筑材料的性能判断

1.燃烧性能
建筑材料的燃烧性能包括着火性、火焰散布性、燃烧发热量和燃烧速度等。

2.力学性能
材料在高温作用下,其力学性能(尤其是强度性能)是随温度变化的。对于结构材料,在火灾的高温作用下保持一定的强度是至关重要的。

3.隔热性
在隔热方面,材料的导热系数和热容是两个重要因素。此外,材料的膨胀、收缩、融化、粉化等因素对隔热性能也有很大影响。

1.4.2 建筑材料的分类

建筑材料的分类如图 1.3 所示。

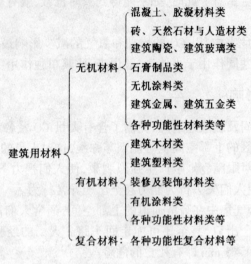

图 1.3 建筑材料的分类

1.4.3 建筑材料的高温性能

1.有机材料

有机材料都具有可燃性。由于有机材料在 300℃ 以下会发生炭化、燃烧、熔融等变化,因此在热稳定性方面一般比无机材料差。建筑室内装修常用的有机材料有木材、塑料、胶合板、纤维板等。

(1)木材。木材受热温度超过 100℃ 以后会发生热分解,分解的产物主要有可燃气体(CO、甲烷、乙烷、氢气、有机酸、醛等)和不燃气体(水蒸气、CO_2),在温度达到 260℃ 左右,热分解进行得很剧烈,如遇到明火便会引燃。因此,在防火方面,将 260℃ 作为木材起火的危险温度。在加热到 400~460℃ 时,即使没有火源,木材也会自燃。木材的平均燃烧速度一般为每分钟 0.6 mm,因此在火灾条件下截面尺寸大的木构件在短时间内仍可保持所需的承载力。因此它往往比未受保护的钢结构构件耐火的时间长。为克服木材容易燃烧的缺点,可以通过如下三种方法有效地对木材进行阻燃处理。

①加压浸泡。这种方法是把木材浸泡在含有阻燃溶剂的容器中,对容器加压一段时间,将阻燃剂压入材料的细胞中,对木材改性。常用的阻燃剂有磷酸铵、硫酸铵、硼酸铵、氯化铵、硼酸、氯化镁等。

②常压浸泡。这种方法是在常压室温或者加热到 95℃ 的状态下,把木材浸泡在阻燃剂溶液中。

③表面涂刷。在木材表面涂刷一层具有防火作用的防火涂料,造成保护性膜。防火涂层的工作原理是,在火灾高温作用时发泡膨胀,厚度增大为原来的 8~10 倍,起到隔火作用。

(2)塑料。塑料是以一种天然树脂或人工合成树脂为主要原料,加入填充剂、增塑剂、润滑剂和颜料等制成的一种高分子有机物。它具有可塑性好、密度小、强度大、耐油浸、耐腐蚀、耐磨、绝缘、绝热、容易切削等性能,因此被广泛用做建筑装饰材料。大部分塑料制品容易着火燃烧,燃烧时温度较高,发烟量大,毒性大,给火灾中人员逃生和消防扑救带来了很大困难。

塑料燃烧产生的毒性比木材等材料大得多,释放的有害气体因塑料的种类不同而不同,其中有 CO_2、CO、NH_3、NO_2、HCN、Cl_2、HCl、HF、$COCl_2$ 等。

(3)纤维板。纤维板的燃烧性能取决于胶粘剂。使用天然胶粘剂得到难燃纤维板,使用多种树脂作胶粘剂的,则随树脂的不同得到易燃或难燃的纤维板。

(4)难燃刨花板。难燃刨花板是具有一定防火性能的木质人造板材,是以木质的刨花、纤维、木片等为原料,掺和胶粘剂、阻燃剂、防腐剂、防水剂等组料压制而成的。该种板材由于阻燃剂的阻燃作用,属于难燃建筑材料,被广泛地应用于室内装修,常用于隔板、墙裙、壁柜、吊顶等。

2.无机材料

室内建筑装修中使用的无机材料,在高温性能方面存在导热、变形、爆裂、强度降低、组织松懈等问题。

(1)建筑钢材。建筑用钢可分为结构用钢和钢筋混凝土结构用钢两类。钢材具有强度大、可塑性和韧性好、材质均匀、可焊可铆、制成的钢结构质量小等优点,但就防火而言,钢材虽属不燃材料,耐火性能却很差。

强度。建筑结构中广泛应用的普通低碳钢,在高温条件下,抗拉强度在 250～300℃达到最大值;温度超过 350℃强度开始大幅下降;温度达到 600℃左右,强度、刚度全部丧失。

变形。钢材在一定温度和应力作用下,随时间的推移会发生缓慢塑性变形,即蠕变。蠕变在较低温度时就会产生,在温度高于一定值时比较明显,温度越高蠕变现象越明显。

钢材在高温下强度降低很快,塑性增大,加之其导热系数大,是造成钢结构在火灾条件下极易短时间被破坏的主要原因。实验研究和大量火灾案例证明,处于火灾高温下的裸露钢架结构,往往在 15 min 左右即丧失承载能力,发生倒塌破坏。美国发生 911 事件时,钢结构的世贸中心的双子座大厦的倒塌,暴露了钢结构耐火性能差的致命弱点。为了提高钢结构的耐火性能,通常采用防火隔热材料,如钢丝网抹灰、浇筑混凝土、砌砖墙或防火板包覆、喷涂钢结构防火涂料等。

(2)混凝土。混凝土热容大,导热系数大,升温慢,是一种耐火性能良好的材料。

(3)粘土砖。粘土砖经过高温煅烧,不含结晶水等水分,即使含极少量石英对制品性能影响也不大,因而当再次受到高温作用时其性能保持稳定,耐火性良好。粘土砖受 800～900℃的高温作用时无明显破坏。耐火试验得出,240 mm 非承重砖墙可耐火 8 h,承重砖墙可耐火 5.5 h。

(4)石材。石材是一种耐火性较好的材料。石材在温度超过 500℃以后,强度降低较明显,含石英质的石材还会发生爆裂。出现这种情况的原因是,石材在火灾高温作用下,沿厚度方向存在较大的温度梯度,由于内外膨胀大小不一致而产生内应力使石材强度降低,甚至破裂。

(5)石膏。建筑石膏凝结硬化后的主要成分是二水石膏($CaSO_4 \cdot 2H_2O$),其在高温时发生脱水吸收大量的热,延缓了石膏制品的破坏,因此隔热性能良好。但是二水石膏在受热脱水时会产生收缩变形,因而石膏制品容易开裂,失去隔火作用。此外,石膏制品在遇到水时也容易发生损坏。

建筑中常用的石膏制品有装饰石膏板和纸面石膏板。

装饰石膏板是以建筑石膏为主要原料,掺加适量增强纤维材料和外加剂,与水一起搅拌成均匀的料浆,经成型、干燥而成为不带护面纸的装饰板材。它质量轻,安装方便,具有较好的防火、隔热、吸声和装饰性,属于不燃板材,大量用于宾馆、住宅、办公楼、商店、车站等建筑的室内墙面和顶棚装修。

纸面石膏板是以建筑石膏为主要原料,掺加纤维和外加剂构成芯材,并与护面纸牢固地结合在一起的建筑板材,属于难燃板材。按耐火特性可分为普通纸面石膏板和耐火纸面石膏板两种。耐火纸面石膏板在高温明火烧烤时,具有保持不断裂的性能。纸面石膏板质量轻,强度高,易于加工装修,具有耐火、隔热和抗震等特点,常用于室内非承重墙和吊顶。

(6)玻璃。玻璃是以石英砂、纯碱、长石和石灰石等为原料,在 1 550 ~ 1 600℃高温下烧至熔融,再经急冷而得的一种无定形硅酸盐。

建筑中使用的玻璃种类很多,除普通平板玻璃外,还有安全玻璃,如夹丝玻璃、复合防火玻璃。

普通平板玻璃大量用于建筑的门窗,它虽属于不燃材料,但耐火性能很差,在火灾高温作用下由于表面的温差会很快破碎。门、窗上的玻璃在火灾条件下大多在 250℃左右发生变形,并且由于其变形受到门、窗框的限制而自行破裂。

夹丝玻璃是在玻璃成型过程中,将经过预热处理的金属丝网加入已软化的玻璃中,经压延辊压制成。常用夹丝玻璃的厚度为 6 mm。金属丝网在夹丝玻璃中主要起增大强度作用。当夹丝玻璃表面受到外力或高温作用时,同样会炸裂,但在金属丝网的支撑拉结下,裂而不散。当温度升高到 700 ~ 800℃后,夹丝玻璃表面发生熔融,会填实已经出现的裂缝,直至整个玻璃软化熔融,顺着金属丝网垂落下来,形成孔洞,失去隔火作用。夹丝玻璃按厚度分有 6 mm 和 7 mm 两种规格,其耐火极限为:单层夹丝玻璃 0.6 h;双层夹丝玻璃1 ~ 2 h。夹丝玻璃主要用于防火门、窗和防火隔墙。

复合防火玻璃又称防火夹层玻璃,它是将两片或两片以上的普通平板玻璃用透明防火胶粘剂胶结而成的。这种玻璃在正常使用时和普通玻璃一样具有透光性能和装饰性能。发生火灾后,随火灾区域的温度升高,防火夹层不但能将炸裂的玻璃碎片牢固地粘结在其他玻璃上,而且受热膨胀发泡,厚度增大 8 ~ 10 倍,形成致密的蜂窝状防火隔热层,阻止了火焰和热量向外穿透,从而起到隔火、隔热作用。复合防火玻璃主要用于防火门、窗和防火隔墙,此外也用于楼梯间、电梯井的某些部位。复合防火玻璃按耐火性能分为:甲级、乙级和丙级,耐火时间分别为 1.2 h、0.9 h、0.6 h;按厚度有 13 mm、15 mm、22 mm 三种规格。

1.5　建筑设计防火对策和措施

1.5.1　建筑设计防火对策

防火对策大致可分为两类,一类是积极防火对策,即采用预防失火、早期发现、及早扑灭初起火灾等措施,使其不至成灾;另一类是消极防火对策,即起火后尽量不使火势扩大,利用耐火结构设计防火分区,并以此作为灭火战斗的阵地。

以积极对策为重点进行防火,总的来讲是可以减少火灾发生次数的,但也不排除发生重大火灾的可能性。以消极对策为重点进行防火,虽然会发生火灾,但是,可以减少发生重大火灾的概率。

1.5.2　建筑设计防火措施

建筑设计防火是一个系统工程,它既要考虑各个部分的特殊性,又必须综合考虑整个系统的协调性,这就需要逐步做到整体优化。《建筑设计防火规范》(GBJ 16—87)和《高层民用建筑设计防火规范》(GB 50045—95)规定了建筑设计应采用的技术措施。按工种概括起来有如下四大方面。

(1)建筑设计防火;

(2)消防给水、灭火系统;

(3)采暖、通风和空调系统的防火、防排烟系统;

(4)电气防火,火灾报警控制系统等。

1.建筑设计防火

建筑设计防火的主要内容有如下几方面。

(1)总平面设计防火。它要求在总平面设计中,应根据建筑物的使用性质、火灾危险性、地形、地势和风向等因素,进行合理布局,尽量避免建筑物之间构成火灾威胁和发生火灾爆炸后造成严重后果,并且为消防车顺利扑救火灾提供条件。

(2)建筑平面布置设计防火。一般情况下建筑为满足使用,其内部是由不同性质的空间、设备、设施组成的。从平面布置设计防火角度出发,要特别关注并解决好那些人员密集场所、有危险源和重要消防设备设施的空间在平面、空间中的位置。

(3)建筑物耐火等级。划分建筑物耐火等级是建筑设计防火规范中规定的防火技术措施中最基本的措施。它要求建筑物在火灾高温的持续作用下,墙、柱、梁、楼板、屋盖、吊顶等基本建筑构件,能在一定的时间内不破坏,不传播火灾,从而起到延缓和阻止火灾蔓延的作用,并为人员疏散、抢救物资和扑灭火灾以及火灾后结构修复创造条件。

(4)防火分区和防火分隔。在建筑物中采用耐火性较好的分隔构件将建筑物空间分隔成若干区域,一旦某一区域起火,就可以把火灾控制在这一局部区域之中,防止火灾扩大蔓延。

(5)防烟分区。对于某些建筑物需用挡烟构件(挡烟梁、挡烟垂壁、隔墙)划分防烟分区,将烟气控制在一定范围内,以便用排烟设施将其排出,保证人员安全疏散和便于消防扑救工作顺利进行。

(6)室内装修防火。在建筑设计防火中应根据建筑物性质、规模,对建筑物的不同装修部位,采用相应燃烧性能的装修材料。要求室内装修材料尽量做到不燃或难燃化,以减少火灾的发生和降低火灾蔓延的速度。

(7)安全疏散。建筑物发生火灾时,建筑物内人员为避免由于火烧、烟熏中毒和房屋倒塌而遭到伤害,必须尽快撤离;室内的物资、财富也要尽快抢救出来,以减少火灾损失。为此,要求建筑物应有完善的安全疏散设施,为安全疏散创造良好的条件。

(8)工业建筑防爆。在一些工业建筑中,使用和产生的可燃气体、可燃蒸气、可燃粉尘等物质能够与空气形成具有爆炸危险性的混合物,遇到火源就能引起爆炸。这种爆炸能够在瞬间以机械功的形式释放出巨大的能量,使建筑物、生产设备遭到毁坏,造成人员伤亡。对于上述有爆炸危险的工业建筑,为了防止爆炸事故的发生,减少爆炸事故造成的损失,要从建筑平面与空间布置、建筑构造和建筑设施等多方面采取防火防爆措施。

2.消防给水、灭火系统

消防给水、灭火系统设计的主要内容包括室外消防给水系统、室内消火栓给水系统、闭式自动喷水灭火系统、雨淋喷水灭火系统、水幕系统、水喷雾消防系统,以及二氧化碳灭火系统、卤代烷灭火系统等。要求根据建筑物的性质、具体情况,合理设置上述各种系统,做好各个系统的设计计算,合理选用系统的设备、配件等。

3.采暖、通风和空调系统的防火、防排烟系统

采暖、通风和空调系统防火设计应按规范要求选好设备的类型,布置好各种设备和配件,做好防火构造处理等。在设计防排烟系统时,要根据建筑物性质、使用功能、规模等确定设置的范围,合理采用防排烟方式,划分防烟分区,做好系统设计计算,合理选用设备类型等。

4.电气防火、火灾自动报警控制系统

电气防火、火灾自动报警控制系统设计要求根据建筑物的性质,合理确定消防供电级别,做好消防电源、配电线路、设备的防火设计,做好火灾事故照明和疏散指示标志设计,采用先进可靠的火灾报警控制系统。此外,对建筑物还要设计安全可靠的防雷装置。

思 考 题

1.分析燃烧条件对建筑设计防火有何指导意义?
2.闪点、燃点、自燃点、火灾荷载、轰燃、爆炸极限的概念。
3.建筑火灾烟气的主要危害是什么?
4.室内火灾一般经历哪几个阶段,各阶段有何特点?
5.建筑火灾蔓延有哪几种途径?
6.建筑设计防火对策和措施包括哪些方面?

第 2 章 建筑耐火设计

2.1 建筑耐火设计原理

2.1.1 建筑的耐火性

理论上建筑火灾是可以避免的,但实际上许多火灾会突然发生,而且往往不能及时扑救,会持续一定的时间,有的甚至会持续很长时间。表 2.1 是几个高层建筑火灾的实例。

表 2.1 高层建筑火灾实例

序号	建筑名称	层数	起火年月	燃烧时间	主体结构承重类别	燃烧情况(主体结构)
1	美国 纽约第一商场	50	1970.8	5 h 以上	钢筋混凝土结构	柱、梁、楼板、层面板局部被烧坏
2	哥伦比亚 阿维安卡大楼	36	1973.7	12 h 以上	钢筋混凝土结构	部分承重构件被烧坏
3	巴西 黑马大楼	25	1974.2	10 h 以上	钢筋混凝土结构	部分承重构件被烧坏
4	韩国 釜山一旅馆	10	1984.1	3 h 左右	钢筋混凝土框架结构	个别承重构件被烧坏
5	日本 大洋百货商店	7	1973.11	2.5 h 左右	钢筋混凝土框架结构	少数承重构件被烧坏
6	加拿大 诺托达田医院	12	1989.2	3 h 以上	钢筋混凝土框架结构	部分承重构件被烧损
7	巴西 安德拉斯大楼	31	1972.2	12 h 以上	钢筋混凝土结构	部分承重构件被烧损
8	中国香港 大重工业楼	16	1984.9	68 h 左右	钢筋混凝土结构	相当部分承重构件烧损较严重
9	中国杭州 西泠宾馆	7	1981.8	9 h 左右	钢筋混凝土结构	少数承重构件被烧损
10	中国广州 南方大厦	11	1983	90 h 左右	钢筋混凝土框架结构	部分承重构件烧损严重
11	中国东北 某旅社大楼	7	1969.2	—	钢筋混凝土结构	局部烧损较严重

从表 2.1 几个高层建筑火灾实例可以看到,其中最长的火灾持续了 90 h,最短的也持续了 2.5 h,这些建筑的主体结构都有一定的耐火性能,无论火灾持续长短,主体建筑都没有出现垮塌现象。显然,火灾燃烧时间越长,建筑物损坏越严重,建筑耐火性能越好,则建筑物损坏程度越小。

为了保证建筑的安全,必须采取必要的防火措施,使之具有一定的耐火性,即使发生了火灾也不至于造成太大的损失。通常用耐火等级来表示建筑所具有的耐火性。火灾实例说明,耐火等级高的建筑物,发生火灾的概率小,被火烧坏倒塌的少;耐火等级低的建筑物,发生火灾的概率大,易被烧坏而倒塌。对于不同类型、不同性质的建筑提出不同的耐火等级要求,可以做到既有利于消防安全,又有利于节约基本建设投资。具体说有以下几方面的作用。

(1)在建筑发生火灾时,能确保其在一定的时间内不被破坏,不传播火灾,延缓或者阻止火势的快速蔓延。

(2)为人们安全疏散提供必要的时间保障,以保证发生火灾的建筑物内的人员安全脱险。一般情况下,建筑物的层数越高,所需要的疏散时间就越长,这一点在防火设计时是需要我们考虑的。

(3)为消防人员扑灭火灾创造有利条件。当建筑物出现火灾时,消防人员一般都要进入建筑物内进行灭火或者救生,如果主体结构没有足够的抵抗火烧的能力,在短时间内发生坍塌或者破坏,就会给消防人员的救生和灭火造成较大的困难,这样也会使火灾产生的损失扩大。

(4)为建筑火灾后的重新修复提供条件。通常情况下,火灾后,如果主体结构没有受到严重损害,其修复就容易;如果主体结构发生了坍塌和破坏,那么建筑的恢复就和重新建设一样,甚至更难。如韩国"大然阁"旅馆,其主体结构是型钢框架外包混凝土的钢结构,采用钢筋混凝土楼板。发生火灾后,大火持续了 8 个多小时,其主体结构仍然完好,事后很快就进行了修复,得以重新使用。

从建筑耐火必要性上看,显然,建筑耐火性越高越好,而且通过一定的物质技术手段是可以达到的。但也应看到,建筑并不以安全为唯一目的,过分强调建筑耐火性,会给建筑的功能、经济、艺术带来一定损害和影响。更何况建筑由于目的性、地点性和时间性的不同,而千差万别,所以也不必片面强调建筑的耐火性。

2.1.2 建筑耐火设计原理

1.确定建筑耐火标准——耐火等级

我国关于建筑耐火性,制定了国家统一标准,即耐火等级。耐火等级是衡量建筑物耐火性的分级标准。规定建筑物耐火等级是耐火设计首先要解决的问题。从耐火性上把建筑物划分成不同的等级,既有利于消防安全,又有利于建筑的经济性,也便于体现不同类型、规模、性质、高度等的建筑在消防安全方面的特殊需求和特点。根据建筑实际特点,我国把单、多层民用建筑和高层建筑分别划分成 4 个和 2 个耐火等级。建筑耐火等级的制定,主要是依据我国建筑结构材料、构造、施工等的实际情况和建筑火灾的特点及对建筑安全的不同需求等,做到既要体现差异,又不至过于复杂,科学性和可操作性相统一。

2.确定建筑构件的耐火标准——燃烧性能和耐火极限

建筑是由各种构件通过一定的方式组合而成的。同理,建筑的耐火性及建筑的耐火等级也是靠构件的耐火性来实现的。我国在制定建筑构件的耐火性上主要强调了两点,第一,对主要的建筑构件提出耐火性要求。其中有影响建筑结构安全的承重构件,如楼板、梁、柱、承重墙等,对于这些构件提出耐火要求,可以使这些构件在火灾发生后的一段时间内,保证结构安全,也即建筑安全;有影响安全疏散和安全扑救的构件,如楼梯间、电梯、疏散走道两侧的墙、吊顶、疏散楼梯等;也有重要的防火分隔构件,如防火墙等。第二,对以上这些必要的构件提出与建筑耐火等级对应的耐火性量化要求标准,即建筑构件的燃烧性能和耐火极限。

3.建筑耐火等级的选定

确定建筑耐火等级的主要目的是使不同性质和用途的建筑具有与之相适应的耐火性能,从而实现安全与经济的统一。当然,建筑的耐火等级定得越高,发生火灾时烧垮、烧坏的可能性就越小,但建筑的造价就要增加;反之,则会走向另一个极端,发生火灾时,火灾影响就会比较大,损失也会比较大。

2.1.3　建筑选定耐火等级应考虑的因素

1.建筑的重要性

建筑的重要性是确定其耐火等级的重要因素。对于性质重要、功能设备复杂、规模大、建筑标准高的建筑,如国家机关重要的办公楼、通信枢纽大楼、中心广播电视大楼以及重要的科研楼、藏书楼、大型商场、大型影剧院、高级宾馆、高层工业与民用建筑等,其耐火等级应选定一、二级。因为,这样的建筑一旦发生火灾,其经济损失、人员伤亡、政治和社会影响都是很大的,像美国911事件中倒塌的世贸大楼,其影响就是非常深远的。因此,要求这样的建筑具有较高的耐火能力是完全必要的。

2.建筑的火灾危险性

建筑的火灾危险性大小也是选定耐火等级的重要因素,特别是对于工业建筑。一般情况下,住宅的火灾危险性小,而使用人数多的大型公共建筑的危险性大,因此,其耐火等级相应要高一些。工业建筑在选定耐火等级的时候,主要是根据生产的火灾危险性和存储物品的火灾危险性划分为甲、乙、丙、丁、戊五类,然后再根据火灾危险性的大小、层数、面积来确定工业建筑的耐火等级。

3.建筑的高度

建筑越高,功能越复杂,火灾发生时,人员疏散和火灾扑救也就越困难,其造成的损失也就越大,也就有必要采取更严格的要求。我国《高层民用建筑设计防火规范》(GB 50045—95)中根据其使用性质、火灾危险性、疏散和扑救难度等将高层建筑分为两类,要求一类建筑的耐火等级应为一级;二类建筑的耐火等级不应低于二级。

4.建筑的火灾荷载

火灾荷载大的建筑发生火灾后,燃烧持续的时间较长,燃烧猛烈,火场温度高,对于建筑构件的破坏程度也就越大。因此,对于这样的建筑,就应该相应提高其耐火等级。

5.其他

建筑的规模、结构形式及其所处的环境等因素也对建筑耐火等级的选定具有一定的影响。

2.2 建筑构件的燃烧性能及耐火极限

建筑物是由建筑构件组成的,诸如基础、墙、柱、梁、板、屋顶、楼梯等,这些都是直接影响建筑物耐火设计的主要构件。因此,建筑物耐火能力的高低,直接取决于这些建筑构件在火灾中的耐火性能,即建筑构件的燃烧性能和耐火极限。

2.2.1 建筑材料的燃烧性能及分级

在建筑物中使用的材料统称为建筑材料。建筑材料的燃烧性能是指其燃烧或遇火时所发生的一切物理和化学变化,这项性能由材料表面的着火性和火焰传播性、发热、发烟、炭化、失重以及毒性生成物的产生等特性来衡量。我国国家标准 GB 8624—97 将建筑材料的燃烧性能分为以下几种等级。

A 级:不燃性建筑材料;

B_1 级:难燃性建筑材料;

B_2 级:可燃性建筑材料;

B_3 级:易燃性建筑材料。

2.2.2 建筑构件的燃烧性能

建筑构件是由建筑材料构成的成品或半成品,其燃烧性能取决于所使用建筑材料的燃烧性能,我国将建筑构件的燃烧性能分为三类。

1.不燃烧体(非燃烧体)

通过国家标准《建筑材料不燃性试验方法》(GB 5464—85)试验合格的材料,如金属、砖、石、混凝土等不燃性材料制成的建筑构件,称为不燃烧体(以前也称非燃烧体)。这种构件在空气中遇明火或高温作用下不起火、不微燃、不炭化。如砖墙、钢屋架、钢筋混凝土梁等构件都属于不燃烧体,常被用做承重构件。

2.难燃烧体

通过国家标准《建筑材料难燃性试验方法》(GB 8625—88)试验合格的材料制成的构件或用可燃材料制成而用不燃性材料做保护层制成的构件都称为难燃烧体。其在空气中遇明火或在高温作用下难起火、难微燃、难炭化,且当火源移开后燃烧和微燃立即停止,如阻燃胶合板吊顶、经处理的木质防火门等。

3.燃烧体

可燃性或者易燃性材料制成的建筑构件称为燃烧体。这类构件在空气中遇明火或在高温作用下会立即起火发生燃烧,而且当火源移开后,仍继续保持燃烧或微燃。如木柱、木屋架、木梁、木楼梯、木搁栅、普通纤维板吊顶等构件都属于燃烧体。

2.2.3　建筑构件的耐火极限

建筑构件的耐火极限是划分建筑耐火等级的基础数据,也是建筑设计防火的科学依据。

1.耐火极限的概念

建筑构件的耐火极限是指构件在按时间 – 温度标准曲线进行耐火实验中,从受到火的作用时起,到失去支持能力或完整性被破坏或失去隔热作用时止的这段时间,用 h 表示。

2.时间 – 温度标准曲线

建筑物发生火灾时其内部的温度是随着时间变化的,分别取时间和温度作为横、纵坐标,即可绘制出火灾过程中的时间 – 温度曲线,如图 2.1 所示。在实际的火灾中,每一起火灾的时间 – 温度曲线是各不相同的,但为了对建筑构件进行耐火试验,进而对其耐火极限进行度量,必须人为规定一种能反映、模拟一般火灾规律的标准温升条件。对构件进

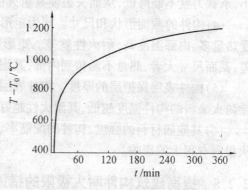

图 2.1　时间 – 温度标准曲线图

行耐火试验,测定其耐火极限是通过燃烧试验炉进行的。耐火试验采用明火加热,使试验构件受到与实际火灾相似的火焰作用,把它绘制成曲线就称为时间 – 温度标准曲线,其表达式为

$$T - T_0 = 345 \lg(8t + 1) \tag{2.1}$$

式中　　t——试验经历的时间,min;

　　　　T——在 t 时间内的炉内温度,℃;

　　　　T_0——试验开始时的炉内温度,℃,其温度一般在 5 ~ 40℃ 范围内。

3.耐火极限的判定条件

判定建筑构件达到耐火极限的条件有三个,即失去稳定性、失去完整性、失去隔热性。失去稳定性是指构件在试验中失去支撑能力或抗变形能力,这一条件主要是针对承重构件的。如墙、梁、板、柱等构件在试验中发生坍塌,则表明试件失去承载能力。失去完整性是指分隔构件(如楼板、门窗、隔墙、吊顶等),在试验过程中,当其一面受火作用时,构件出现穿透性裂缝或穿火孔隙,使其背火面可燃物燃烧起来。这时构件就失去了阻止火焰和高温气体穿透或者失去阻止其背火面出现火焰的性能,以此可以判定构件失去了完整性。失去隔热性是指分隔构件虽然没有裂缝或穿孔,但已失去隔绝过量热传导的性能。试验中如果背火面测点测得的平均温度超过初始温度 140℃,或者背火面任一测点温度超过初始温度 180℃时,则认为构件失去绝热性。

2.2.4 影响构件耐火极限的因素

根据构件耐火极限的判定条件我们知道,凡是使构件丧失其耐火性能的因素都是影响构件耐火极限的因素,也就是影响其稳定性、完整性和绝热性的因素。具体说有以下几方面的因素。

(1)构件的整体性、均质性。构件本身具有裂缝、接缝不严密或者像混凝土等内部具有过多水分,就会影响其耐火极限。

(2)组成构件的材料的导热性。组成构件的材料的导热系数越大,热量越容易传到背火面,从而使其耐火性变差,反之则好。

(3)构件材料的燃烧性能。组成构件的材料本身发生燃烧,则有效承载截面不断减小,承载力就不断降低,从而失去使其耐火极限降低。

(4)构件的截面形状和尺寸。同为矩形截面,截面周长与截面面积之比大者,截面接受热量多,内部温度高,耐火性就差。矩形截面尺寸小者,温度易于传到内部,耐火性较差;截面尺寸大者,热量不易传到内部,其耐火性就好。

(5)构件表层保护层的厚度。构件表层保护层的厚度越大,构件耐火性越好;表面喷涂防火涂料的构件温度越低,其耐火性越好。

(6)其他如材料的强度、构件的配筋率、构件的受力状态、支承条件等也都对构件的耐火极限有很大的影响。

2.2.5 提高建筑构件耐火极限的措施

构件的耐火极限与建筑构件所采用的材料性质,构件的保护层及构件的构造做法、支承情况等都有密切的关系。在设计时,应当本着严格遵照规范的原则,当遇到某些建筑构件的耐火极限达不到规范的要求时,应采取适当的方法加以解决。常用的方法有以下几种。

(1)适当增加构件的截面尺寸。建筑构件的截面尺寸越大,其耐火极限也就越长,此法对提高建筑构件的耐火极限很有效。

(2)对钢筋混凝土构件增加保护层厚度。此法是提高钢筋混凝土构件耐火极限简单而又有效的方法,对常用混凝土构件都是适用的。钢筋混凝土构件的耐火极限主要是取决于其中的受力筋在遇到火灾以后,在高温条件下它的强度变化情况,保护层的厚度增加可以有效减缓在火灾中高温向混凝土内部的传递速度,从而使混凝土构件的强度下降不至于过快,从而达到提高其耐火能力的目的。

(3)在构件表面做耐火保护层。这种增加构件耐火极限的方法主要适用于钢结构构件,其方法是在构件表面做耐火保护层。具体方法将专门在钢结构耐火一部分中详细阐述。

(4)钢梁、钢屋架下做耐火吊顶。在钢梁、钢屋架下做耐火吊顶,虽然结构表面没有耐火保护层,但也可以大大提高其耐火能力。在这种情况下,我们进行耐火设计时就不能以钢结构本身的耐火极限来考虑了,同时这种做法还可以增加建筑室内美观。表2.2给出了钢梁下做耐火吊顶组合构造的隔热性能数据。

表 2.2　吊顶的构造方式和隔热性能　　　　　　　　　　　　　　　　单位:h

工字钢梁下做吊顶构造(在断面为 20.32 cm × 10.16 cm 工字钢梁下做钢龙骨的吊顶)	试　验　结　果		
	试验历时	完整性	隔热性(钢梁达到 400℃时)
3.18～2.54 cm T 型钢龙骨下连接 1.6 cm 厚玻璃纤维板	2.1	2.1	1.1
3.18 cm × 0.79 cm T 型钢龙骨连接薄铝板,其下为 1.27 cm 厚矿棉纤维吸声板	2	1.8	1.4
3.18 cm × 2.54 cm T 型钢龙骨下连接 1.6 cm 矿棉纤维吸声板	2	2	1.7
4.13 cm × 2.54 cm T 型钢龙骨连接薄铝板,其下为 1.6 cm 厚矿棉纤维吸声板	2	2	2
3.81 cm × 3.81 cm T 型钢龙骨下连接 1.9 cm 厚石棉纤维板	4	4	1.9

(5)在构件表面涂覆防火涂料。对于一些构件达不到耐火等级所规定的耐火极限的要求,以及有可燃构件或者可燃装修材料由于燃烧性能没有达到要求的情况都可以使用防火涂料加以解决。防火涂料涂覆于建筑构件的表面可以有效提高其耐火极限。

2.3　单、多层建筑耐火设计

2.3.1　单、多层建筑的划分

从消防、防火规范角度考虑,单、多层建筑是指属于非高层的普通单、多层工业建筑和民用建筑。具体划分标准如下。

(1)九层及九层以下住宅(包括底层设置商业服务网点的住宅)和建筑高度不超过 24 m 的其他民用建筑。

(2)建筑高度超过 24 m 的单层公共建筑。

(3)建筑高度不超过 24 m 的工业建筑和超过 24 m 的单层工业建筑。

我们这里说的建筑高度是指室外设计地面到女儿墙顶部或檐口的高度。屋顶上的瞭望塔、冷却塔、水箱间、微波天线间、电梯机房、排风排烟机房及楼梯出口小间等均不计入建筑高度和层数。建筑物的地下室、半地下室的顶板面高出室外地面不超过 1.5 m 者,不计入层数内。

2.3.2　建筑物耐火等级的划分

各类建筑物由于其使用性质、重要程度、规模大小、层数高低、火灾危险性等存在较大的差异,其需要的耐火等级也是不同的。

1.建筑物耐火等级的划分基准和依据

一座建筑的耐火等级不是由一两个构件的耐火性决定的,是由组成建筑物的结构和重要的分隔、围护、疏散等构件,如墙、柱、梁、楼板、吊顶、楼梯等的耐火性决定的。

结合我国建筑设计、施工及建筑结构的实际情况,并考虑今后建筑的发展趋势,我国现行规范把建筑耐火等级划分为四个级别,如表2.3所示。

表2.3　建筑构件的燃烧性能和耐火极限

燃烧性能 和耐火极限/h　　耐火 等级 构件名称		一级	二级	三级	四级
墙	防火墙	不燃烧体 4.00	不燃烧体 4.00	不燃烧体 4.00	不燃烧体 4.00
	承重墙、楼梯间、电梯井的墙	不燃烧体 3.00	不燃烧体 2.50	不燃烧体 2.50	难燃烧体 0.50
	非承重外墙、疏散走道两侧的隔墙	不燃烧体 1.00	不燃烧体 1.00	不燃烧体 0.50	难燃烧体 0.25
	房间隔墙	不燃烧体 0.75	不燃烧体 0.50	难燃烧体 0.50	难燃烧体 0.25
柱	支承多层的柱	不燃烧体 3.00	不燃烧体 2.50	不燃烧体 2.50	难燃烧体 0.50
	支承单层的柱	不燃烧体 2.50	不燃烧体 2.00	不燃烧体 2.00	燃烧体
梁		不燃烧体 2.00	不燃烧体 1.50	不燃烧体 1.00	难燃烧体 0.50
楼板		不燃烧体 1.50	不燃烧体 1.00	不燃烧体 0.50	难燃烧体 0.25
屋顶承重构件		不燃烧体 1.50	不燃烧体 0.50	燃烧体	燃烧体
疏散楼梯		不燃烧体 1.50	不燃烧体 1.00	不燃烧体 1.00	燃烧体
吊顶(包括圆顶搁栅)		不燃烧体 0.25	难燃烧体 0.25	难燃烧体 0.15	燃烧体

2.建筑耐火等级的划分

我国现行规范选择楼板作为确定耐火极限等级的基准,因为,对建筑物来说,楼板是最具代表性的一种至关重要的构件,他既是建筑空间和建筑防火的水平分区构件,也是直接承载建筑使用功能和火灾荷载的支撑构件。在制定分级标准时,首先确定各耐火等级建筑中楼板的耐火极限,然后将其他建筑构件与楼板相比较,在建筑结构中所占的地位比楼板重要的,可适当提高其耐火极限要求,否则反之。如建筑结构中所占地位比楼板重要者有梁、柱、承重墙等,其耐火极限应高于楼板;比楼板次要者,如隔墙、吊顶等,其耐火极限可以小于楼板。

从我国几大城市的火灾统计数字(表2.4)来看,90%以上的火灾延续时间在2 h以内,在1 h以内扑灭的火灾约占80%,在1.5 h以内扑灭的火灾约占90%。考虑一定的安全系数,现行规范表中的个别构件耐火极限定为4 h或3 h,其余构件略高于或低于2 h。因为,建筑物中大量使用的普通钢筋混凝土空心楼板,保护层多为10 mm,其耐火极限约为1 h,而现浇钢筋混凝土整体式楼板的耐火极限大多在1.5 h以上。据此,我国将耐火等级为一级和二级的建筑楼板的耐火极限分别定为1.5 h和1 h,这样,大部分一、二级建筑的楼板至少在1 h内不会被烧垮。三级建筑的楼板,通常也为钢筋混凝土结构,为非燃烧体,其耐火极限定为 0.5 h,一般都能满足这一要求。

表 2.4 我国几大城市火灾延续时间所占比例

地 区	连续统计时间/年	火灾次数	延续时间在 2 h 以下的占火灾总数的百分比/%
北 京	8	2 353	95.10
上 海	5	1 035	92.90
沈 阳	16	—	97.20
天 津	12(其中前 8 年与后 4 年不连续)		95.00

从规范中我们可以看到,防火墙的耐火极限定为 4 h。一级建筑物的承重墙、楼梯间墙和支承多层的柱,其耐火极限规定为 3 h。其余构件的耐火极限均不超过 3 h。一级建筑物的支承单层的柱,其最低耐火极限比支承多层柱的最低耐火极限略微降低要求,即规定为 2.5 h,它是根据一个火灾案例确定的。某地某化工厂硝酸库失火,该库房为一级单层建筑,当火烧 2.5 h 后,300 mm × 300 mm 截面的钢筋混凝土柱未被烧坏,因此,一级单层建筑物的柱,其耐火极限规定为 2.5 h。二、三级建筑物的支承柱,其最低的耐火极限又比一级建筑物的支承柱的最低耐火极限略为降低要求。根据我国现有建筑物的状况,认为砖柱或钢筋混凝土柱的截面尺寸为 200 mm × 200 mm 时,其耐火极限为 2 h。因此,现将二、三级建筑物支承单层的柱,其耐火极限仍保留原规定为 2 h,而支承多层的柱,因其截面尺寸相应增大,因此,耐火极限确定为 2.5 h。四级建筑物的支承柱,也有采用木柱承重且以非燃烧材料做复面保护的,对于这类建筑物的支承多层的柱,参考了苏联 1962 年颁布的防火标准,其耐火极限为 0.5 h。

在前苏联、美国、日本等国的安全设计规定中,其建筑构件的耐火极限均不超过 4 h,见表 2.5、表 2.6、表 2.7。

表 2.5 1962 年苏联建筑物耐火等级分类表

燃烧性能和耐火极限/h 耐火等级 构件名称	一 级	二 级	三 级	四 级	五 级
承重墙、自承重墙、楼梯间墙、柱	非燃烧体 3.00	非燃烧体 2.50	非燃烧体 2.00	难燃烧体 0.50	燃烧体 —
楼板及顶棚	非燃烧体 1.50	非燃烧体 1.00	难燃烧体 0.75	难燃烧体 0.25	燃烧体
无闷顶的屋顶	非燃烧体 1.00	非燃烧体 0.25	燃烧体 —	燃烧体 —	燃烧体 —
骨架墙的填充材料和墙板	非燃烧体 1.00	非燃烧体 0.25	非燃烧体 0.25	难燃烧体 0.25	燃烧体 —
间隔墙(不承重)	非燃烧体 1.00	非燃烧体 0.25	难燃烧体 0.25	难燃烧体 0.25	燃烧体 —
防火墙	非燃烧体 4.00	非燃烧体 4.00	非燃烧体 4.00	非燃烧体 4.00	非燃烧体 4.00

注:译自 1962 年《苏联防火规定》.

表 2.6 美国建筑物的抗火要求表

用 h 来表达各种构件的抗火性能	分　级	
	3 h	2 h
1.承重墙 （在受到火的作用下这种墙和隔板必须是相当稳定的）	4	3
2.非承重墙 （墙上有电线穿过或作为居住房间的墙）	非燃烧体	非燃烧体
3.支承一层楼板或单独屋顶的主要承重构件 （包括柱、主梁、次梁，屋架）	3	2
4.支承二层及二层以上楼板或单独屋顶的主要承重构件（包括柱、主梁、次梁、屋架）	4	3
5.不影响建筑物稳定的支承楼板的次要构件 （如次梁、楼板、搁栅）	3	2
6.不影响建筑物稳定的支承屋面的次要构件 （如次梁、屋面板、檩条）	2	1.5
7.封闭楼梯间的壁板和穿过楼板孔洞的四周壁板	2（在某种情况下此壁板可为 1 h 的非燃烧体）	

注:译自 1970~1972 年美国《防火规范》.

表 2.7 日本在建筑标准法规中关于耐火结构方面的规定表　　单位:h

建筑的层数 （上部的层数）	房盖	梁	楼板	柱	非承重的外墙		承重墙	间隔墙
					有延烧危险的部分	其他部分		
4 以内	0.5	1	1	1	1	0.5	1	1
5~14	0.5	2	2	2	1	0.5	2	2
15 以上	0.5	3	2	3	1	0.5	2	2

注:译自 1964 年日本《建筑材料学》.

　　一级建筑物的屋顶,其最低耐火极限为 1.5 h。它的确定是依据某化工厂"666"车间发生火灾,其屋顶(系钢筋混凝土梁和平板结构)火烧 1 h 就坏了,可见要求 1.5 h 较为合适。二级建筑物的屋顶规定为 0.5 h 的非燃烧体。

　　吊顶有别于其他的承重构件,火灾时并不直接危及建筑物的主体结构,对吊顶耐火极限的要求,主要是考虑火灾时要保证一定的疏散时间。根据火灾教训和公共场所疏散时间的测定,以及参考国外资料,并从目前我国建筑材料的现状出发,规范对吊顶作了一般性规定。

　　三级建筑物的间隔墙有一部分可能采用板条抹灰,其耐火极限为 0.85 h。考虑到有的抹灰厚度不均匀,并适当加点安全系数,故将该项耐火极限定为 0.5 h。

　　三级建筑物疏散用的楼梯的耐火极限规定为 1 h,是根据我国钢筋混凝土楼梯的梁保护层通常为 2.5 cm,板保护层为 1.5 cm,其耐火极限为 1 h。四级建筑物因限制为单层,故四级建筑物没有规定楼梯的耐火极限。

根据我国的国情,我国 2005 年最新颁布了《住宅建筑规范》,此规范在内容上主要依据现行标准,地位上应当高于现行标准。这个规范对于防火和安全进行了重点要求,根据建筑构件的燃烧性能将住宅建筑物的耐火等级也分为四级,一级最高,四级最低,如表2.8所示。从表中我们可以看到,防火墙的耐火时间均有较大的变化,其他的构件也有一定的变化。

表 2.8　住宅建筑构件的燃烧性能和耐火极限

构件名称		一　级	二　级	三　级	四　级
墙	防　火　墙	不燃性 3.00	不燃性 3.00	不燃性 3.00	不燃性 3.00
	承重外墙	不燃性 3.00	不燃性 2.50	不燃性 2.00	难燃性 0.50
	非承重外墙	不燃性 1.00	不燃性 1.00	不燃性 0.50	难燃性 0.25
	楼梯间的墙、电梯井的墙、住宅单元之间的墙、住宅分户墙、住户内承重墙	不燃性 2.00	不燃性 2.00	不燃性 1.50	难燃性 0.50
	疏散走道两侧的隔墙	不燃性 1.00	不燃性 1.00	不燃性 0.50	难燃性 0.50
柱		不燃性 3.00	不燃性 2.50	不燃性 2.00	难燃性 0.50
梁		不燃性 2.00	不燃性 1.50	不燃性 1.00	难燃性 0.50
楼板		不燃性 1.50	不燃性 1.00	不燃性 0.50	难燃性 0.50
屋顶承重构件		不燃性 1.50	不燃性 1.00	难燃性 0.25	难燃性 0.25
疏散楼梯		不燃性 1.50	不燃性 1.00	不燃性 0.50	难燃性 0.25

注:①上人的一、二级耐火等级建筑的平屋顶,其屋面板的耐火极限分别不应低于 1.50 h 和 1.00 h;
　②一、二级耐火等级建筑的屋面板应采用不燃烧材料,但其屋面防水层和绝热层可采用可燃材料;
　③外墙指除内外保温层外的主体构件。

2.3.3　民用建筑耐火等级的选定

《建筑设计防火规范》(GBJ 16—87,2001 年版)规定,重要的公共建筑应采用一、二级耐火等级的建筑。这里所说的重要的公共建筑是指性质重要、建筑标准高、人员密集,发生火灾后经济损失大、政治影响大的公共建筑。如省市级以上的机关办公楼、价值在 300 万元以上的电子计算机中心、藏书 100 万册以上的藏书楼、省级邮政楼、大型医院以及大中型体育馆等,如表 2.9 所示。

表 2.9　民用建筑的耐火等级、层数、长度和建筑面积

耐火等级	最多允许层数	防 火 分 区		备 注
		最大允许长度/m	每层最大允许建筑面积	
一、二级	按《建筑设计防火规范》1.0.3条规定	150	2 500	1.体育馆、剧院、展览建筑等的观众厅、展览厅的长度和面积可以根据需要确定 2.托儿所、幼儿园的儿童用房及儿童游乐厅等儿童活动场所不应该设置在四层及四层以上或地下、半地下建筑内
三级	5 层	100	1 200	1.托儿所、幼儿园的儿童用房及儿童游乐厅等儿童活动场所和医院、疗养院的住院部分不应设置在三层及三层以上或地下、半地下建筑内 2.商店、学校、电影院、剧院、礼堂、食堂、菜市场不应超过二层
四级	2 层	60	600	学校、食堂、菜市场、托儿所、幼儿园、医院等不应超过一层。

注:①重要的公共建筑应采用一、二级耐火等级的建筑。商店、学校、食堂、菜市场如采用一、二级耐火等级的建筑有困难,可采用三级耐火等级的建筑;

②建筑物的长度,系指建筑物各分段中线长度的总和。如遇有不规则的平面而有各种不同量法时,应采用较大值;

③建筑内设置自动灭火系统时,每层最大允许建筑面积可按本表增加一倍。局部设置时,增加面积可按该局部面积一倍计算;

④托儿所、幼儿园及儿童游乐厅等儿童活动场所应独立建造。当必须设置在其他建筑内时,宜设置独立的出入口;

⑤防火分区间应采用防火墙分隔,如有困难时,可采用防火卷帘和水幕分隔。

对于住宅建筑,新颁布的《住宅建筑规范》另有规定,如表 2.10 所示。

表 2.10　住宅建筑的耐火等级要求

建筑类别	耐火等级要求
1~3 层住宅	四级及以上
4~9 层住宅	三级及以上

注:①商住楼建筑耐火极限不应低于二级;

②耐火等级为三级的 6~9 层住宅的楼板和疏散楼梯,耐火极限不应低于 1.00 h。

2.4　高层民用建筑耐火设计

2.4.1　高层民用建筑的划分

我国《高层民用建筑设计防火规范》(GB 50045—95)规定,高层民用建筑系指 10 层及 10 层以上的居住建筑(包括首层设置商业服务网点的住宅)及建筑高度超过 24 m 且层数

为两层及两层以上的其他民用建筑。

这里所说的建筑高度是指建筑物室外地面到其檐口或屋面面层的高度,屋顶上的水箱间、电梯机房、排烟机房和楼梯出口小间等不计入建筑高度。建筑物的地下室、半地下室的顶板面高出室外地面不超过 1.5 m 者,不计入层数内。

高层民用建筑的高度确定,从消防角度主要考虑以下几个方面的原因。

(1)登高消防车的扑救高度。目前我国大多数城市登高消防车的最大工作高度多为 24 m 左右,在此以下的高度,可以利用其工作高度进行扑救,超过这个高度,就不能够满足其需要了。

(2)消防车的供水能力。我国多数城市配备的消防车在最不利的情况下,吸水扑救火灾的最大高度为 24 m。

(3)住宅建筑 10 层及 10 层以上的为高层建筑,以 m 为单位要高于 24 m,除了考虑以上的因素外,还考虑了它与公共建筑相比每户面积较小,人数不多,功能简单、环境熟悉,分户墙也有较好的防火作用,有较好的防火分隔,在发生火灾时,火灾的蔓延扩大受到一定的限制,疏散应较快,从而其危害较小。

(4)参考了国外对高层建筑起始高度的划分。

2.4.2　高层民用建筑的火灾特点

在防火条件相同的情况下,高层建筑比低层建筑火灾的危险性、危害性要大得多,一旦发生火灾,容易造成重大财产损失和人员伤亡,其主要特点表现在以下几个方面。

1.功能复杂,起火因素多

高层建筑一般来说内部功能较复杂,设备也较多,装修的标准高,因此火灾的危险性较大,并且引起火灾的因素也较多。

2.火势蔓延途径多,速度较快

高层建筑由于功能的需要,内部设有很多竖向管井,如楼梯间、电梯井、电缆井、排气道、垃圾道等。如果在设计时不考虑防火分隔措施或者处理不好,那么发生火灾时,这些竖向通道就像高耸的烟筒一样,抽拔烟火而成为火灾迅速蔓延的途径,烟气沿着竖向井道从底层扩散到顶层,整个大楼也将成为一个大火柱。众多的火灾事实都已经证明了这一点。

另外,高层建筑越高,上面的风速也就越大,所以,风也是使高层建筑火灾迅速蔓延的一个重要的、不能忽视的因素。甚至可以使本来不能构成威胁的火源成为发生危害性较大火灾的导火索。

3.安全疏散较困难

高层建筑的层数多,垂直疏散距离远,因此,在火灾发生时就需要较长的时间才能把人员疏散到安全的地方。此外,高层建筑往往是人员较为集中的地方,发生火灾时,容易出现拥挤的情况。再就是火灾发生以后,竖向的烟火蔓延较快,而平时作为疏散人流的主要途径的电梯却因为停电或者不防烟而停止使用,这也给安全疏散带来较大的困难。火灾发生时,其最主要的疏散途径就是楼梯间,因此,楼梯间的防烟防火也是高层建筑防火设计的一个重中之重了。

4.火灾扑救难度大

高层建筑一旦发生火灾其火势蔓延就会很快,因此扑救高层建筑的火灾,应该立足于高层建筑本身室内消防给水设施,但往往由于火灾面积大、消防给水设施条件受限等因素,使高层建筑本身的消防设施不能发挥有效的作用,只能依靠消防车吸室外水来进行扑救,因此,容易延误灭火时机,使火灾带来较大的损失。

2.4.3 高层民用建筑耐火等级的划分

高层民用建筑根据建筑防火安全的需要及各构件的燃烧性能和耐火极限等,将高层民用建筑的耐火等级分为两级,其具体的规定和要求如表 2.11 所示。

表 2.11 建筑构件的燃烧性能和耐火极限

燃烧性能和耐火极限/h　　耐火等级　构件名称		耐　火　等　级	
		一　级	二　级
墙	防　火　墙	不燃烧体 3.00	不燃烧体 3.00
	承重墙、楼梯间、电梯井和住宅单元之间的墙	不燃烧体 2.00	不燃烧体 2.00
	非承重外墙、疏散走道两侧的隔墙	不燃烧体 1.00	不燃烧体 1.00
	房间隔墙	不燃烧体 0.75	不燃烧体 0.50
柱		不燃烧体 3.00	不燃烧体 2.50
梁		不燃烧体 2.00	不燃烧体 1.50
楼板、疏散楼梯、屋顶承重构件		不燃烧体 1.50	不燃烧体 1.00
吊　顶		不燃烧体 0.25	难燃烧体 0.25

高层民用建筑耐火等级划分时应该注意如下几个问题。

(1)预制钢筋混凝土构件的节点或金属承重构件节点的外露部位,必须加设防火保护层,其耐火等级也不能低于表 2.11 中的规定。

(2)二级耐火等级的高层建筑,面积不超过 100 m² 的房间隔墙,在执行表 2.11 有困难时,也可采用耐火极限不低于 0.5 h 的难燃烧体或者耐火极限不低于 0.3 h 的不燃烧体。

(3)二级耐火等级高层建筑的裙房,当不上人时,屋顶的承重构件可采用不低于 0.5 h 的不燃烧体。

(4)高层民用建筑内存放图书、资料、纺织品等可燃物的,平均质量超过 200 kg/m² 的房间,当不设自动灭火系统时,其柱、梁、楼板和墙的耐火等级应该相应提高 0.5 h。

(5)高层民用建筑地下室的耐火等级应为一级。

2.4.4 高层民用建筑耐火等级的选定

1.高层民用建筑的分类

就高层建筑来说,其差异性是很大的。高层民用建筑的分类是指从消防角度对高层建筑做进一步的细分,其目的在于分类主要针对不同的建筑物,对其在耐火等级、防火间距、防火分区、安全疏散等方面有不同的要求。根据其使用性质、火灾危险性、疏散和扑救难度等因素,如表 2.12 所示。

表 2.12 高层建筑分类

名称	一 类	二 类
居住建筑	高级住宅 19 层及 19 层以上的普通住宅	10～18 层的普通住宅
公共建筑	1.医院 2.高级旅馆 3.建筑高度超过 50 m 或每层建筑面积超过 1 000 m² 的商业楼、展览楼、综合楼、电信楼、财贸金融楼 4.建筑高度超过 50 m 或每层建筑面积超过 1 500 m² 的商住楼 5.中央级和省级(含计划单列市)广播电视楼 6.网局级和省级(含计划单列市)电力调度楼 7.省级(含计划单列市)邮政楼、防灾指挥调度楼 8.藏书超过 100 万册的图书馆、书库 9.重要的办公楼、科研楼、档案楼 10.建筑高度超过 50 m 的教学楼和普通的旅馆、办公楼、科研楼、档案楼等	1.除一类建筑以外的商业楼、展览楼、综合楼、电信楼、财贸金融楼、商住楼、图书馆、书库 2.省级以下的邮政楼、防灾指挥调度楼、广播电视楼、电力调度楼 3.建筑高度不超过 50 m 的教学楼和普通的旅馆、办公楼、科研楼、档案楼等

另外,最新颁布的《住宅建筑规范》对居住建筑的类别又进行了重点强调,主要是对裙房的要求进行了强调。因为虽然主楼的耐火等级高,但如果裙房的耐火等级低,则裙房发生火灾也势必将会影响到主楼的安全,如表 2.13 所示。

表 2.13 住宅建筑的耐火等级要求

建 筑 类 别	耐火等级要求
10～18 层住宅及裙房	二级以上
19 层及以上住宅及裙房	一级

注:商住楼的耐火等级不低于二级。

2.高层民用建筑耐火等级选定

《高层民用建筑设计防火规范》(GB 50045—95)对选定耐火等级进行了严格的规定,见表 2.11 的规定。一类高层、二类高层、高层的裙房和高层的地下室的耐火等级要求为:一类高层建筑的耐火等级应为一级,二类高层建筑的耐火等级不应低于二级。裙房的耐火等级不应低于二级,高层民用建筑地下室的耐火等级应为一级。

2.5 钢结构建筑的耐火设计

2.5.1 钢结构建筑特点

钢结构具有强度高、自重轻、抗震性能好、施工进度快、结构占用面积少、工业化程度高等一系列优点,它与混凝土结构相比,环保且更有利建筑产业化的发展。因而,高层、超高层建筑和一些有特殊要求的工业与民用建筑采用钢结构的较多,随着科学技术的不断发展和我国钢产量和质量的进一步提高,钢结构建筑将在低层、多层及高层等多个领域都有较大的发展。

从防火角度看,钢材虽然是不燃烧体,但很不耐火。国内外钢结构建筑物的火灾案例证明,发生火灾后 20 min 以内就能把建筑物烧垮,最后形成一片废墟。1973 年 5 月天津市体育馆火灾,1972 年 8 月北京二七机车车辆厂纤维板车间火灾,1969 年 12 月上海文化广场火灾,都暴露了钢结构耐火性能差的致命弱点。美国"911"恐怖事件也表明,钢结构的耐火性能差,这也是造成世贸中心坍塌、人员大量伤亡的重要原因。因此,提高钢结构的耐火性能是推广钢结构建筑的关键。

2.5.2 钢结构耐火性能分析

钢结构最致命的弱点是钢的耐火性能差。钢的内部晶体组织对温度非常敏感,温度升高或者降低都会使钢材性能发生变化,钢结构通常在 450～650℃时就会失去承载能力,发生很大的形变,导致钢柱、钢梁弯曲,结果因变形过大而不能继续使用。图 2.2、图 2.3、图 2.4 为钢材的机械性能与温度的关系曲线。

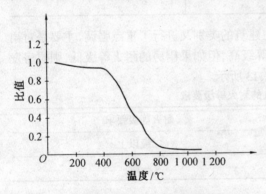

图 2.2 高温屈服强度与室温屈服强度之比

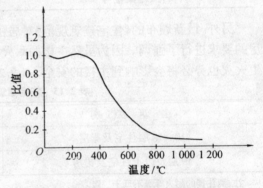

图 2.3 高温屈服强度与室温抗拉强度之比

从曲线可以看出,总的趋势是随着温度的升高,钢材的强度降低,变形增大。在200℃以内,钢材性能没有很大变化;430～540℃之间强度急剧下降;600℃时强度很低,不能承担荷载。此外在250℃附近有兰脆现象,约260～320℃时有徐变现象。

我们知道,钢虽然为不燃烧材料,但却是热的良导体,一旦遇到高温火焰其支撑力便会在一定时间内遭到破坏。根据钢构件耐火实验得到的钢构件耐火极限为

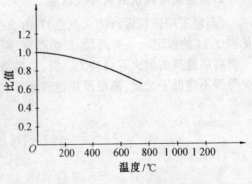

图 2.4 高温屈服强度与室温弹性模量之比

$$t = 0.54(T_s - 50)(F/V) - 0.6$$

式中　t——耐火极限,min;

　　　T_s——钢构件温度,℃;

　　　F/V——构件的截面系数,等于单位长度构件的受火面积与其体积的比值,m^{-1}。

实验表明,常用钢结构构件的耐火极限只有 15～30 min。说明未覆盖耐火保护层的钢构件的耐火极限距离防火规范的要求距离很大,根本不能满足火灾情况下对建筑防火的要求,必须对普通钢构件覆盖耐火保护层。

2.5.3　提高钢结构耐火性能的措施

钢结构耐火极限低,防火保护层易被破坏,决定了钢结构建筑必须重视防火问题,因此,应采取相应有效的消防安全措施。要想提高钢结构建筑中钢结构构件的防火性能,就要阻隔火灾热量向钢材的传递,以延缓钢材温升的速度,推迟钢构件达到破坏时的临界温度的时间。

1.使用建筑耐火钢

改变钢结构的材料组分,使其具有特定的成分、表面结构和微观组织,增强其耐火抗高温的性能,是提高钢结构建筑消防安全系数的治本措施之一。但这种方法对我国目前钢铁生产的技术而言,成本明显过高,这也是没有大范围进行推广的主要原因。但随着我国钢铁生产技术的不断提高,大幅降低生产成本,从而大范围内进行推广,也是指日可待的。

2.实施钢结构防火保护

由于钢结构耐火性能差,在火灾高温作用下很快失效倒塌,耐火极限仅 15 min,若采取措施,对钢结构进行保护,使其在火灾时温度升高不超过临界温度,钢结构在火灾中就能保持稳定性,这也是我们目前最常用的方法。对钢结构可采取的保护方法很多,主要有混凝土包覆保护、外砌粘土砖保护、防火包覆保护和防火涂料喷涂保护等措施,以提高钢结构的耐火极限。从原理上来讲,主要可划分为两种:截流法和疏导法。

(1)截流法。截流法的原理是截断或阻滞火灾产生的热流量向构件的传输,从而使构件在规定的时间内温升不超过其临界温度。其做法是在构件表面设置一层保护材料,火灾产生的高温首先传给这些保护材料,再由保护材料传给构件。由于所选材料的导热系数较小,而热容又较大,所以能很好地阻滞热流向构件的传输,从而起到保护作用。截流法又分为喷涂法、包封法、屏蔽法和水喷淋法。

①喷涂法是用喷涂机具将防火涂料直接喷在构件表面,形成保护层。钢结构防火涂料按所使用的胶粘剂的不同可分为有机防火涂料和无机防火涂料两类,无机纤维材料具有低密度、高热容、低导热的突出特点,并有很好的附着力。在高温火场中,厚度没有明显的变化,护层不熔化、不脱落,能够使被保护构件达到 5 h 以上的耐火极限,尤其适用于耐火极限要求比较高的高层钢机构的防火保护。

喷涂法按涂层厚度分为薄涂型和厚涂型两类。薄涂型钢结构涂料涂层厚度一般为 2～7 mm,有一定装饰效果,高温时涂层膨胀增厚,具有耐火隔热作用,耐火极限可达0.5～1.5 h,这种涂料又称钢结构膨胀防火涂料。厚涂型钢结构防火涂料厚度一般为 8～

20 mm,粒状表面,密度较小,导热系数低,耐火极限可达 0.5～3.0 h,这种涂料又称钢结构防火隔热涂料。

钢结构防火涂料的防火原理有三个:一是涂层对钢基材起屏蔽作用,使钢结构不至于直接暴露在火焰高温中;二是涂层吸热后部分物质分解放出的水蒸气或其他不燃气体,起到消耗热量、降低火焰温度和燃烧速度、稀释氧气的作用;三是涂层本身多孔轻质和受热后形成炭化泡沫层,阻止热向钢基材的迅速传递,推迟了钢基材强度的降低,从而提高了钢结构的耐火极限。

薄涂型钢结构防火涂料的主要品种有:LB、SG－1、SB－2、SS－1 钢结构膨胀防火涂料;厚涂型钢结构防火涂料的主要品种有:LG 钢结构防火隔热涂料、STI－A、JG276、ST－86、SB－1、SG－2 钢结构防火涂料等。

在喷涂钢结构防火涂料时,喷涂的厚度必须达到设计值,节点部位宜适当加厚,当遇有下列情况之一时,涂层内应设置与钢结构相连的钢丝网,以确保涂层牢固。

a.承受冲击振动的梁;

b.设计层厚度大于 40 mm;

c.粘贴强度小于 0.05 MPa 的涂料;

d.腹板高度大于 1.5 m 的梁。

喷涂法适用范围最为广泛,可用于任何一种钢构件的耐火保护。近几年我国钢结构建筑发展迅速,其防火保护方法绝大多数采用喷涂防火涂料的方法,如图 2.5 所示。钢结构防火涂料的实际应用效果已经得到多起火灾的检验。如某石化企业每年 80 万 t 重油催化裂化装置,冷换框架二层平台上的一个卧式柴油中间罐(封油罐)因管线法兰处的石棉垫片存在裂纹,造成柴油从法兰处泄露,滴落到平台下方未保温的高温蒸气管线,引起柴油自燃而起火,火灾中由于柴油罐受热后发生油品外溢,迅速在框架平台的一层和二层形成较大范围的流淌火灾。由于该装置按照防火技术规范,对装置框架平台的承重钢结

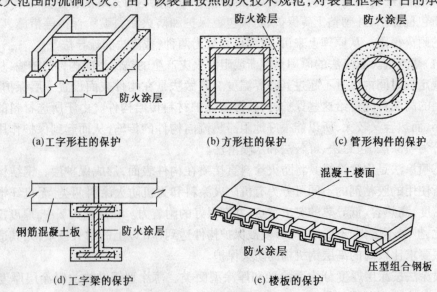

(a)工字形柱的保护　　(b)方形柱的保护　　(c)管形构件的保护

(d)工字梁的保护　　(e)楼板的保护

图 2.5　钢结构构件防火涂料保护方式

构覆盖了厚型无机防火涂料,因此在火灾发生 40 min 内,未发生框架承重钢构件的明显的受热变形,保持了良好的耐火性和承重性,而未进行耐火保护的平台钢板和非承重钢支架,则发生了受热扭曲变形。

②包封法就是在钢结构表面做耐火保护层,将构件包封起来,其具体做法有如下几种。

a.用现浇混凝土做耐火保护层(图 2.6),所使用的材料有混凝土、轻质混凝土及加气混凝土等。这些材料既有不燃性,又有较大的热容量,用做耐火保护层能使构件的升温减缓。由于混凝土的表层在火灾高温下易于剥落,可在钢材表面加敷钢丝网,进一步提高其耐火的性能。

b.用砂浆或灰胶泥做耐火保护层(图 2.7),所使用的材料一般有砂浆、轻质岩浆、珍珠岩砂浆或灰胶泥、蛭石砂浆或石灰胶泥等。上述材料均有良好的耐火性能,其施工方法常为在金属网上涂抹上述材料。

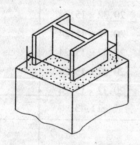 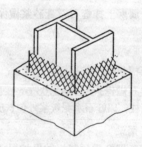

图 2.6　用现浇混凝土做保护层　　　　图 2.7　用砂浆或灰胶泥做耐火保护层

c.用矿物纤维做耐火保护层,其材料有石棉、岩棉及矿渣棉(图 2.8)。具体施工方法是将矿物纤维与水泥混合,再用特殊喷枪与水的喷雾同时向底子喷涂,构成海绵状的覆盖层,然后抹平或任其呈凹凸状。上述方式可直接喷在钢构件上,也可以向其上的金属网喷涂,且以后者效果较好。

d.用防火板材做耐火保护层(图 2.9),所用材料有轻质混凝土板、泡沫混凝土板、硅酸钙成型板及石棉成型板等,其做法是以上述预制板包覆构件,板间连接可采用钉合及粘合。这种构造方式施工简便而工期较短,并有利工业化。同时,承重(钢结构)与防火(预制板)的功能划分明确,火灾后修复简便且不影响主体结构的功能,因而具有良好的复原性。表 2.14 给出了英国试验得出的钢柱、钢梁的耐火极限值。

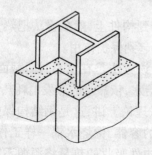 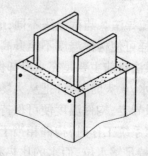

图 2.8　用矿物纤维做耐火保护层　　　　图 2.9　用防火板材做耐火保护层

表 2.14　钢柱、钢梁的耐火极限

构　件　名　称	截面尺寸/(cm×cm)	耐火极限/h
无保护层矩形实心钢柱	15.24×15.24	0.5
工字形截面钢柱 以石棉板做保护层:厚1.9 cm 以蛭石水泥外包铁皮做保护层:厚5.08 cm	15.24×15.24 20.3×20.3	1 4
矩形空心钢柱 以石棉板做保护层:厚1.9 cm 　　　　　　　　厚2.54 cm 以三层石棉板做保护层:共厚5.71 cm	25.4×25.4 15.24×15.24 15.24×15.24	1 1 3
工字钢柱 以涂刷石棉做保护层:厚1.27 cm 　　　　　　　厚2.54 cm 以金属网上抹蛭石石膏砂浆做保护层:厚0.64 cm 　　　　　　　　　　　　　　　　厚3.17 cm 　　　　　　　　　　　　　　　　厚5.71 cm 以石棉板做保护层:厚2.54 cm 以蛭石做保护层:厚5.08 cm	20.32×15.24 20.32×15.24 20.32×15.24 20.32×15.24 20.32×15.24 20.32×15.24 20.32×15.24	1 2 1 2 4 2 3
钢管柱　以蛭石水泥灰浆外包铁皮做保护层:厚5.7 cm	φ11.43	2
工字钢梁 以钢丝网轻质预制板做保护层:厚3.18 cm 以两层用纤维包裹的矿棉板做保护层:共厚5.08 cm 以石棉板外包铁皮做保护层:共厚5.08 cm 以金属网上抹蛭石石膏砂浆做保护层:厚4.44 cm	25.4×11.43 25.4×11.43 40.64×17.78 25.4×11.43	2 2 3 4

③屏蔽法是把钢结构包藏在耐火材料组成的墙体或吊顶内,在钢梁、钢屋架下做耐火吊顶,火灾时可以使钢梁、钢屋架的升温大为延缓,大大提高钢结构的耐火能力,而且这种方法还能增加室内的美观,但要注意吊顶的接缝、孔洞处应严密,防止窜火。

④水喷淋法是在结构顶部设喷淋供水管网,火灾时,自动(或手动)启动开始喷水,在构件表面形成一层连续流动的水膜,从而起到保护作用。

由上述可知,这些方法的共同特点是设法减小传到构件的热流量,因而称之为截流法。

(2)疏导法。与截流法不同,疏导法允许热量传到构件上,然后设法把热量导走或消耗掉,同样可使构件温度不至升高到临界温度,从而起到保护作用。

疏导法目前主要是充水冷却保护这一种方法。该方法是在空心封闭截面中(主要是柱)充满水,火灾时,构件把从火场中吸收的热量传给水,依靠水的蒸发消耗热量或通过循环把热量导走,构件温度便可保持在100℃左右。从理论上讲,这是钢结构保护最有效的方法。该系统工作时,构件相当于盛满水并被加热的容器,像烧水锅一样工作,只要补充水源,维持足够水位,而水的比热和气化热又较大,构件吸收的热量将源源不断地被耗掉或导走。

　　冷却水可由高位水箱、供水管网或消防车来补充,水蒸气由排气口排出。当柱高度过大时,可分为几个循环系统,以防止柱底水压过大。为防止锈蚀或水的冰结,水中应掺加阻锈剂和防冻剂。

　　水冷却法既可单根柱自成系统,又可多根柱联通。前者仅依靠水的蒸发耗热,后者既能蒸发散热,还能借水的温差形成循环,把热量导向非火灾区温度较低的柱。

　　研制耐高温价廉物美的金属、非金属钢结构复合防火材料及轻质、高强、耐火的混凝土等新材料,进一步提高钢结构的耐火能力,应是我国建筑界、工程界和消防界的新课题。

思 考 题

　　1.何谓耐火等级? 建筑设计防火时提高耐火等级的意义是什么?

　　2.何谓建筑构件的耐火极限? 建筑物的耐火等级如何划分?

　　3.钢结构耐火措施有哪些?

　　4.民用建筑耐火等级如何选定?

　　5.高层民用建筑火灾有什么特点? 高层民用建筑耐火等级如何选定?

　　6.提高建筑构件耐火极限和改变其燃烧性能的方法有哪些?

第3章 建筑防火分区设计

3.1 概述

3.1.1 防火分区的定义和作用

建筑物一旦发生火灾，火势就会从一个空间或者区域沿着楼板、墙壁的烧损处和门、窗、洞口向其他空间蔓延，最后发展成整个建筑的火灾。其蔓延的方式主要通过热气体对流、热辐射作用。通过建筑防火分区设计，在一定时间内，把火势控制在一定的区域内，为救生和灭火提供有效的时间，具有非常重要的意义，也是我们进行建筑设计防火的对策之一。

所谓防火分区是指采用防火分隔措施划分出的、能在一定时间内防止火灾向同一建筑的其余部分蔓延的局部区域(空间单元)。把建筑物划分防火分区，这样一旦有火灾发生，就可有效地把火势控制在一定的范围内，减少火灾损失，同时可以为人员安全疏散、消防扑救提供有利条件。

防火分区的有效性已经被大量的建筑火灾实例所证实。

划分防火分区对消防扑救和人员疏散也是十分有利的。消防队员为了尽快扑灭火灾，常常采用堵截、包围、穿插分割的方式来隔断火区，然后再扑灭火灾。防火分区之间的防火分隔物体本身就起着堵截包围的作用，它具有将火灾控制在一定范围内的作用，从而在火灾发生时，火灾分区以外的区域是安全的区域。因此，火灾发生时，只要从着火的防火分区中逃出，其安全也就基本上能够得到了保障，也确保了安全疏散工作的顺利进行。

3.1.2 防火分区类型

防火分区是空间分区，但为了理解方便，可以按水平防火分区、垂直防火分区、特殊部位和重要房间的防火分隔的层次来认知。

1.水平防火分区

水平防火分区指用防火墙、防火门或防火卷帘等防火分隔物，按规定的面积标准，将各楼层在水平方向分隔出的防火区域。它可以阻止火灾在楼层的水平方向蔓延。防火分区应用防火墙分隔，如图3.1所示。如采用防火墙确有困难，也可采用防火卷帘加冷却水幕或闭式喷水系统进行分隔，或采用防火分隔水幕进行分隔。

2.竖向防火分区

竖向防火分区是指用耐火性能较好的钢筋混凝土楼板及窗间墙，在建筑物的垂直方向对每个楼层进行的防火分隔，以防止火灾从起火层向其他楼层蔓延，如图3.2所示。

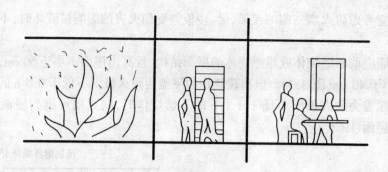

图 3.1 水平防火分区示意图

图 3.2 竖向防火分区示意图

3.特殊部位和重要房间的防火分隔

用具有一定耐火能力的分隔物将建筑物内部某些特殊部位和重要房间等加以分隔,可以使其不受到火灾蔓延的影响,为火灾扑救、人员疏散创造有利的条件。特殊部位和重要房间主要有各种竖向井道、附设在建筑物中的消防控制室、设置贵重设备和储存贵重物品的房间、火灾危险性大的房间以及通风空调机房等。

其防火分隔划分的范围大小、分隔的对象和分隔物的耐火性能要求等与上述两类防火分区有所不同。

3.1.3 防火分区的分隔物的构造和要求

防火分隔物是指能在一定时间内阻止火势蔓延,且能把建筑内部空间分隔成若干较小防火空间的构件。防火分区的分隔物是防火分区的边缘构件。常用的防火分隔物有防火墙、防火门、防火卷帘、防火窗、防火水幕带、上下楼层之间的窗槛墙、防火带、防火阀、耐火楼板和封闭防烟楼梯间等。

1.防火墙

防火墙根据其在建筑中所处的位置和构造形式分为横向防火墙、纵向防火墙、室内防火墙、室外防火墙、独立防火墙等。

防火墙的耐火极限、燃烧性能、设置部位和构造要求如下。

(1)防火墙应为不燃烧体,其耐火极限按现行的《建筑设计防火规范》规定为 4 h,《高层民用建筑防火规范》规定为 3 h。

(2)防火墙应直接设置在基础上或耐火性能符合有关防火设计规范要求的梁上。设计防火墙时,应考虑防火墙一侧的屋架、梁、楼板等受到火灾的影响被破坏时,不至于使防火墙倒塌。

(3)防火墙应截断燃烧体或难燃烧体的屋面结构,且高出屋面不小于 50 cm,高出不燃烧体屋面不小于 40 cm(图 3.3)。但当建筑物的屋盖为耐火极限不低于 0.5 h 的不燃烧体时,高层建筑屋盖为耐火极限不低于 1.0 h 的不燃烧体时,防火墙可砌到屋面基层的底部,不必高出屋面(图 3.4)。

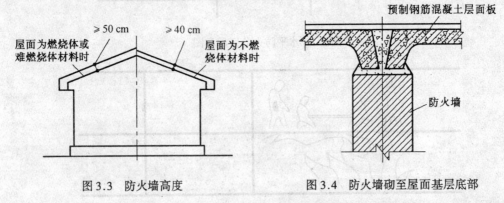

图 3.3 防火墙高度   图 3.4 防火墙砌至屋面基层底部

(4)建筑物的外墙为难燃烧体时,防火墙应突出难燃烧体墙的外表面 40 cm(图 3.5),防火带的宽度,从防火墙中心起每侧不应小于 2 m(图 3.6)。

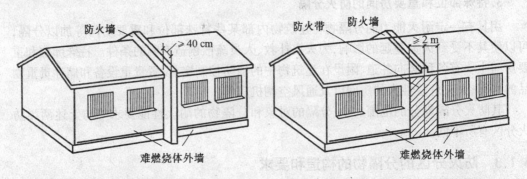

图 3.5 用防火墙分隔难燃烧体外墙   图 3.6 用防火带分隔难燃烧体外墙

(5)防火墙中心距天窗端面的水平距离小于 4 m,且天窗端面为难燃烧体时,应将防火墙加高,使之超过天窗结构 40~50 cm,以防止火势的蔓延(图 3.7)。

(6)防火墙内不应设置排气道,民用建筑如必须设置时,其两侧的墙身截面厚度均不应小于 12 cm。

(7)防火墙不应开设门窗洞口,如必须开设,应采用甲级防火门、窗(耐火极限为 1.2 h),并应能自行关闭。

(8)输送可燃气体管道,甲、乙、丙类液体管道不应穿过防火墙,其他管道不宜穿过防火墙,如必须穿过,应采用不燃烧体将缝隙填实。

(9)建筑物内的防火墙不宜设在转角处。如设在转角附近,内转角两侧上的门、窗、洞口之间最近边缘的水平距离不应小于 4 m(图 3.8)。当相邻一侧有固定乙级防火窗时,距

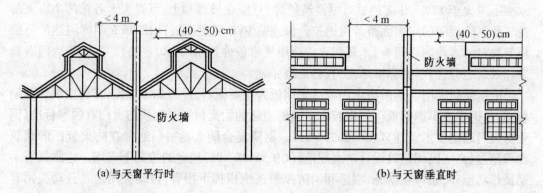

(a) 与天窗平行时   (b) 与天窗垂直时

图 3.7 靠近天窗时的防火墙

离可以不限。

(10)紧邻防火墙两侧门窗洞口之最近边缘水平距离不应小于 2 m(图 3.9),如装有固定乙级防火窗时,可不受此限制。

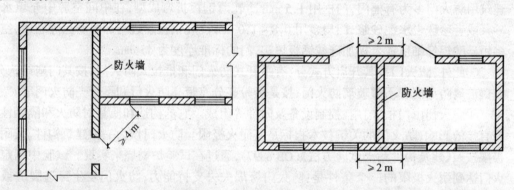

图 3.8 设在建筑物转角处的防火墙   图 3.9 防火墙两侧门、窗、洞口之间的距离

2.防火门

防火门除具有普通门作用外,还具有防火、隔烟的特殊功能。防火门必须具有合理的选材、良好的结构及可靠的耐火性能。

(1)防火门的分类和构造。

①防火门按其耐火极限分,有甲级防火门、乙级防火门和丙级防火门。

a.甲级防火门。耐火极限不低于 1.2 h 的门为甲级防火门。甲级防火门主要安装于防火分区间的防火墙上。建筑物内附设一些特殊房间的门也为甲级防火门,如燃油气锅炉房、变压器室、中间储油等。

b.乙级防火门。耐火极限不低于 0.9 h 的门为乙级防火门。防烟楼梯间和通向前室的门、高层建筑封闭楼梯间的门以及消防电梯前室或合用前室的门均应采用乙级防火门。

c.丙级防火门。耐火极限不低于 0.6 h 的门为丙级防火门。建筑物中管道井、电缆井等竖向井道的检查门和高层民用建筑中垃圾道前室的门均应采用丙级防火门。

②常用防火门按其所用的材料分,有木质防火门和钢质防火门。

a.木质防火门。为防止防火门发生变形,木质防火门应采用窑干法干燥的木材,其含水率不应大于 12% ,并应经过难燃浸渍处理,且应在横楞和上、下冒头上各钻两个以上的透气孔。防火门门扇表面覆盖难燃胶合板或贴 PVC 阻燃面板,内腔填充阻燃隔热的石棉板等材料。木质防火门有《木质防火门通用技术条件》(GB 14101—93)。木质防火门有单扇和双扇之分,门扇的标准厚度为(45 ± 2) mm。

b.钢质防火门。钢质防火门以冷轧钢板为主要原料,经冷加工成型,常选用镀锌薄钢板、彩色钢板或不锈钢板。门扇腔内填阻燃隔热的耐火材料。钢质防火门有国家标准《钢质防火门通用技术条件》(GB 12955—91)。钢质复合防火卷帘门通常在防火分区的建筑面积超过《高层民用建筑设计防火规范》(GB 50045—95)规定的情况下采用。它除具有手动操作功能外,还可在烟感、温感和消防控制系统指挥下报警,自动关闭。其自动关闭有延时功能,可以保证人员安全疏散,并阻止火势蔓延。钢质复合防火卷帘门的耐火极限常选用甲、乙两个等级,主要技术指标如下:报警音量 ≥ 100 dB;卷帘的平均运行速度 3 ~ 7 m/min;烟气泄漏 ≤ 1.5 $m^3/min·m^2$。钢质防火门也有单扇和双扇之分,工业建筑用防火门多为无框门,门扇厚 60 mm,两面焊厚度为 1.5 mm 以上的冷轧薄钢板,内填矿棉;民用建筑用防火门多为有框门,门框用 1.5 mm 冷轧薄钢板折弯成型,在中间空腔中充填水泥砂浆或者珍珠岩水泥砂浆,门扇多用 0.8 ~ 1.0 mm 冷轧钢板卷边与加强筋点焊制成,空腔多用硅酸铝纤维毡或岩棉加硅酸钙板填实,门的标准厚度为 45 mm。

③此外,防火门按其开启方式分,有平开式防火门和推拉式防火门;按其门扇结构分,有镶玻璃防火门和不镶玻璃防火门;按是否带亮分有带亮防火门和不带亮防火门等。

④防火门由门框、门扇、控制设备及附件等组成。它的构造和质量对防火和隔烟性能有直接的影响,防火门的关键技术指标是其耐火极限。防火门作为一种建筑构件,其耐火极限按照《建筑构件耐火试验方法》(GB 8897),通过在试验炉燃烧来实现。试验中判定防火门达到耐火极限的三个条件是:防火门垮塌失去支持能力;防火门发生穿透裂缝或孔洞,其完整性被破坏;防火门失去隔火作用,其背火面的温度超过试验室的室温 + 180℃,当这三个条件中的任意一个条件出现时,就表明构件达到了耐火极限。

(2)防火门的一般要求。防火门是一种活动的防火分隔物,除了应该具有较高的耐火极限外,在构造、安装等方面也有一般的要求,如关闭紧密,不窜烟火;启闭性好;安装位置合适;对木质防火门和含有木质构件的难燃烧体防火门要设置泄气孔等。用于防火墙上的甲级防火门,宜做成自动兼手动的平开门或推拉门,并且在关闭后能从门的任何一侧用手开启,也可在门上装设便于通行的小门。检查防火门时,还应注意以下几点。

①防火门应为向疏散方向开启(设防火门的空调机房、库房、客房等除外)的平开门,并在关闭后能从任何一侧手动开启。

②用于疏散廊道、楼梯间和前室的防火门,应能自行关闭。

③双扇和多扇防火门,应设置顺序闭门器。

④常开的防火门,在发生火灾时,应具有自行关闭和信号反馈功能。

⑤设在变形缝附近的防火门,应设在楼层数较多的一侧,且门开启后应跨越变形缝,防止烟火通过变形缝蔓延扩大。

⑥防火门上部的缝隙、孔洞采用不燃烧材料填充,并应达到相应的耐火极限要求。

(3)防火门的适用范围。按照安全、经济的原则,应根据建筑不同部位的分隔要求设置不同耐火极限的防火门。

①在防火墙上,不应开设门、窗洞口,如必须开设时,应设置甲级防火门、窗。

②对于高层民用建筑的设备室、通风空调机房、消防电梯井、机房与相邻电梯井机房之间的分隔墙,其上应采用甲级防火门,对于非高层,则用乙级防火门。

③燃油、燃气的锅炉,可燃油油浸电力变压器,充有可燃油的高压电容器和多油开关等设在高层民用建筑或裙房内时,其分隔墙上如有必须开的门,应设甲级防火门。

④防烟楼梯间和通向前室的门,高层民用建筑封闭楼梯间的门,消防电梯前室的门应为乙级防火门,并向疏散方向开启。

⑤高层民用建筑中竖向井道的检查门应为丙级防火门。

3.防火卷帘

用于建筑防火分区或防火分隔的防火卷帘与一般的卷帘本质的区别是具有必要的防烟性能和耐火极限。防火卷帘是一种可以沿轨道活动的防火分隔物,一般是用钢板及其他板材以环扣或铰接的方法组成可以卷绕的链状平面,平时卷起时放在需要分隔的部位上方的转轴箱中,起火时将其放下展开,以阻止火势从该部位向其他方向蔓延。

(1)防火卷帘的类型和构造。防火卷帘按帘板的厚度可分为轻型卷帘和重型卷帘两种,轻型卷帘钢板的厚度为0.5~0.6 mm,重型卷帘的厚度为1.5~1.6 mm,一般用于防火墙上。防火卷帘按帘板的构造分,有普通型钢质卷帘和复合型钢质防火卷帘;按帘板的材料分,有钢质防火卷帘、铝合金防火卷帘及其他材料的防火卷帘。

防火卷帘由帘板、滚筒、托架、导轨及控制机构组成。由帘板阻挡烟火和热气的流动。卷帘卷起的方式有手动式和电动式两种,手动式常采用拉链控制,电动式是在托架和转轴处安装电动机,电动机由按钮控制,一个按钮可以控制一个或者几个卷帘门,也可以远程控制。

随着我国科学技术的不断发展,新的和更先进的防火卷帘门的类型也在不断涌现。现在国内一些厂家开发了新型的无机防火卷帘门,这种新型无机防火卷帘门具有钢质防火卷帘的主要性能,如耐火时间长,防热辐射能力强,可自带烟感、温感探测器独立工作或与火灾自动报警系统联动,配温控熔断装置,实现火灾初期的自动下降、报警,阻止火灾蔓延等。3.10所示为防火卷帘示意图。

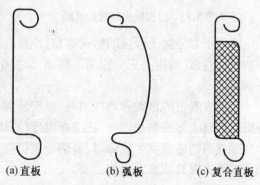

(a)直板　　　(b)弧板　　　(c)复合直板

图 3.10　防火卷帘帘板示意图

(2)防火卷帘的要求。

①防火卷帘的自动启闭系统应在金属壳内封闭。

②用防火卷帘代替防火墙的场所,当采用以背火面的升温作耐火极限判定条件的防火卷帘时,其耐火极限不小于 3 h;当采用不以背火面的升温作耐火极限判定条件的防火卷帘时,其卷帘两侧应设独立的闭式自动喷水系统保护,系统喷水延续时间不应小于3 h。喷头的喷水强度不应小于 0.5 L/(s·m),喷头间距应为 2~2.5 m,喷头距卷帘的垂直距离

宜为 0.5 m。当采用耐火极限不小于3.0 h的复合防火卷帘,且在两侧 50 cm 的范围内无可燃物时,可以不设自动喷头保护,如图3.11 所示。

③对于设在疏散通道和前室的防火卷帘,应具有在降落时有短时间停滞,并能从两侧用手动进行控制的功能,以保障人员的安全疏散。

④防火卷帘的电动控制按钮均应两套,即门洞内外各一套,并要保证其在火灾发生时使用的可靠性。

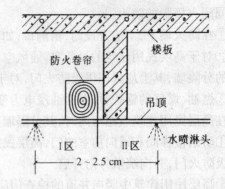

图 3.11　用防火卷帘作防火分隔剖面示意图

⑤防火卷帘的导轨要保证其在火灾发生时的畅通,同时要注意门扇各接缝处、导轨、卷筒等缝隙,应有防火防烟密封措施,如图3.12、图3.13 所示(图中:1—帘板;2—密封条;3—卷帘导轨;4—门楣板)。

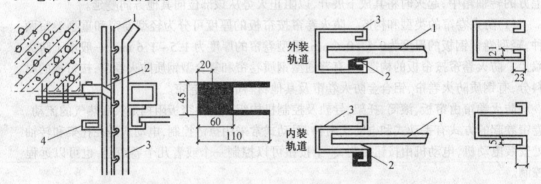

图 3.12　门楣防烟装置示意图　　　　图 3.13　导轨防烟装置示意图

⑥用于划分防火分区的防火卷帘,设置在自动扶梯四周、中庭与房间、走道等开口部位的防火卷帘,均应与火灾探测器联动,当发生火灾时,应采用一步降落的控制方式进行隔断。

⑦防火卷帘的自动启动探测器,应安装在墙的两侧,并和卷帘的开关联系起来。防火卷帘除应有上述控制功能外,还应有温度(易熔金属)控制功能,以确保在火灾探测器或联动装置或消防电源发生故障时,易熔金属仍能发挥防火卷帘的防火分隔作用,这一点从沈阳商城等火灾教训来看极为必要。

4.防火窗

防火窗是采用钢窗框、钢窗扇、防火玻璃制成的,能起隔离和阻止火势蔓延作用的防火分隔物。防火窗一般安装在防火墙或防火门上。

防火窗按其安装方法可分为固定窗扇防火窗和活动窗扇防火窗两种。固定窗扇防火窗平时能采光、遮挡风雨,发生火灾时能阻止火势的蔓延;活动窗扇防火窗能够自由开启和关闭,发生火灾时能自动关闭,以阻止火势的蔓延。

防火窗的耐火等级可分为甲(1.2 h)、乙(0.9 h)、丙(0.6 h)三级。

5．防火水幕带

防火水幕带可以起防火墙的作用,是在需要设置防火墙或者其他防火分隔物而又无法设置的情况下所采用的形式。防火水幕带宜采用喷雾型喷头或者雨淋式水幕头。喷头的排列不少于三排,形成的水幕带的宽度不宜小于 5 m,形成水幕带距洞口尺寸不宜小于 2.5 m,如图 3.14 所示。

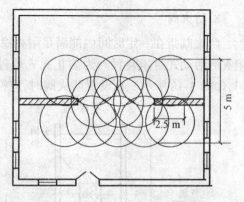

图 3.14　防火水幕带分隔示意图

6．上下层窗间墙(窗槛墙)

为防火灾从外墙窗口向上层楼房蔓延,最有效的方法就是增加窗槛墙(上下楼之间的窗间墙)的高度或在窗口上方设防火挑檐。其增加的高度,规范中没有明确的规定,但这又是火灾向上层蔓延的危险部位。从大量的火灾实例来看,窗槛墙的高度不宜小于 1.2 m,如窗口上方设防火挑檐,其挑出墙面的宽度不宜小于 0.5 m,檐板的长度应大于窗宽 1.2 m,如图 3.15、图 3.16 所示。

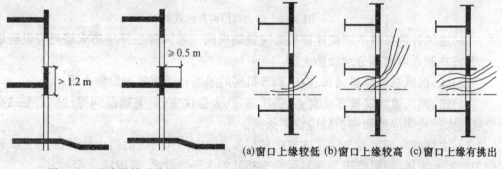

图 3.15　防火挑檐示意图

(a)窗口上缘较低　(b)窗口上缘较高　(c)窗口上缘有挑出

图 3.16　火由窗口向上蔓延

7．防火带

防火带主要在工业建筑中使用,当厂房内由于生产工艺的要求等原因无法设置防火墙时,可以改设防火带。其做法是,在有可燃构件的建筑物中间划出一个区段,将这个区段内的建筑构件全部改用不燃性材料,从而起到防火分隔的作用。对防火带的具体要求如下。

(1)防火带中的屋顶结构应用不燃性材料,其宽度不小于 6 m,并高出屋脊 0.7 m,如图 3.17 所示。

(2)防火带宜设在厂房、仓库内的通道部位,以利于安全疏散和扑救。

(3)防火带处不得堆放可燃物资或搭建可燃建筑物。

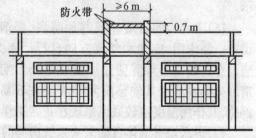

图 3.17　防火带分隔示意图

8.防火阀

防火阀指在一定时间内能满足耐火稳定性和耐火完整性要求,用于通风、空调管道内阻火的活动式封闭装置。为防止火灾通过送风、空调系统管道蔓延扩大,须设置防火阀门,如图3.18所示。在设置防火阀时,应符合下列要求。

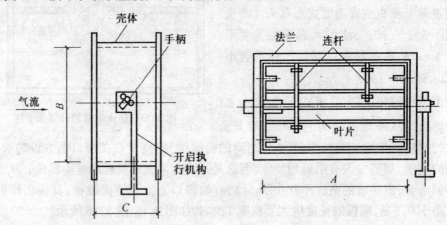

图3.18 防火阀门构造示意图

(1)通风管道穿越不燃烧体楼板处应设防火阀。通风管道穿越防火墙处应设防烟防火阀,或在防火墙两侧分别设防火阀。

(2)送、回风总管穿越通风、空气调节机房的隔墙和楼板处应设防火阀。

(3)送、回风道穿过贵宾休息室、多功能厅、大会议室、贵重物品间等性质重要或火灾危险性大的房间隔墙和楼板处应设防火阀。

(4)多层和高层工业与民用建筑的楼板常是竖向防火分区的防火分隔物,在这类建筑中的每层水平送、回风管道与垂直风管交接处的水平管段上,应设防火阀。

(5)风管穿过建筑物变形缝处的两侧均应设防火阀。多层公共建筑和高层民用建筑中厨房、浴室、厕所内的机械或自然垂直排风管道,如采取防止回流的措施有困难时应设防火阀,如图3.19所示。

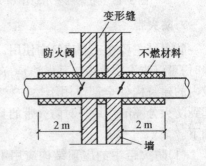

图3.19 变形缝处防火阀安装示意图

(6)防火阀的易熔片或其他感温、感烟等控制设备一经作用,应能顺气流方向自行严密关闭,并应设有单独支吊架等防止风管变形而影响关闭的措施。易熔片及其他感温元件应装在容易感温的部位,其作用温度应较通风系统在正常工作时的最高温度高25℃,一般宜为70℃。

(7)进入设有气体自动灭火系统房间的通风、空调管道上应设防火阀。

9.耐火楼板和防烟、封闭楼梯间

符合建筑耐火设计的楼板为耐火楼板,具体要求见表2.3。

防烟、封闭楼梯间其墙体和门都有一定的耐火性能要求,也具有一定的防烟火作用。

3.2　单、多层建筑防火分区设计

如果单纯从防火角度来看,防火分区划分的越小,甚至每一个房间是独立的防火分区,越有利于防火安全。但划分得太小,一是可能会影响建筑物的使用,二是设置的防火分隔物过多,也将会增加建设及成本。防火分区面积的确定应综合考虑建筑物的适用性、重要性、火灾危险性、建筑物高度、消防扑救能力及火灾可能的蔓延速度等因素。

关于防火分区最大允许面积,各国都有不同的规定,且有较大的区别。如美国规定为 1 400 m^2;法国规定为 2 500 m^2;日本规定得较细,按层数的多少区别对待,10 层以下的每个防火分区的面积为 1 500 m^2,11 层及以上者,按照装修材料燃烧性能分别规定为 500 m^2、200 m^2、100 m^2 等。

3.2.1　防火分区的一般规定

我国现行的《建筑设计防火规范》中民用建筑防火分区面积是以建筑面积进行计算的。每个防火分区的最大允许面积应符合表 2.9 的规定。

与高层民用建筑防火分区的规定相比,单、多层民用建筑的防火分区的规定有如下特点。

(1)防火分区既有最大允许面积规定,也有最大允许长度的规定;

(2)防火分区的面积和长度标准与建筑耐火等级相对应;

(3)防火分区和最多允许层数、耐火等级及备注是统一配套规定的,相互之间有影响、有制约。从这一点上看,它远不及高层建筑防火分区的划分来得简单,但基本上符合多层建筑的实际特点。

单、多层建筑一般进深小,有的建筑面积虽然不超过最大允许面积,但长度过长,防火分区最大允许长度的限制,能有效阻止火灾发生时火势在水平方向上的蔓延。

单、多层建筑在耐火等级为三级和四级时,不仅对防火分区有规定,而且对层数也提出了要求。如三级最多允许五层;四级最多允许二层,这也是符合三、四级建筑的构件燃烧性能和耐火极限特点的,也可以理解为是对这类建筑防火分区的总体控制的规定。目前我国大中城市中,三、四级耐火等级的建筑不多,但大量的村镇建筑中还很普遍。作为一项全国性政策法规,兼顾各地的实际情况是必要的。

3.2.2　防火分区中的特殊规定

在防火分区设计中,由于建筑的差异性可能会遇到一些特殊情况,如建筑中的直通层或者设有自动灭火系统、有地下室等;建筑也可能会遇到一些特殊部位和房间,如电梯井、电梯机房、消防控制室、锅炉房等。这些特殊情况和特殊部位及房间,在防火分区设计中要做一些特殊要求,我国在现行规范中做了统一规定,在设计时要遵照执行。

1.特殊情况

(1)设有自动灭火系统。建筑内设有自动灭火系统时,每层最大允许建筑面积可按表

2.9 增加 1 倍。局部设置时,增加面积可按该局部面积 1 倍计算。

(2)设有连通层。建筑物内如设有上下层相连通的走马廊(图 3.20)、自动扶梯等开口部位,应按上、下连通层作为一个防火分区,其建筑面积之和不宜超过表 2.9 的规定。

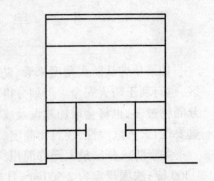

图 3.20 走马廊上、下连通层

(3)设有中庭。多层建筑的中庭,当房间、走道与中庭相通的开口部位设有可自行关闭的乙级防火门或防火卷帘;与中庭相通的过厅、通道等处设有乙级防火门或卷帘;中庭每层回廊设有火灾自动报警系统和自动喷水灭火系统,以及封闭屋盖设有自动排烟设施时,中庭上下各层的建筑面积可不叠加计算。

(4)设有地下室。地下室、半地下室发生火灾时,人员不易疏散,消防人员扑救困难,故对其防火分区面积应控制得严一些,规定建筑物的地下室、半地下室应采用防火墙划分防火分区,其面积不应超过 500 m²。当设有自动灭火系统时,每个防火分区的最大允许面积可以增加到 1 000 m²,局部设置时,增加面积按局部面积的一倍计算。

2. 特殊部位

(1)电梯。电梯井和电梯机房的墙壁均应采用耐火等级不低于 1 h 的不燃烧体。

(2)井道。建筑物内的管道井、电缆井应每隔 2~3 层在楼板处用耐火极限不低于 0.5 h 的不燃烧体封隔,其井壁应采用耐火极限不低于 1 h 的不燃烧体,如图 3.21 所示。

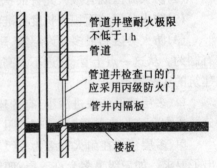

图 3.21 竖向管井的防火分隔

(3)单元之间的墙。在单元式住宅中,单元之间的墙应为耐火极限不低于 1.5 h 的不燃烧体,并应砌至屋面底板下。

(4)吊顶。三级耐火等级的建筑或部位的吊顶,应采用耐火极限不低于 0.25 h 的难燃烧体,如医院、疗养院、托儿所、三层及三层以上的建筑内的楼梯间、门厅、走道。

3. 特殊房间

(1)消防控制室。附设在建筑物内的消防控制室、固定灭火装置的设备室、通风空气调节机房等应采用耐火极限不低于 2.5 h 的隔墙和 1.5 h 的楼板与其他部位隔开,隔墙上的门应采用乙级防火门。

(2)锅炉房。总蒸发量不超过 6 t、单台蒸发量不超过 2 t 的锅炉,总额定容量不超过 1 260 kVA、单台额定容量不超过 630 kVA 的可燃油油浸电力变压器以及充有可燃油的高压电容器和多油开关等,可贴相邻民用建筑(除观众厅、教室等人员密集的房间和病房外)布置,但必须采用防火墙隔开。

上述房间不宜布置在主体建筑内。如受条件限制必须布置时,应采取下列防火措施:

①不应布置在人员密集的场所的上面、下面或贴邻,并应采用无门、窗、洞口的耐火极限不低于 3.00 h 的隔墙(包括变压器室之间的隔墙)和 1.50 h 的楼板与其他部位隔开。当必须开门时,应设甲级防火门。

变压器室与配电室之间的隔墙,应设防火墙。

②锅炉房、变压器室应设置在首层靠外墙的部位,并应在外墙上开门。首层外墙开口部位的上方应设置宽度不小于 1.00 m 的防火挑檐或高度不小于 1.50 m 的窗间墙。

③变压器下面应有储存变压器全部油量的事故储油设施。多油开关、高压电容器室均应设有防止油品流散的设施。

(3)有危险品的房间。存放和使用化学易燃易爆物品的商店、作坊和储藏间,严禁附设在民用建筑内。对于底层是商业网点的居住建筑,应采用耐火极限不低于 3 h 的隔墙和耐火极限不低于 1 h 的不燃烧体楼板与住宅分开。商业服务网点的安全出口必须与住宅分开。

(4)泵房。消防水泵房应采用一、二级耐火等级的建筑,附设在建筑物内的消防水泵房,应采用耐火极限不低于 1 h 的不燃烧体墙和楼板与其他部位隔开。

4. 特殊人员使用空间

(1)有儿童活动的场所。托儿所、幼儿园及儿童活动场所应独立建造,当必须设置在其他建筑内时,宜设置独立的出入口。

(2)娱乐场所。歌舞厅、录像厅、夜总会、放映厅、卡拉 OK 厅、游艺厅、桑拿浴室、网吧等场所,宜设置在一、二级耐火等级建筑的首层、二层或三层的靠外墙部位,不应设置在袋形走道的两端或尽端。当必须设置在建筑的其他楼层时,应符合以下要求。

①不应设置在地下二层及二层以下。设置在地下一层时,其地下一层地面与室外出入口地坪高差不大于 10 m。

②一个厅室的建筑面积不应大于 200 m²。

③应设置防烟、排烟设施。

(3)地下商场。地下商场的设置不宜设在地下三层及三层以下,且不应经营和存储火灾危险性为甲、乙类存储物品属性的商品。当设置自动报警系统和自动喷水灭火系统时,其营业厅每个防火分区的最大允许面积可以增大到 2 000 m²。

(4)人员密集场所。剧院等建筑的舞台与观众厅之间的隔墙,应采用耐火极限不低于 3.5 h 的不燃烧体。舞台口上部与观众阁顶之间的隔墙,可采用耐火极限不低于 1.5 h 的不燃烧体,隔墙上的门应采用乙级防火门。

舞台下面灯光操作室和可燃物储藏室,应采用耐火极限不低于 1 h 的不燃烧体墙与其他部位隔开。

(5)特殊房间。医院中的手术室、居住建筑中的幼儿园、托儿所,应用耐火极限不低于 1 h 的不燃烧体与其他部分隔开。

剧院后台的辅助用房,耐火等级为一、二、三级的建筑门厅以及建筑内的厨房的隔墙,都应该采用耐火极限不低于 1.5 h 的不燃烧体。

3.3 高层民用建筑防火分区设计

3.3.1 防火分区的面积规定

根据高层民用建筑的火灾危险性及高层建筑的特点,结合我国的实际情况,参考国外对高层民用建筑防火分区的划分,我国现行的《高层民用建筑设计防火规范》(GB 50045—95)规定,高层民用建筑应采用防火墙等划分防火分区,每个防火分区的最大允许建筑面积不应超过表3.1的规定。

表 3.1 每个防火分区的最大允许面积

建筑类别	每个防火分区建筑面积/m²
一类建筑	1 000
二类建筑	1 500
地 下 室	500

3.3.2 防火分区设计的特殊规定

高层建筑防火分区设计时,遇到下列情况应执行相应的规定。

1.特殊情况

(1)设有自动灭火系统。设有自动灭火系统的防火分区,其允许最大建筑面积可按表3.1增加1倍。当局部设置自动灭火系统时,增加面积可按该局部面积的1倍计算。

(2)电信楼。一类建筑的电信楼,其防火分区允许最大建筑面积可按表3.1增加50%。

(3)设有营业厅等。高层建筑内的商业营业厅、展览厅,当设自动报警灭火系统且用不燃或难燃材料装修时,地上部分防火分区最大建筑面积4 000 m²,地下部分2 000 m²。

(4)高层与裙房。当高层建筑与其裙房之间设有防火墙等防火分隔设施时,其裙房的防火分区允许最大建筑面积不应大于2 500 m²,当设有自动喷水灭火系统时,防火分区允许最大建筑面积可增加1倍。

(5)设有连通部位。高层建筑内设有上下层相连通的走廊、敞开楼梯、自动扶梯、传送带等开口部位时,应按上下连通层作为一个防火分区,其允许最大建筑面积之和不应超过表3.1的规定。当上下开口部位设有耐火极限大于3 h的防火卷帘或水幕等分隔设施时,其面积可不叠加计算。

(6)设有中庭。高层建筑中庭防火分区面积应按上、下层连通的面积叠加计算,当超过一个防火分区面积时,应符合本章第4节中有关中庭防火分隔的规定。

(7)有变形缝。设在变形缝处附近的防火门,应设在楼层数较多的一侧,且门开启后不应跨越变形缝。

变形缝构造基层应采用不燃烧材料,其表面装饰层宜用不燃烧材料,如图3.22所示。电缆、可燃气体管道和甲、乙、丙类液体管道不应敷设在变形缝内,当其穿过变形缝时,应在穿过处加设不燃烧材料套管,并应采用不燃烧材料将套管空隙填塞密实(图3.23)。

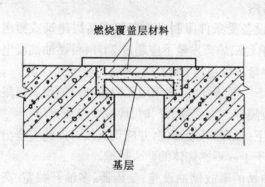

图3.22　变形缝的基层和覆盖层示意图　　图3.23　变形缝内穿越管线时的防火处理

(8)设防火墙有困难时。设置防火墙有困难的场所,可采用防火卷帘作防火分隔,当采用以背火面温升作为耐火极限判定条件的防火卷帘时,其耐火极限不应小于3 h;当采用不以背火面温升作为耐火极限判定条件的防火卷帘时,其卷帘两侧应设独立的闭式自动喷水系统保护,系统喷水延续时间不应小于3 h。喷头的喷水强度不应小于0.5 L/(s·m),喷头间距应为2~2.5 m,喷头距卷帘的垂直距离宜为0.5 m。

2.特殊部位

(1)走道上有防火卷帘。设在疏散走道上的防火卷帘应在卷帘的两侧设置启闭装置,并应具有自动、手动和机械控制的功能。

(2)楼板处封堵。建筑高度不超过100 m的高层建筑,其电缆井、管道井应每隔2~3层在楼板处用相当于楼板耐火极限的不燃烧体作防火分隔;建筑高度超过100 m的高层建筑,应在每层楼板处用相当于楼板耐火极限的不燃烧体作防火分隔。

电缆井、管道井与房间、走道等相连通的孔洞,其空隙应采用不燃烧材料填塞密实。

(3)电梯井。电梯井应独立设置,井内严禁敷设可燃气体和甲、乙、丙类液体管道,并不应敷设与电梯无关的电缆、电线等。电梯井井壁除开设电梯门洞和通气孔洞外,不应开设其他洞口。电梯门不应采用栅栏门。

(4)其他管井。电缆井、管道井、排烟道、排气道、垃圾道等竖向管道井,应分别独立设置。其井壁应为耐火极限不低于1 h的不燃烧体,井壁上的检查门应采用丙级防火门。

(5)垃圾井。垃圾道宜靠外墙设置,不应设在楼梯间内。垃圾道的排气口应直接开向室外。垃圾斗宜设在垃圾道前室内,该前室应采用丙级防火门。垃圾斗应采用不燃烧材料制作,并能自行关闭。

(6)危险管道。输送可燃气体和甲、乙、丙类液体的管道严禁穿过防火墙。其他管道不宜穿过防火墙,当必须穿过时,也应采用不燃烧材料并将其周围的空隙填塞密实。

穿过防火墙处的管道保温材料应采用不燃烧材料。管道穿过隔墙、楼板时,也应采用不燃烧材料并将其周围的缝隙填塞密实。

(7)有隔墙。高层建筑内的隔墙应砌至梁板底部,且不宜留缝隙。

3.特殊房间

(1)锅炉房等。燃油、燃气的锅炉,可燃油油浸电力变压器,充有可燃油的高压电容器和多油开关等宜设置在高层建筑外的专用房内。

除液化石油气作燃料的锅炉外,当上述设备受条件限制必须布置在高层建筑或裙房内时,其锅炉的总蒸发量不应超过 6 t/h,且单台锅炉蒸发量不应超过 2 t/h;可燃油油浸电力变压器总容量不应超过 1 260 kVA,单台容量不应超过 630 kVA,并应符合下列规定。

①不应布置在人员密集场所的上一层、下一层或贴邻,并采用无门窗洞口的耐火极限不低于 2 h 的隔墙和1.5 h 的楼板与其他部位隔开。当必须开门时,应设甲级防火门。

②锅炉房、变压器室应布置在首层或地下一层靠外墙部位,并应设直接对外的安全出口。外墙开口部位的上方,应设置宽度不小于 1 m 不燃烧体的防火挑檐。

③变压器下面应设有储存变压器全部油量的事故储油设施;变压器、多油开关室、高压电容器室,应设置防止油品流散的设施。

④应设置火灾自动报警系统和自动灭火系统。

(2)发电机房。柴油发电机房布置在高层建筑、裙房或地下室应满足以下规定。

①柴油发电机房应采用耐火极限不低于 2 h 的隔墙和 1.5 h 的楼板与其他部位隔开。

②柴油发电机房内应设置储油间,其总储存量不应超过 8 h 的需要量,储油间应采用防火墙与发电机间隔开。当必须在防火墙上开门时,应设置能自行关闭的甲级防火门。

③应设置火灾自动报警系统和自动灭火系统。

(3)消防控制室。消防控制室应设在首层或地下一层,应采用耐火极限不低于1.5 h 的楼板和 2 h 的隔墙与其他部位分隔开,并有直通室外的出口。

(4)泵房。独立设置的消防水泵房,其耐火等级不应低于二级。在高层建筑内设置消防水泵房时,应采用耐火极限不低于 2 h 的隔墙和 1.5 h 的楼板与其他部位隔开,并应设甲级防火门。当消防水泵房设在首层时,其出口宜直通室外。当设在地下或其他楼层时,其出口应直通安全出口。

(5)设备间。设在高层建筑内的自动灭火系统的设备室,应采用耐火极限不低于2 h 的隔墙和 1.5 h 的楼板和甲级防火门与其他部位隔开。

(6)地下室楼梯间。地下室、半地下室的楼梯间,在首层应采用耐火极限不低于 2 h 的隔墙与其他部位隔开并宜直通室外,当必须在隔墙上开门时,应采用乙级防火门。地下室或半地下室与地上层不宜共用楼梯间,当必须共用楼梯间时,宜在首层与地下或半地下层的入口处设置耐火极限不低于 2 h 的隔墙和乙级防火门隔开,并应有明显标志。

(7)地下室存放可燃物。地下室内存放可燃物的平均质量超过 30 kg/m² 的房间隔墙,其耐火极限不应低于 2 h,房间的门应采用甲级防火门。

4.特殊人群使用空间

(1)人员密集场所。高层建筑内的观众厅、会议厅、多功能厅等人员密集场所,应设在首层或二、三层。当必须设在其他楼层时,除《高层民用建筑设计防火规范》(GB 50045—95)规范另有规定外,还应符合以下规定。

①一个厅、室的建筑面积不宜超过 400 m²。

②一个厅、室的安全出口不应少于两个。

③必须设置火灾自动报警系统和自动喷水灭火系统。

④幕布和窗帘应采用经阻燃处理的织物。

(2)娱乐场所。高层建筑内的歌舞厅、卡拉 OK 厅(含具有卡拉 OK 功能的餐厅)、夜总会、录像厅、放映厅、桑拿浴室(除洗浴部分外)、游艺厅(含电子游艺厅)、网吧等歌舞娱乐放映游艺场所(以下简称歌舞娱乐放映游艺场所),应设在首层或二、三层;宜靠外墙设置,不应布置在袋形走道的两侧和尽端,其最大容纳人数按录像厅、放映厅为 1 人,其他场所为 0.5 人计算,面积按厅室建筑面积计算;并应采用耐火极限不低于 2 h 的隔墙和 1 h 的楼板与其他场所隔开,当墙上必须开门时应设置不低于乙级的防火门。当必须设置在其他楼层时,尚应符合下列规定。

①不应设置在地下二层及二层以下,设置在地下一层时,地下一层地面与室外出入口地坪的高差不应大于 10 m;

②一个厅、室的建筑面积不应超过 200 m²;

③一个厅、室的出口不应少于两个,当一个厅、室的建筑面积小于 50 m²,可设置一个出口;

④应设置火灾自动报警系统和自动喷水灭火系统;

⑤应设置防烟、排烟设施,并应符合《高层民用建筑设计防火规范》(GB 50045—95)有关规定;

⑥疏散走道和其他主要疏散路线的地面或靠近地面的墙上,应设置发光疏散指示标志。

(3)地下商场。地下商店应符合下列规定。

①营业厅不宜设在地下三层及三层以下;

②不应经营和储存火灾危险性为甲、乙类储存物品属性的商品;

③应设火灾自动报警系统和自动喷水灭火系统;

④当商店总建筑面积大于 20 000 m² 时,应采用防火墙进行分隔,且防火墙上不得开设门窗洞口;

⑤应设防烟、排烟设施,并应符合《高层民用建筑设计防火规范》(GB 50045—95)有关规定;

⑥疏散走道和其他主要疏散路线的地面或靠近地面的墙面上,应设置发光疏散指示标志。

(4)儿童活动场所。托儿所、幼儿园、游乐厅等儿童活动场所不应设置在高层建筑内,如必须设置在高层建筑内部时,应设置在建筑的首层或二、三层,并应设置单独出入口。

3.4　幕墙、中庭、自动扶梯的防火分隔设计

3.4.1　玻璃幕墙的防火分隔

玻璃幕墙是由金属构件和玻璃板组成的建筑外墙面围护结构,分明框、半明框和隐框

玻璃幕墙三种。构成玻璃幕墙的材料主要有钢、铝合金、玻璃、不锈钢和粘接密封剂。玻璃幕墙作为一种新型的建筑构件,以其自重轻、光亮、明快、挺拔、美观、装饰艺术效果好等优点,被大量地应用在高层建筑之中。

1.玻璃幕墙的火灾危险性

玻璃幕墙多采用全封闭式,幕墙上的玻璃常采用热反射玻璃、钢化玻璃等。这些玻璃强度高,但耐火性能差,因此,一旦建筑物发生火灾,火势蔓延危险性很大,主要表现在以下几个方面。

(1)建筑物一旦发生火灾,室内温度便急剧上升,用作幕墙的玻璃在火灾初期由于温度应力的作用即会炸裂破碎,导致火灾由建筑物外部向上蔓延。一般幕墙玻璃在250℃左右即会炸裂、脱落,使大面积的玻璃幕墙成为火势向上蔓延的重要途径。

(2)垂直的玻璃幕墙与水平楼板之间的缝隙是火灾发生时烟火扩散的途径。由于建筑构造的要求,在幕墙和楼板之间留有较大的缝隙,若对其没有进行密封或密封不好,烟火就会由此向上扩散,造成蔓延。

2.玻璃幕墙的防火分隔措施

为了防止建筑发生火灾时通过玻璃幕墙造成大面积蔓延,在设置玻璃幕墙时应符合下列规定。

(1)设有窗间墙、窗槛墙的玻璃幕墙,其墙体的填充材料应用岩棉、矿棉、玻璃棉、硅酸铝棉等不燃烧材料。当其外墙面采用耐火极限不低于1 h的不燃烧体时,其墙内封底材料可采用难燃烧材料,如B_1级的泡沫塑料等。

(2)无窗间墙、窗槛墙的玻璃幕墙,应在每层楼板外沿设置耐火极限不低于1 h、高度不低于0.8 m的不燃烧实体裙墙或防火玻璃裙墙。或在幕墙内侧每层设间距不大于2 m的自动喷水喷头,如图3.24、图3.25、图3.26所示。

(3)玻璃幕墙与每层楼板、隔墙处的缝隙应采用不燃烧材料严密填实,楼板和隔墙处形成水平或垂直防火带。

(4)设计幕墙分格时要力求杆件与柱、梁、墙、楼板位置一致,避免交叉。一般地,幕墙立挺与柱要重合,幕墙横梁与建筑物楼板或主框梁、防火墙裙要吻合,避免一块玻璃跨越两个防火分区,这样幕墙的主杆件才可以与建筑物主体可靠连接,防火区才得以封闭。

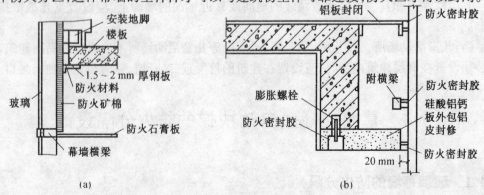

(a)   (b)

图3.24 玻璃幕墙防火构造之一

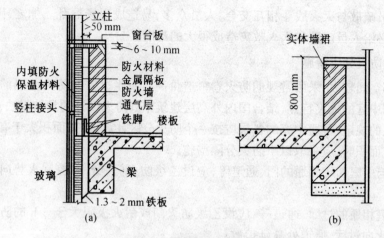

图 3.25 玻璃幕墙防火构造之二

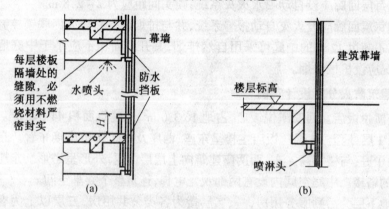

图 3.26 玻璃幕墙防火构造之三

3.4.2 中庭的防火分隔

中庭是在建筑的内部贯通上下楼层,并营造出具有室外自然环境美的室内共享空间。中庭的高度不等,有的与建筑物同高,有的则在建筑物的上部或下部,它是以大型建筑内部上下楼层贯通的大空间为核心而创造的一种特殊建筑形式。因此,中庭成为了现代建筑较为广泛运用的形式之一。但同时,建筑中庭的火灾危险性不容忽视,国外已经出现不少由于中庭设计不合理而导致严重后果的火灾案例。比如,1967 年 5 月,比利时布鲁塞尔某百货大楼发生火灾,火势通过中庭迅速扩散,导致 325 人死亡。鉴于此,我国现行的消防设计技术规范对建筑中庭提出了相应的强制性要求。

1.中庭的火灾危险性

(1)火势蔓延迅速、烟气扩散快。中庭一旦失火,火势和烟气可以不受限制地急剧扩大。中庭空间形似烟囱,因此,易产生烟囱效应,若在中庭下层发生火灾,烟气便会十分容易地进入中庭空间;若在中庭上层发生火灾,中庭空间的烟火不能向外排出时,就会向建筑物中其他空间扩散,并进而迅速导致整个建筑全部起火。

(2)人员疏散和火灾扑救难度大。中庭起火,涉及多个楼层,极易形成立体火灾,由于烟火蔓延、人员疏散与灭火战斗相互交会，人员众多，易造成现场混乱。加之，因烟雾、火势的影响，势必给人员疏散和灭火救灾造成很大的难度。

2.中庭的防火分隔措施

中庭内部空间较大，采用常规的防火卷帘造价高且发生火灾时防火分隔的实施难度也很大。根据中庭的火灾特点，结合国内外高层建筑中庭防火设计的具体做法，参考国外有关防火规范的规定，贯通中庭的各层应按一个防火分区计算，当其面积大于有关建筑防火分区的建筑面积时，应采取以下防火分隔措施。

(1)房间与中庭回廊相通的门、通道等，应设乙级防火门、窗，以控制火势向各层间蔓延；

(2)与中庭相通的过厅、通道等，应设乙级防火门或耐火极限大于 3 h 的防火卷帘分隔，以控制烟火向过厅、通道处蔓延扩散；

(3)中庭每层回廊应设自动喷水灭火系统；喷头间距应为 2~2.8 m。

(4)中庭每层回廊应设火灾自动报警系统，并与排烟设备和防火门联锁控制。

(5)净高不超过 12 m 的中庭可采用自然排烟，其开口面积不应小于中庭地面面积的 5%，其他情况应设机械排烟。

3.中庭建筑防火分区设计实例

(1)西安凯悦饭店。西安凯悦饭店，占地 16 330 m²，总建筑面积 44 642 m²。建筑高度 40.5 m，地下 1 层，地上 12 层。饭店主楼呈东座、西座及中间体相连接布置。东座内设有高达 40 m 的中庭，与楼等高。东、西两座建筑向上层层内退，外形呈塔形。东座是围绕中庭周边布置的塔楼。中庭空间内设有两部观光电梯，连贯整个共享空间。

该饭店地下层为后勤服务用房，一、二层楼为各类公共用房，三层以上为客房。该饭店的防火分区设计如下。

①防火分区。建筑物地下一层建筑面积为 5 790 m²，共划分为八个防火分区。最大的防火分区为 953 m²，最小的为 391 m²(地下室设有自动灭火系统)。

一层为大厅、中庭、娱乐中心、商店、中西餐厅等公共用房和消防控制室，建筑面积共计 6 902 m²，分为八个防火分区。由于首层功能复杂，个别分区设置了复合防火卷帘并加水幕保护。

二层为健身中心、会议厅、宴会厅和电话总机室等，总建筑面积为 6 644 m²。防火分区的划分与首层基本一致。

三层以上为标准客房层，由于建筑设计是向上层层内缩，所以每层面积不等。从第三层开始，所有客房层均划分为两个防火分区。

②中庭防止火势扩大的设计。该建筑物东座设有平面尺寸为 18.45 m × 18.45 m 的中庭。中庭部分与客房相邻，其空间贯通整个上下楼层。为了防止火势蔓延和不使这两部分某一方发生火灾，殃及他方，在垂直方向采取了防火分隔措施。除中庭四周内墙为耐火构造外，各层回廊周围面向中庭所有客房的门均采用乙级防火门，所有安全疏散楼梯间及前室，包括消防电梯前室的门均采用乙级防火门。同时，各层回廊吊顶上安设了间距为 3 m 的自动喷水头，并在中庭的玻璃金属构架屋顶上也安装了自动喷水头，以保护屋顶盖

的安全,如图 3.27 所示。

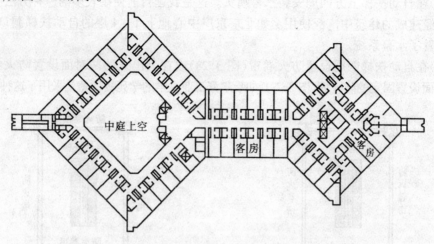

图 3.27　西安凯悦饭店的三层与中庭平面示意图

（2）某省机关办公楼。

①基本情况。该建筑为机关办公大楼,采用全中央空调系统。建筑总高度为 39.4 m（地上 9 层、地下 1 层）,标准层层高为 3.6 m,净高为 2.7 m。其中 1～3 层每层建筑面积约为 2 000 m²,4～9 层每层建筑面积约为 1 500 m²;建筑中庭高度为 22 m 共 6 层（4 层～9 层）,顶棚采用钢化玻璃,由金属构件承重。建筑装修情况为回廊走道全部采用 A 级材料;办公室顶棚、墙面均为 A 级材料,地面为 B_1 级材料;会议室顶棚采用 A 级材料,墙面、地面均为 B_1 级材料。该建筑水平与竖向疏散设计符合要求。

②防火分区。大楼采用中庭形式。依据《高层民用建筑设计防火规范》,设计院对该建筑中庭消防设计的方案是,该建筑标准层建筑面积为 1 500 m²,因此,可以将该层分为三个防烟分区,沿回廊走道在每个防烟分区设置一个机械排烟口,并且回廊走道的构造满足相应要求。

房间与回廊走道设置自动喷水灭火系统和火灾自动报警系统;与中庭相通的回廊走道设置耐火极限大于 3 h 的防火卷帘;每层回廊走道设有三个排烟风机;房间门全部采用乙级防火门。

3.4.3　自动扶梯的防火分隔

大型公共建筑内等,如商场、餐厅等常设有自动扶梯。由于自动扶梯占用的空间大,并且常是成组设置,开口也较大。因此发生火灾时,容易产生火势的蔓延,给消防和灭火带来了很大的困难。建筑物内设有扶梯时,应按上、下楼层连通作为一个防火分区计算面积。设有自动扶梯的建筑物也因为防火分区面积的叠加计算,往往会超过规范中所规定的防火分区的要求面积,因此需要对自动扶梯进行防火分隔。目前我国对自动扶梯进行防火分隔的常用方法如下。

（1）在自动扶梯上方四周安装喷水头,喷头间距为 2 m。当火灾发生时,喷头自动开启进行喷水,从而起到防火分隔的作用,可以有效阻止建筑物竖向上的火势蔓延。

(2)在自动扶梯上方四周安装水幕喷头。这是我国目前使用较多的一种方法,并且在很多已经建成的建筑中广泛使用。如北京京广中心地上1~4层的自动扶梯洞口的分隔处就设置了水幕系统。

(3)在自动扶梯四周设置防火卷帘(图3.28)或在其出入的两对面设置防火卷帘,另外两对面设置固定的防火墙(图3.29),如哈尔滨工业大学的学苑餐厅就是采用了这种形式。

图3.28　自动扶梯四周设防火卷帘

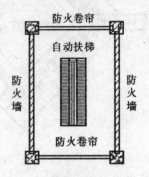

图3.29　自动扶梯四周设防火卷帘和防火墙

图3.30为自动扶梯穿过楼板处形成的水平开口造成上下层连通的示意图。

3.4.4　风道、管线、电缆贯通部位的防火分隔

现代建筑所使用的设备越来越多,其管线也就越来越多。因此,也就需要设置大量的竖井和管道,这些管道相互连接,互相交叉,而发生火灾时却成了火势蔓延的通道。

风道、管线、电缆等贯穿防火分区的墙体、楼板时,会造成防火分区在这个部位耐火

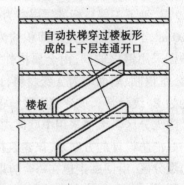

图3.30　自动扶梯穿过楼板处进行水平分隔

性能的降低。因此,在防火设计时,应尽量避免这些管道穿越防火分区,当不可避免时,也应尽可能少地在其上开洞,并且采取相应的措施以防止火势在这些部位蔓延。

1.风道贯通防火分区时的构造

火一旦进入通风管道,就会在风压、热压的作用下迅速蔓延。因此在风道贯通防火分区的部位,必须设置防火阀门。火灾发生时,防火阀能自动关闭,从而有效地防止火势的蔓延。防火阀应具有较高的气密性,其具体设置要求见本章第一节内容。

2.管道穿越防火墙和楼板时的构造

穿过防火分区的给排水、通风、电缆等管道,需要与防火墙可靠固定,而且要用水泥砂浆或石棉等材料填实管道与楼板或者防火墙之间的缝隙,以防止烟、热气流等穿过防火分区,从而造成防火分区耐火能力的降低。

管道穿越防火墙时,通常有两种做法,一是适应管道和防火墙之间没有位移的,可用不燃烧的胶结材料勾缝密实;二是适应管道和防火墙之间有位移的,宜用膨胀性不燃烧材

料或者矿棉、岩棉等松散的不燃烧材料填塞,如图 3.31 所示。

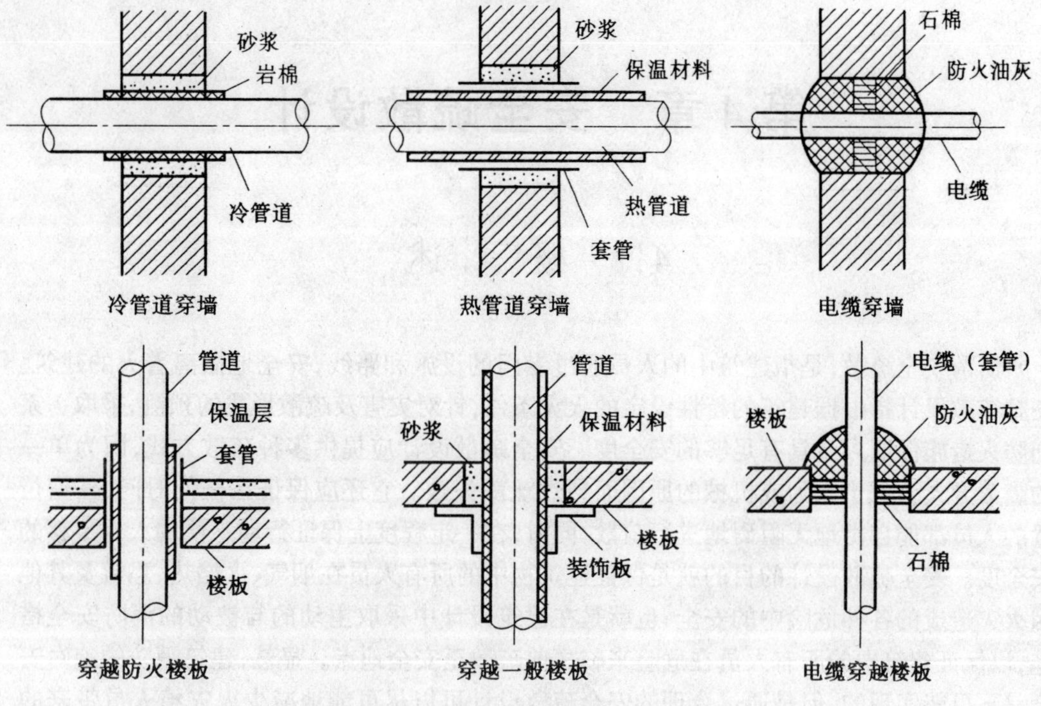

图 3.31 管道穿墙处的防火构造

3. 电缆通过防火分区时的构造

当电缆穿越防火墙时,因为电缆保护层的燃烧性,而可能导致火灾从电缆穿越的部位发生蔓延。如果电缆分布比较集中,则其危险性就更大。因此,通常的做法是在电缆通过防火墙的部位用石棉或玻璃纤维等填塞缝隙,两侧再用石棉硅酸钙板覆盖,最后再用耐火的封面材料进行封面,这样就能有效截断电缆保护层的燃烧及火势的蔓延,其构造如图 3.31 所示。

思 考 题

1. 何谓防火分区?其可分为几种类型?
2. 何谓防火墙?其设置及构造要求是什么?
3. 防火门的分级及适用范围是什么?
4. 民用建筑的防火分区是如何划分的?
5. 对防火卷帘的设置要求是什么?
6. 对玻璃幕墙、中庭、自动扶梯应如何进行防火分隔?

第4章 安全疏散设计

4.1 概 述

所谓安全疏散,是指建筑中的人员通过专门的设施和路线,安全地撤离着火的建筑。安全疏散设计指根据建筑的特性设定的火灾条件,针对灾害及疏散形式的预测,采取一系列防火措施保证人员具有足够的安全度。安全疏散设计应提供多种疏散方式,因为单一的疏散方式会由于人为或机械的原因而导致疏散失败。它还应保证在任何时间、任何位置的人员都能自由地无阻碍地进行疏散,同时,在一定程度上保证行动不便的人有足够的安全度。安全疏散设计的目的就是保证建筑物中的所有人员在烟气、火焰热、恐慌及其他因火灾造成的各种危险中的安全,也就是在建筑设计中采取主动的与被动的消防安全措施,以保证建筑中的所有人员在危险来临之前疏散至安全地点。显然,建筑消防的绝对安全是不可能实现的,但是通过合理的安全疏散设计可以尽可能地减少火灾给人员带来的危险,提高火灾中人员的疏散安全性。

一般当建筑火灾发生时,室内人员大多因为没有可靠的安全疏散设施,所以不能及时疏散到安全的避难区域,而因火烧、缺氧窒息、烟雾中毒和房屋倒塌而造成伤亡。惨痛的教训不胜枚举,1994 年 11 月 27 日,辽宁阜新艺苑歌舞厅发生火灾时,两个安全出口中的一个宽 1.8 m 的门被封堵,300 多人只能从另一个只有 0.8 m 宽且内外须上下五个台阶的门逃生,结果烧死 233 人,烧伤 21 人;1994 年 12 月 8 日,新疆克拉玛依友谊馆发生火灾时,正门和南北两侧共有七个疏散出口却只有一个开启,南北两侧的疏散门加装了防盗推拉门且被锁闭,观众厅通往过厅的八个过渡门也有两个上了锁,结果烧死 323 人,烧伤 130 人;1971 年韩国汉城 21 层的"大然阁"饭店因第二层的咖啡馆液化石油气瓶爆炸起火,从着火层一直烧到顶层,建筑内装修材料、家具、陈设全部被烧光,楼内的 300 人只能靠一座敞开楼梯间疏散,火灾很快蔓延,结果死亡 163 人,伤 60 多人;2004 年 8 月 1 日,在巴拉圭亚松森超市发生的火灾中,死亡的人数达到了 504 人,伤 409 人,能容纳 2 000 人的建筑居然没有设计紧急疏散出口。因此,如何根据建筑物的规模、使用性质、重要性、耐火等级、火灾危险性等,对楼梯、楼梯间疏散门、疏散指示及其他安全疏散设施进行合理设置是保证人员和物资的安全疏散的必要条件,是建筑防火设计的重要内容应引起高度重视。

4.1.1 影响安全疏散的因素

建筑即使不为了安全疏散,只为了正常使用,也必须解决好来往通达、人员集散的交通组织问题。它包括水平交通空间、垂直交通空间和交通枢纽空间设计。建筑是否适用与交通部分的组织设计是否合理有很大的关系。建筑物发生火灾时,内部人员主要依靠建筑内的交通设施来进行疏散,但这是一种在特殊情况下的疏散,单靠正常使用情况下的交通设施,有时很难达到安全疏散要求,尤其是高层建筑、人员密集场所较多的建筑。故应从安全防火的角度结合建筑正常使用条件下的交通组织需要,对建筑进行合理的安全疏散设计。

火灾条件下,影响安全疏散的因素很多,可以归纳为四大类,图 4.1 所示为影响安全疏散的鱼刺图。

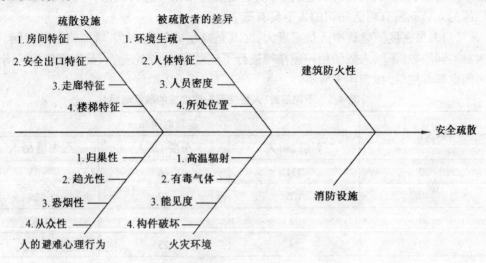

图 4.1　影响安全疏散因素的鱼刺图

1.疏散设施

建筑发生火灾后,人员疏散的一般路线是从房间内开始,经过房间门到走廊,再到楼梯,最后经建筑的外门到室外。

房间门、走廊、楼梯、外门是主要疏散设施,也可作为主要疏散工具,这些设施、工具,按人在建筑中运动轨迹特征又可分为:水平疏散设施和垂直疏散设施,它们的配套数量、质量直接影响安全疏散的效果。

(1)房间特征。房间面积的大小,固定家具的布置会对从房间内起步的疏散带来影响。房间面积大,出口少,最远点距房间门的距离就长;影剧院、礼堂、报告厅中有固定家具、坐椅,坐在中间部位的人员疏散就困难,这些都会影响疏散的时间。

(2)安全出口特征。对房间来说,安全出口是指房间门;对楼层来说,安全出口是指楼梯口;对建筑来说,安全出口是指外门。这些安全出口的数量、位置、密度、开启方式,直接影响着疏散。

(3)走廊特征。楼层中房间通向楼梯间,底层中楼梯间到出口,都可能有水平走廊,它的长宽、曲直、明暗,地面干湿,是否有台阶、坡道,是环状或袋形等也会对疏散构成影响。

(4)楼梯特征。多层建筑一般以楼梯作为平时主要垂直交通工具,高层建筑平时以电梯为主,但紧急疏散时,电梯停用,只能使用疏散楼梯。无论是多层还是高层建筑,疏散楼梯的数量、位置、宽度,都直接影响垂直方向的安全疏散。

2.被疏散者的差异

被疏散者的群体和个体差异对疏散的影响主要包括以下几方面。

(1)环境生疏。一般住宅、学校等建筑里的人员比旅店、商店的人员更熟悉环境,疏散相对来说会快些,建筑内部的使用管理人员比外来人员更熟悉建筑,疏散也会快些。

(2)个体特征。年龄、性别、视力、听力、知识、文化、经验、体能等,这些都是影响疏散的个体特征。病人和幼儿园的孩童可能更需要在帮助下进行疏散。受过消防培训、逃生训练的人员比没有消防知识的人更具有疏散经验。

(3)人员密度。建筑中人员密度大,尤其是高层建筑,会大大增加疏散的时间。加拿大对不同层数,不同人数使用一座楼梯进行了疏散实验,结论是,人员密度增加一倍,疏散时间也基本加倍,如表4.1所示。

表4.1 不同层数、人数使用一座楼梯的疏散时间表

建筑层数	疏散时间/min		
	每层240人	每层120人	每层60人
50	131	66	33
40	105	52	26
30	78	39	20
20	51	25	13
10	38	19	9

注:只用一座1.10 m宽的楼梯。

人员密度也必然会增加疏散通道的人流密度,当人流密度达到每平方米5人时,速度可能降为0。

(4)所处位置。大的会议厅、报告厅、营业厅和夜总会、卡拉OK厅、网吧等,人员密集场所,如果处在建筑的底层或二、三层,疏散相对容易,疏散时间也较快,相反会增加疏散的时间和降低疏散的效果。

3.人的避难心理行为

在火灾情况下,火焰、高温、烟气、警报等会刺激人的眼、耳、鼻、身等部位,从而造成人心理和精神的恐惧和惊慌,使其失去冷静和判断能力,甚至会带来某种伤害。有行为不知所措或盲目、盲从的特点,疏散会呈现归巢性、趋光性、恐烟性及从众性。

(1)归巢性。人有习惯于走老路的"归巢"本能,疏散时首先奔向经常使用的出入口或楼梯。例如在旅馆或剧场发生火灾时,一般旅客和观众习惯于从原进口逃生,很少寻找其他出口或楼梯疏散。

(2)趋光性。人有趋于明亮方向和开阔空间的本能。例如在旅馆发生火灾时,人们从居室冲向走廊,走廊一端黑暗一端明亮,则人们一般向明亮方向疏散。若这些部位未设安全出入口则反而逃入死角。

(3)恐烟性。人有害怕烟火的本能。即使当时处于安全场合或出口附近,但若发现前方有火光、烟雾,人们会奔往相反的方向。在一些火灾中,有的人受不了烟雾的刺激,不

敢逃命,就躲到烟浓度暂时较小的墙角处。如在辽宁省大连市一户居民火灾中的三具尸体是消防员分别在厨房及厕所等处找到的。

(4)从众性。人有在恐慌中对群体行动怀有信任感而往往不假思索地跟着走的本能。人在火灾时不知所措的程度急剧增加,导致行为失态或没有时间形成自己的判断,无形中产生随大流意识,跟随他人行动,结果可能导致群死群伤。

4.火灾环境

安全疏散毕竟是在火灾这种特定情况下发生的,除了受到疏散设施、被疏散者的差异和人的避难心理行为特征影响外,也要受到火灾环境的影响。越是接近火灾中心部位,需要较长时间疏散以及晚疏散的人员,受灾环境的影响也就越大。它主要表现在以下几方面。

(1)高温辐射。向避难场所疏散的人员多少都要受到一些来自火灾建筑物的辐射热。有资料介绍,在空气温度达到100℃的条件下,一般人只能忍受几分钟,一些人无法呼吸高达65℃的空气。

(2)有毒气体。各种可燃物燃烧会释放出大量可燃气体和有害气体。烟气的毒性和烟尘颗粒堵塞呼吸道,直接影响疏散行为,甚至造成窒息死亡而中止疏散。关于烟气危害,前文中已有过叙述,这里不再赘述。

(3)能见度。由于烟气的减光作用,人员在火灾场所下的能见度会有所下降,这会对疏散人员的安全疏散直接构成威胁。减光系数越大,人的运动越慢,当速度降至每秒0.3 m时,相当于在黑夜里行走。

(4)构件破坏。在疏散通道和疏散过程中,如果有构件的隔火性、稳定性、整体性受到破坏,如吊顶、隔墙垮塌,会严重阻碍疏散通道。

为了保证安全疏散,建筑安全疏散设计要针对这些影响疏散的因素,采取相应的对策。除以上影响因素外,建筑耐火性、分区合理性等建筑防火性和报警、灭火、排烟等消防设施配置也会影响安全疏散,这属于更大范围的影响因素,在相关章节中进行讨论。

4.1.2 疏散阶段划分

1.按疏散者移动轨迹特征分

从疏散人员在建筑中移动的轨迹上看,疏散一般应包括四个阶段,即房间内的疏散、走廊中的疏散、楼梯中的疏散和楼梯出口到安全出口的疏散。房间内的疏散对人员密集场所和较大空间的房间需要格外重视。楼梯和从楼梯到建筑安全出口的疏散属于共同使用的疏散设施,是安全疏散的重点部位。

2.按疏散者行为特征分

《建筑防火性能化设计》一书中,从工程学的角度把疏散过程分为三个阶段,察觉(外部刺激)、行为和反应(行为举止)、运动(行动)。

(1)察觉。这个阶段包含了人员经历了外部刺激或信号的流失时间,那些刺激或者信号能够告诉他们有异常的情况发生。如发现烟味、听见或看见着火,通过自动报警系统或他人传来信息。如果建筑中没有自动报警系统,察觉的时间可能会很长,这对安全疏散时间是可怕的浪费。

(2)行为和反应。这个阶段是指从开始意识到情况发生到采取行动所花费的时间。现实火灾中,人们往往并非有了察觉就立即开始疏散的行为,可能会有寻找进一步信息、试图灭火、抢救财物、通知消防队等的行为。这些行为无论必要不必要,都会消耗宝贵的疏散时间,甚至使从火场逃生的可能性降低。

(3)运动。运动是疏散过程的最后阶段,也是实际意义的疏散阶段。前文中所讲的影响疏散的因素,主要是指在这个阶段可能经历的,上文所讲的疏散者移动轨迹也是指发生在这个阶段的轨迹。

以上两种疏散阶段划分的意义在于,前者能指导我们对疏散设施的设计,比如,既要重视人员密集场所和大空间的内部疏散和组织,也要重视走廊、楼梯及楼梯出口到建筑出口的共同部分的疏散和组织。后者能帮助我们相对准确地预测疏散时间,即疏散者的疏散时间不能单以行动阶段算,应是火灾发生到人员安全离开建筑物的整个过程,即察觉时间、行为和反应时间及运动时间之和。

4.1.3 疏散设施分类

1.按疏散设施所在位置分

(1)水平疏散设施。房间、厅堂、防火分区的疏散门、走廊、楼梯间前室、安全出口、避难层(间)。

(2)垂直疏散设施。疏散楼梯(楼梯、室外楼梯、封闭楼梯、防烟楼梯)、消防电梯、疏散阳台、缓降器、铁爬梯、救生袋等。

2.按疏散作用分

(1)主要疏散设施。疏散门、安全出口、楼梯、走廊。

(2)消防专用设施。消防电梯(客梯可并做消防电梯,但要符合消防电梯要求)。

(3)辅助疏散设施。直升机停机坪、疏散阳台、缓降器、铁爬梯、救生袋等。

4.1.4 安全疏散设计的基本原则

安全疏散重在疏散要安全。安全疏散设计的总体思路是应以分析影响安全疏散的因素入手,结合疏散者在建筑空间中的移动轨迹特征和从工程学角度反映出的行为、时间特征,采取相应的技术措施,使疏散流线和过程做到即时、简捷、可靠、安全。

安全疏散设计应坚持以下基本原则。

1.合理组织疏散流线

疏散流线是指疏散人流的疏散轨迹,从房间内开始经走廊、楼梯直至室外出口。疏散流线的总体要求如下。

(1)简捷。疏散流线越简捷,疏散时间就会越短,疏散环境对疏散影响也就越小,尤其是人员密集场所和特殊人员的疏散。疏散通道不宜布置成"S"或"U"形,疏散道路上不宜设置台阶、踏步或由宽变窄,如图 4.2 和图 4.3 所示。

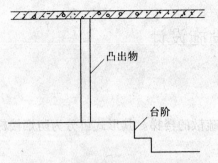

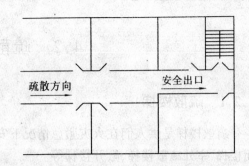

图 4.2 在人体高度内不应有的障碍物　　图 4.3 在疏散方向上疏散通道不应变窄

(2)双向。小到一个房间,大到一个防火分区,尽可能做到双向疏散,至少有两个安全出口。避免设置袋形走道。只有一个安全出口或只能一个方向疏散都是安全疏散中的缺陷,尤其是对人员密集和有特殊人群的场所。

2.合理布置疏散设施

疏散设施也即疏散工具,指安全出口、走道、疏散楼梯、避难层、疏散阳台等,它们的设置要求如下。

(1)配套。疏散设施的数量、宽度、形式、位置等标准要与疏散要求配套;主要疏散工具与辅助疏散工具要配套;自动报警、自动灭火、防烟排烟等保障设施要配套。

(2)可靠。疏散设施的可靠性虽不是安全疏散的必要条件,但是一个充分条件。配套解决了有无,可靠是保证了好用。疏散设施有了数量和质量才能保证疏散的安全。

3.合理引导疏散

合理引导疏散就是按照组织的简捷疏散路线,利用配套可靠的疏散工具,在第一时间疏散,并且这个疏散也要符合人们在避难时的心理行为特征。它要求如下。

(1)即时性。即在火灾发生时能立即疏散,开始"行动",特别是减少"察觉"和"行为和反应"的时间。安全疏散设计中可以采取设自动报警系统、事故广播等技术手段来实现。

(2)习惯性。人们在避难时所表现出的归巢性心理行为特征,应与疏散流线组织和设施布置有某种联系。如疏散楼梯,与正常使用的电梯相邻、相近,对安全疏散就十分有利,如图 4.4 所示。

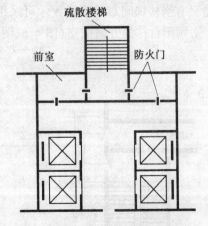

图 4.4 疏散楼梯靠近电梯布置示意图

(3)强制性。在避难过程中,由于火灾环境造成恐惧、恐慌,使疏散者缺少理性思维和判断,造成一些失误和错误的行为,会影响疏散时间。故在安全疏散设计中,要找出这些失误点,采取必要的强制行为,避免错误和失误。如疏散楼梯在避难层、地下室处要设置强制导入导出处理;大空间、疏散门、疏散楼梯、安全出口等的外门必须开向疏散方向等。

4.2 疏散设施设计

4.2.1 疏散楼梯

疏散楼梯是供人们在火灾紧急情况下安全疏散的楼梯。其形式可分为防烟楼梯、封闭楼梯、室外疏散楼梯、敞开楼梯等。

1.防烟楼梯间

在楼梯间入口之前设有阻止烟火进入的前室(或设专供排烟的阳台、凹廊等)且通向前室和楼梯间的门均为乙级防火门的楼梯间称为防烟楼梯间。

(1)防烟楼梯间的设置要求。

①楼梯间入口处应设置前室、阳台或凹廊。

②前室的公共建筑面积不应小于 6 m²,居住建筑面积不应小于 4.5 m²。

③前室和楼梯间的门均应为乙级防火门,并向疏散方向开启。

④前室应设有防烟、排烟设施。

⑤前室及楼梯间不应敷设可燃气体管道和甲、乙、丙类液体管道,并不应有影响疏散的突出物,不应开设其他门、窗、洞口。居住建筑内的煤气管道不应穿过楼梯间,当必须局部水平穿过楼梯间时,应穿钢套管保护。

(2)防烟楼梯的类型。

①带开敞前室的疏散楼梯间。这种楼梯间的特点是以阳台或凹廊作为前室,疏散人员须通过开敞的前室和两道防火门才能进入封闭的楼梯间内。进入阳台的烟气可以通过自然风力迅速被排出。另外,由于线路转折,烟气也较难进入到楼梯间内,不必再设置其他类型的排烟装置。所以这是最安全和最经济的一种类型。但其设置具有一定局限性,就是只有当楼梯间靠外墙设置才可采用。其设置的形式如下。

a.用阳台作为开敞前室(图4.5、图4.6)。图4.5是通过阳台进入楼梯间,风可以将窜

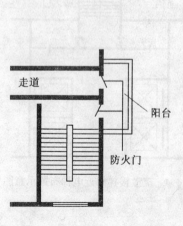

图 4.5 用阳台作为开敞前室

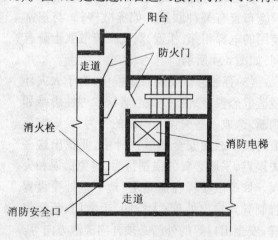

图 4.6 用阳台作为开敞前室的楼梯间

入阳台的烟气立即吹走,且不受风向的影响,所以,防烟排烟的效果很好。图4.6不仅采用了阳台作为开敞前室,还将楼梯和消防电梯间结合起来布置,形成一个良好的安全区,对安全疏散和消防扑救都是比较有利的。

　　b.用凹廊作为开敞前室(图4.7、图4.8、图4.9、图4.10)。以下几种形式布置方式的自然排烟效果都较好,同时在平面布置上也各有特色。图4.7和图4.8是将疏散楼梯和电梯厅结合布置,使经常使用的交通流线和火灾时的疏散路线结合起来,这对安全疏散十分有利。

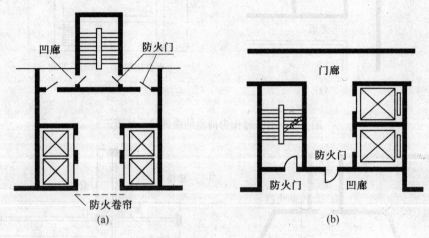

(a)　　　　　　　　　　　　　　　　(b)

图4.7　用凹廊作为前室的楼梯间示例图一

　　图4.9是一个旅游大楼的疏散楼梯间形式,它位于口字形平面的两个对角,另两角为结合消防电梯的疏散楼梯间,一为垂直疏散口,这样的搭配充分保证了疏散的安全可靠性。

　　图4.10是日本东京帝国旅馆的疏散楼梯间,它设在十字形平面的四个端头,与设在中间的疏散楼梯间相对应,在平面上形成任何一个梯段都有两个方向可以疏散,其处理方法是比较完善合理的。

　　②带封闭前室的疏散楼梯间。这种形式楼梯间的特点是人员必须通过封闭的前室和两道防火门才可进入楼梯间。其主要优点是

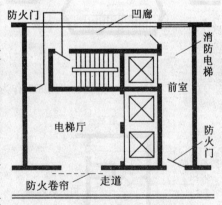

图4.8　用凹廊作为前室的楼梯间示例图二

设置灵活,既可靠外墙设置,又可放在建筑物内部。但其排烟较困难,位于内部时,其前室和楼梯间要设置排烟装置,因而造成设备复杂,且经济性差,效果不易得到保证。如果靠近外墙设置,虽然可以利用窗口排烟,但受室外风向影响较大,可靠性也难以得到保障。

　　筒体结构的建筑常将电梯、楼梯、服务设施及管道系统布置在中央部分,周围则是主要用房,这种形式称为核心式布置方式。这种建筑的楼梯一般都在建筑物的内部,因而比较适合带封闭前室的疏散楼梯形式(图4.11),也可靠外墙布置,但须有向外开启的窗户(图4.12),也有用剪刀式楼梯作为两部防烟楼梯的形式,如图4.13所示。

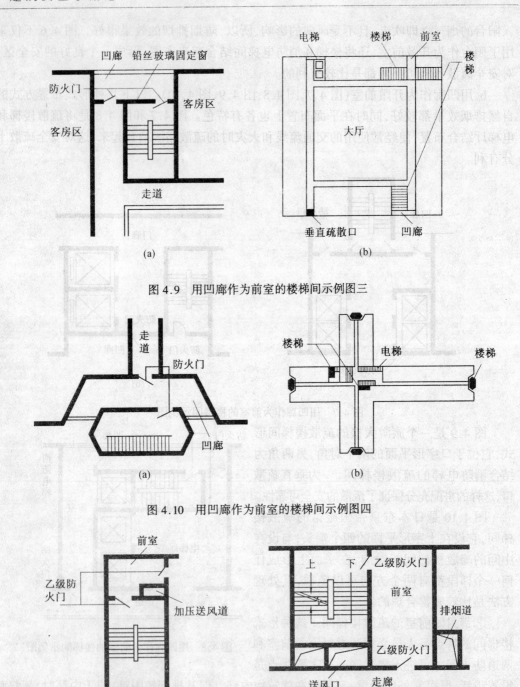

图 4.9　用凹廊作为前室的楼梯间示例图三

图 4.10　用凹廊作为前室的楼梯间示例图四

图 4.11　带封闭前室的楼梯间示例一

2.封闭楼梯间

设有能阻挡烟气的双向弹簧门(对单、多层建筑)、防火门的楼梯间或乙级防火门(对高层建筑)的楼梯间称为封闭楼梯间。

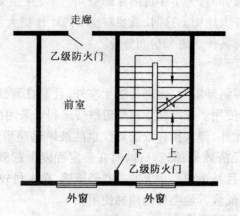

图 4.12　带封闭前室的楼梯间示例二

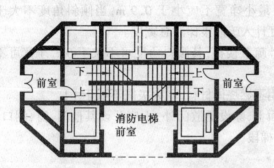
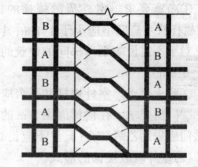

图 4.13　剪刀式楼梯作为防烟楼梯

(1)封闭楼梯间的设置要求。

①楼梯间应靠外墙,应有直接天然采光和自然通风,否则按防烟楼梯间的规定设置。

②高层建筑设乙级防火门,并向疏散方向开启,单、多层建筑应设双向弹簧门。

③楼梯间的首层紧临主要出口时,可将走道和门厅等包括在楼梯间内,形成扩大的封闭楼梯间,但应采用乙级防火门等措施与其他走道和房间分隔开。

(2)封闭楼梯间的类型。

封闭楼梯间的类型如图 4.14 所示。如有条件还可以把楼梯适当加长,设置成两道防火门而形成门斗,这样可适当提高它的防护能力,并能给疏散以回旋的余地,如图 4.15 所示。

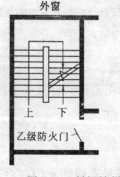

图 4.14　封闭楼梯间

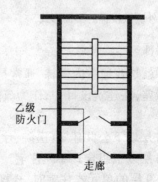

图 4.15　带门斗的封闭楼梯间

有时候在进行建筑设计时,为了丰富门厅的空间艺术,并使交通流线明晰流畅,常把首层的封闭楼梯间敞开在大厅中。这时,就要对整个门厅作扩大的封闭处理,以乙级防火门或防火卷帘等将门厅与其他走道和房间分开。

3.室外疏散楼梯

室外疏散楼梯设在建筑外墙上,全部开敞于室外,且常在建筑端部,即可供人员疏散用,又可供消防人员扑救使用。在结构上室外疏散楼梯利于采用简单的悬挑方式,不占用室内的有效建筑面积。此外,侵入楼梯处的烟气也能被风迅速带走,且不受风向的影响。这种楼梯的防烟效果和经济效果都较好,同时在一定程度上起到丰富建筑立面的作用。但是它的防护能力较差,且易造成心理上的高空恐惧感,在人员较拥挤时也易发生意外事故,所以,安全性较低,宜配合其他类型的楼梯使用。

(1)室外疏散楼梯的设置要求。

①净宽要求。室外疏散楼梯的梯段最小净宽不应小于 0.9 m,当倾斜角度不大于45°,栏杆扶手高度不应小于 1.1 m,其宽度计入疏散楼梯的总宽度。

对于不需设防烟楼梯间的建筑的室外疏散楼梯,其倾斜角度可不大于 60°,净宽可不小于 0.8 m。

②耐火要求。室外楼梯和平台应采用不燃烧体材料,耐火极限不低于 1 h。

③门窗要求。在楼梯周围 2 m 的墙面上,除设疏散门外,不应开设其他门、窗、洞口,疏散门应采用乙级防火门,且不应正对楼梯段。

(2)室外疏散楼梯的形式。

室外疏散楼梯的平面形式常有如图 4.16 所示的两种形式,其布置如图 4.17 所示。

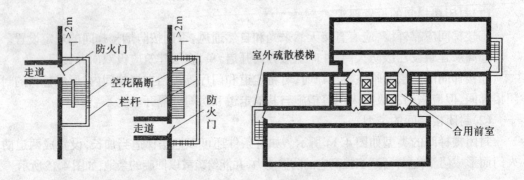

图 4.16　室外疏散楼梯的平面形式　　　图 4.17　室外疏散楼梯在建筑中的布置

4.敞开式楼梯

敞开式楼梯就是普通室内楼梯,通常是在平面上三面有墙、一面无墙无门的楼梯间,隔烟阻火作用最差,在建筑设计中,作为疏散楼梯应限制其使用范围。开敞式楼梯间的设置要求如下。

(1)5 层及 5 层以下公共建筑(医院、疗养院除外)。

(2)6 层及 6 层以下组合式单元住宅。

(3)用在 7～9 层的单元式住宅时,楼梯应通至屋顶(房间是乙级防火门时,可不通至屋顶）。

(4)高层建筑中只能用于 10～11 层单元式住宅，但要求开向楼梯间的门是乙级防火门，且楼梯间应靠外墙，应有直接采光、通风。

用于单元式住宅平面形式如图 4.18 所示。

5.疏散楼梯的设计原则

设计疏散楼梯时，应根据建筑物的性质、规模、高度、容纳人数以及火灾危险性等合理确定疏散楼梯的形式、数量，按规定做好疏散楼梯间的构造设计。其布置应满足以下要求。

(1)靠近标准层（或防火分区）的两端设置。这种方式宜于进行双向疏散，提高疏散的安全性。

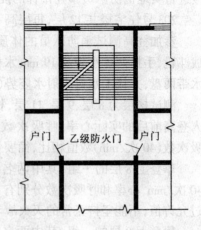

图 4.18 用于单元式住宅的开式楼梯

(2)靠近电梯间设置。靠近电梯间设置疏散楼梯，可将经常使用的交通流线与紧急情况下使用的疏散路线结合起来，有利于人员的快速疏散。

(3)靠近外墙设置。这种布置方式有利于采用安全、经济的带开敞前室的疏散楼梯间形式，同时，也有利于自然采光、通风和进行火灾扑救。

(4)疏散楼梯应保持上下通畅。除在地下室和避难层部位外，疏散楼梯应在底层有直接对外出口，顶部应通向屋顶，以便于疏散，人员可以向屋顶暂时避难，以等待救援人员的到来。

(5)应有明显疏散指示标志。疏散楼梯和疏散通道应有明显的指示标志，以利于人员的顺利疏散。

(6)避免不同的疏散人流相互交叉。建筑的高层部分和低层部分的疏散线路不应混杂交叉，以免紧急疏散时，这两部分的人流发生冲撞拥挤，而造成不安全的意外事故。

4.2.2 消防电梯和消防控制室设计

消防电梯是高层建筑中特有的消防设施，专供消防人员使用。当高层建筑发生火灾时，消防人员可以通过消防电梯迅速到达高层起火部位，去扑救火灾和救援遇险人员。普通电梯往往设在开放的走道或电梯厅中，火灾发生时，因切断电源而停止使用。消防人员若通过疏散楼梯登楼，体力消耗太大，速度也慢，同时，还受到疏散人流的阻碍，难以及时地进行火灾的扑救工作。所以，为了给消防人员扑救高层建筑火灾创造良好的条件，对高层建筑必须结合具体情况，合理地设置消防电梯。

1.消防电梯配置的必要性

高层建筑配置消防电梯的必要性可以从大量的火灾实例中得到证明。这里仅从保持消防人员体能战斗力上证明配置消防电梯是十分必要的。

为了检验消防人员不使用消防电梯而使用楼梯进行高层建筑实际登高能力，《高层建筑防火设计规范》编制组和北京市消防总队于 1980 年 6 月 28 日，在北京市长椿街 203 号楼进行实地消防队员攀登楼梯的能力测试。测试情况如下。

203 号住宅楼共 12 层,每层高 2.9 m,总高度 34.8 m,当天气温 32℃。

参加登高测试消防队员的体质为中等水平,共 15 人分为 3 组。身着战斗服装,脚穿战斗靴,手提两盘水袋及 19 mm 水枪一支。从首层楼梯口起跑,到规定楼层后铺设 65 mm 水带两盘,并接上水枪成射水姿势(不出水)。

测试楼层为 8 层、9 层、11 层,相应高分别为 20.30 m、23.20 m、29 m。这次测试的 15 人登高前后的实际心率、呼吸次数,与一般短跑运动员允许的正常心率(180 次/min)、呼吸次数(40 次/min)数值相比,简要情况如下。

攀登上 8 层的一组,其中两名战士心率超过 180 次/min,一名战士的呼吸次数超过 40 次/min,心率和呼吸次数分别有 40%和 20%超过允许值。两项平均则有 30%的战士超过允许值,不能坚持正常的灭火战斗。

攀登上 9 层的一组,其中两名战士心率超过 180 次/min,三名战士的呼吸次数超过 40 次/min,心率和呼吸次数分别有 40%和 60%超过允许值。两项平均则有 50%的战士超过允许值,不能坚持正常的灭火战斗。

攀登上 11 层的一组,其中四名战士心率超过 180 次/min,五名战士的呼吸次数超过 40 次/min,心率和呼吸次数分别有 80%和 100%超过允许值。徒步登上 11 层的消防队员,都不能坚持正常的灭火战斗。

以上采用的是运动场竞技方式的测试。实际火场的环境要恶劣得多,条件也会更复杂,消防队员的心理状态也会大不相同。即使被测试数据在允许数值以下的消防队员,如在高层建筑火灾现场,也难以想象是否都能顺利地投入到紧张的灭火战斗中。目前还没有更科学的资料或测试方法比较参考,现场观察消防队员登上测试楼层的情况来看,个个大汗淋漓、气喘吁吁,紧张地攀登,有的几乎站立不住。

从实际测试情况来看,消防队员徒步登高能力有限。有 50%的消防队员带着水带、水枪攀登 8 层、9 层还可以,对于扑灭高层建筑火灾这就很难。因此,高层建筑应设置消防电梯。

具体规定是,高度超过 24 m 的一类建筑、10 层以及 10 层以上的塔式住宅、12 层及 12 层以上的其他类型住宅、高度超过 32 m 的二类建筑,都必须设置消防电梯。

2.消防电梯配置的要求

(1)消防电梯室分别设在不同的防火分区内。要避免将两台或两台以上的消防电梯设在一个防火区内,这样在其他防火分区内发生火灾时会给扑救带来困难。

(2)消防电梯应设置前室。

①前室面积。居住建筑不应小于 4 m²,其他建筑不应小于 6 m²。当与防烟楼梯间合用前室时,其面积为居住建筑不应小于 6 m²,其他建筑不应小于 10 m²。

②前室位置。消防电梯间前室宜靠外墙设置,首层应设直通室外的出口或经过长度不超过 30 m 的通向室外的通道。

③前室的门。消防电梯间前室的门,应采用乙级防火门或具有停滞功能的防火卷帘。

④消火栓。消防电梯间前室应设置消火栓。

（3）其他要求。

①梯井机房。消防电梯井、机房与相邻电梯井、机房之间,应采用耐火极限不低于2 h 的墙隔开。当在隔墙上开门时,应设甲级防火门。

②电梯轿厢。消防电梯轿厢的内装修应采用不燃烧材料。

③电梯井底。消防电梯前室门口宜设挡水设施,电梯井底应设排水设施,排水井容量不应小于 2.00 m³,排水泵的排水量不应小于 10 L/s。

④行驶速度。应按从首层到顶层的运行时间不超过 60 s 来计算确定。

⑤电缆电线。消防电梯动力控制电缆电线应采用防水设施。

⑥专用电话。轿厢内设置专用电话,并在首层设专用按钮。

⑦载重量。消防电梯的载重量不应小于 800 kg。

3.消防电梯布置形式

在高层建筑中布置消防电梯时,应考虑消防人员使用的方便性,并且宜与疏散楼梯间结合布置。消防电梯与防烟楼梯合用前室时的布置如前面图 4.5、图 4.7 及图 4.19、图 4.20所示。

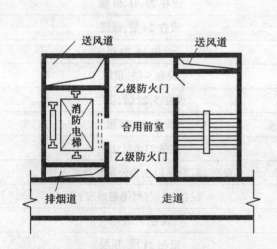 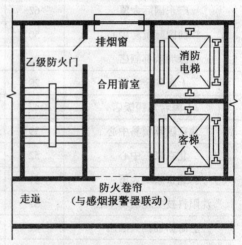

图 4.19　消防电梯与防烟楼梯合用前室时的布　置示意图

图 4.20　消防电梯与客梯、防烟楼梯合用前　室时的布置示意图

4.消防控制室

（1）消防控制室的主要功能。

①接受火灾报警。发出火灾的声、光信号;进行事故的广播和发出安全疏散指令。

②控制消防设施。消防水泵,规定灭火装置,通风空调系统,电动防火门、阀门、防火卷帘、防烟排烟设施等。

③显示电源、消防电梯运行情况等。

（2）设置条件。设有自动报警系统和自动灭火系统或设有机械防排烟系统的高层建筑均应设消防控制室。

（3）一般规定。消防控制室宜设在高层建筑的首层或地下一层,且应采用耐火极限不低于 2 h 的隔墙和 1.50 h 的楼板与其他部位隔开,门应向疏散方向开启,入口应有明显的标志,并应设直通室外的安全出口。

4.2.3 避难层

对于超高层建筑,如果发生火灾时采用正常的疏散方法,上部楼层的人员很难迅速地进行疏散。因此,避难屋是超高层建筑中特别设置的安全疏散设施,是保障超高层建筑内的人员在火灾发生时安全脱险的一项有效措施。

避难层是超高层建筑火灾时人员临时避难所用的楼层。避难时采用的几个房间叫避难间。超高层建筑的层数很高,人员多,尽管已经设有防烟楼梯等安全疏散设施,但在火灾发生时,其内部的人员还是很难迅速地疏散到地面。目前国内许多的超高层建筑都设置了避难层(间),如表 4.2 所示。

表 4.2 国内设置避难层(间)的部分高层建筑

建 筑 名 称	楼层数	设置避难层(间)的楼层数
广东国际大厦	62	设在 23,41,61 层
深圳国际贸易中心	50	设在 24 层,顶层
深圳新都酒店	26	设在 14,23 层
上海瑞金大厦	29	设在 9 层,顶层
上海希尔顿饭店	42	设在 5,22 层,顶层
北京国际贸易中心	39	设在 20,38 层
北京京广中心	52	设在 23,42,51 层
北京京城大厦	51	设在 28,29 层以上为公寓敞开式天井
沈阳科技文化活动中心	32	设在 15 层(封闭避难层)
上海新锦江大酒店	42	设在 7,21 层
上海国贸大厦	42	设在 21 层,顶层
上海扬子江大酒店	36	设在 18 层,顶层

1.设置要求

凡是建筑高度超过 100 m 的写字楼、旅馆、综合楼等公共建筑应设置避难层(间),并应符合下列规定。

(1)避难层的设置,自高层建筑首层至第一个避难层或两个避难层之间,不宜超过 15 层。

(2)通向避难层的防烟楼梯应在避难层分隔、同层错位或上下层断开,但人员均必须经避难层方能上下。

(3)避难层的净面积应能满足设计避难人员避难的要求,并宜按 5 人/m² 计算。

(4)避难层可兼作设备层,但设备管道在其中宜集中布置。

(5)避难层应设消防电梯出口。

(6)避难层应设消防专线电话,并应设有消火栓和消防卷盘。

(7)封闭式避难层应设独立的防烟设施。

(8)避难层应设有应急广播和应急照明,其供电时间不应小于 1.00 h,照度不应低于 1.00 lx。

2.避难层的类型

(1)敞开式避难层。敞开式避难层不设置围护结构,为全敞开式,一般设在建筑物的顶层或屋顶之上。这种形式的避难层适用于温暖地区,不防雨雪侵袭,结构简单,采用自然通风排烟的方式。

(2)半敞开式避难层。半敞开式避难层四周设有防护墙,上半部设有窗口,窗口多用铁百叶窗封闭。它也常用自然通风排烟的形式,同敞开式避难层一样,也只适用于非寒冷地区。

(3)封闭式避难层。封闭式避难层周围设有耐火的围护结构,室内设有独立的防排烟系统,具有可靠的消防设施,可以有效地防止烟气和火焰的侵害,适用较广。

3.避难层的要求

(1)为保证避难层在建筑物起火时能正常地发挥作用,避难层至少应该有两个不同的疏散方向可供使用。

(2)通向避难层的防烟楼梯应在避难层分隔、同层错位或上下层断开,经避难层方能上下。如图 4.21、图 4.22 所示。

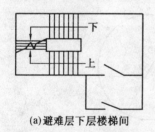

(a)避难层下层楼梯间　　　　(b)避难层楼梯间　　　　(c)避难层上层楼梯间

图 4.21　楼梯在避难层断开布置示意图

(3)在避难通道上应设置疏散指示标志和火灾事故照明,其位置应与人行走时的水平视线高度相一致。

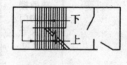

(4)消防电梯作为一种辅助的疏散设施在避难层必须停靠,而普通电梯则严禁停靠。

(5)为保证避难层具有较强时间抵抗火烧能力,避难层的楼板宜采用现浇钢筋混凝土楼板,其耐火极限不低于 2 h,且设隔热层。

(6)避难层四周的墙体及避难层内的隔墙其耐火极限不应低于 2 h,隔墙上的门应采用甲级防火门。

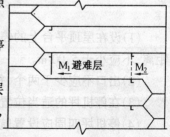

图 4.22　楼梯间在避难层错位布置示意图

4.2.4　直升机停机坪设计

高层建筑层数多,且标准层面积较大的公共建筑宜设置屋顶直升机停机坪或供直升机救助的设施。这种设施的作用是十分显著的,例如,巴西圣保罗 31 层的"安德拉斯"大楼,高度为 99 m,屋顶设有直升机场,发生火灾时,该大楼内约有 1 000 人,巴西消防部门出动了 32 辆消防车(包括四辆工作高度为 37.5 m 的云梯车)和两架直升机,经过三个多小时的奋力抢救,从 15~16 层抢救出 100 余人,直升机经过四个多小时的紧张战斗,共抢救出 350 多人。相反,该市"焦马"大楼起火,由于屋顶没有设置供直升机抢救的设施,虽然许多人跑到屋顶,但仍不能安全脱险,造成了重大伤亡事故。因此,层数多且容纳人数多的高层建筑,其屋顶设置直升机场是十分必要的。

1.设置条件

建筑高度超过 100 m 且标准层的面积超过 1 000 m² 的公共建筑,宜设置屋顶直升机停机坪或供直升机救助的设施。

2.停机坪设置的位置

直升机停机坪的位置设置通常有以下两种。

(1)直接设在屋顶平台。

(2)设在屋顶平台的上部。

3.直升机停机坪的设置要求

直升机停机坪的设置主要有以下几方面的要求,如图 4.23 所示。

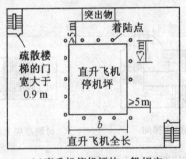
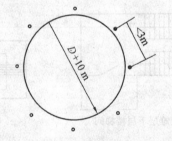

(a)直升机停机坪的一般规定　　(b)圆形停机坪

图 4.23　屋顶直升机停机坪

(1)设在屋顶平台上的停机坪,距设备机房、电梯机房、水箱间、共用天线等突出物的距离,不应小于 5.00 m。

(2)出口不应少于两个,每个出口宽度不宜小于 0.90 m。

(3)在停机坪的适当位置设置消火栓。

(4)停机坪四周应设置航空障碍灯,并应设置应急照明。

(5)有明显标志符号。

(6)停机坪的大小形状取决于飞机的大小。

(7)停机坪设引导灯光、灯光指示及常用符号如图 4.24、图 4.25 所示。

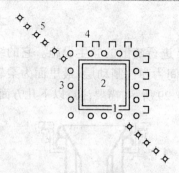

图 4.24 停机坪灯光布置
1—安全网;2—停机坪;3—周边灯;4—泛光灯;5—导航灯

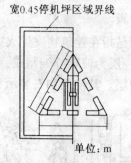

图 4.25 直升机停机坪符号

4.2.5 辅助疏散设施

如果设计中部分空间不能做到双向疏散,在袋形走廊尽端的阳台、凹廊等区域宜设上下连通的辅助疏散设施。为了保障高层建筑内的人员在火灾时能安全可靠地疏散,避免造成重伤事故,有不少高层建筑除设有效完善的安全疏散设施以外,还结合建筑平面布置、立面布置等情况增设了一些安全疏散的辅助设施。如疏散阳台、救生袋、自救缓降装置、固定梯、折叠梯、疏散用滑竿等。

1.疏散阳台

疏散阳台是在火灾发生时,能辅助建筑物内的人员进行疏散的阳台。一般可在高层建筑各层设置专用的疏散阳台,并在阳台地板上开设孔洞,该洞装有一个"活动盖板",在洞口下面设置倾斜梯(又叫避难梯)。火灾时人们由房间经过走道到达阳台,立即打开活动盖板,沿避难舷梯下到下面楼层或直接下到底层。要注意的是,在阳台范围内的墙面上,除了可以开设供人们安全疏散用的门洞外,不能开设其他洞口,并且此门必须用耐火极限不低于 0.9 h 的防火门加以分隔,如图 4.26 所示。为了方便人们向下疏散,洞口和活动盖板的尺寸不应小于 70 cm × 70 cm(盖板比洞口要略大些)。栏杆的高度不应小于1.1 m,并应坚固耐火。

这种阳台(包括安全避难口)一般设在建筑物各层袋形走道的尽端,平时盖着,火灾时打开盖板,人们沿着避难舷梯(图 4.27)或其他金属梯疏散到下一层,再转到其他安全的地方。

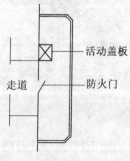

图 4.26 疏散阳台示意图

图 4.27 避难舷梯示意图

2.救生袋

救生袋是指在建筑物发生火灾时,辅助楼内人员进行疏散的救生设施。它的结构共三层,最外一层为玻璃纤维制成,可耐800℃高温;中间为弹性制动层;最里面为柔软摩擦力不大的内层。其使用和安装示意图如图4.28、图4.29所示,需要注意以下几方面。

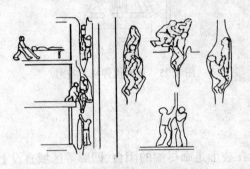 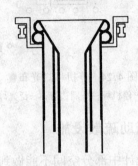

图4.28　救生袋使用功能示意图　　　　图4.29　救生袋安装剖面示意图

(1)下部出口处要装置牢固。

(2)一旦因袋体的底布被鞋后跟的钉子刮破或由于其他原因破损,就可能造成人员掉落等意外情况,故在构造上要采取加强措施,如加设防止人员掉落的安全网等。

(3)为了防止人员在紧急下降时在出口处受到碰伤等,应在出口处设有弹性好的保护垫。

3.自救缓降装置

这种安全疏散设备按使用方法分单人和多人(一般为2~3人用)使用的,但大多为单人使用的,因为这样使用比较安全。

缓降机一般是靠使用者的自重缓慢下降。它由调速器以及调速器连接部分(吊钩)、绳索、紧固金属工具、皮带等部件组成,如图4.30所示。

调速器是缓降机的主体部件,要装上坚固的保护罩,防止沙子或其他杂物侵入而使调速器的性能受到影响或出现异常情况,发生事故。为了在下降时达到安全稳定的目的,自然降落的速度应适当加以控制,一级为

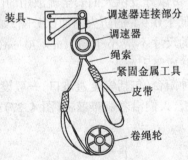

图4.30　缓降机示意图

16~150 cm/s。调速器的连接钩要装在建筑物的固定悬架上,必须能够承受使用者的体重。

4.固定梯、折叠梯、疏散用滑竿

这种梯一般安装在具有较高耐火极限的墙面上(该墙面上除了可开设疏散用的门洞外不能开设其他孔洞)。此种梯子常用的有三种,一是收放式;二是折叠式;三是伸缩式。图4.31(a)所示为收放式的固定梯,平时把梯子的横撑收在主柱之内,火灾时,将横撑拉

出后支撑起来,供人们紧急疏散用。

图 4.31(b)为折叠式。该种梯子的下部可折叠起来,疏散时打开即可使用。

图 4.31(c)为疏散用滑竿。它一般固定地安装在建筑物的窗口部位,滑竿最好采用钢管或采用与钢管有同等强度的其他金属材料制作,其直径宜为 50 ~ 75 mm,表面必须光滑。竿的本身要能承受 400 kg 以上的压缩力,滑竿底部要设有弹性好的垫子,以保护人们下滑时的安全。

此外,还有紧急逃生气垫、防火毯、婴儿呼吸袋等辅助疏散设施。

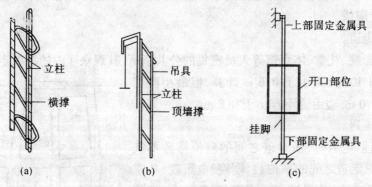

图 4.31　固定梯、折叠梯和滑竿

4.3　单、多层民用建筑安全疏散设计

单层民用建筑一般不带楼梯,但有些大空间的单层建筑,如影剧院、礼堂、体育馆等观众人数较多,有楼座、池座或多层看台,虽然叫单层却也有楼梯。故这里一并把单层建筑和多层建筑放在一起进行讨论。

在本章的上一节,我们介绍了安全疏散的阶段划分,其中按疏散者在建筑中疏散轨迹特征分类,把疏散分成四个阶段,本节也是按这四个阶段来探讨疏散的设计问题。

4.3.1　房间及观众厅、娱乐厅的疏散

1.房间内的疏散

房间疏散设计主要是确定门的数量。下列房间可设一个门。

(1)一个房间的面积不超过 60 m²,且人数不超过 50 人的,可设一个门。

(2)位于走道尽端的房间(托儿所、幼儿园除外)内由最远一点到房门口的直线距离不超过 14 m,且人数不超过 80 人时,也可设一个向外开启的门,但门的净宽不应小于1.40 m。

2.观众厅内的疏散

各类建筑中的观众厅属人员密集场所,厅内又多是固定座椅。由于人数众多,加之固定座椅阻碍疏散,所以安全疏散设计不仅要合理确定安全出口的数量,也要对厅内固定座

椅的排列、走道布置等提出设计要求。

(1)安全出口。

①剧院、电影院、礼堂的观众厅安全出口的数目均不应少于两个，且每个安全出口的平均疏散人数不应超过250人。容纳人数超过2 000人时，其超过2 000人的部分，每个安全出口的平均疏散人数不应超过400～700人。

②体育馆观众厅安全出口的数目不应小于两个，且每个安全出口的平均疏散人数不宜超过400～700人。设计时，规模较小的观众厅宜采用接近下限值；规模较大的观众厅宜采用接近上限值。

(2)厅内走道。

剧院、电影院、礼堂、体育馆等人员密集的公共场所，其观众厅内的疏散走道宽度应按其通过人数每100人不小于0.6 m计算，但最小净宽度不应小于1.0 m，边走道不宜小于0.8 m。

(3)座位排列。

在布置疏散走道时，横走道之间的座位排数不宜超过20排。纵走道之间的座位数，剧院、电影院、礼堂等每排不超过22个，体育馆每排不宜超过26个，当前后排座椅的排距不小于90 cm时，可增至50个，仅一侧有纵走道时座位减半，如图4.32所示。

(4)厅的内外门。

①剧院、电影院、礼堂等人员密集的公共场所观众厅的疏散内门和观众厅外的疏散外门、楼梯和走道各自总宽度，均应按不小于表4.3的规定计算。

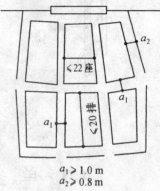

$a_1 \geqslant 1.0$ m
$a_2 \geqslant 0.8$ m

图4.32　观众厅走道、座位布置

表4.3　剧院、电影院、礼堂观众厅疏散宽度指标　　　　单位：m/100人

观众厅座位数/个			≤2 500	≤1 200
耐火等级			一、二级	三级
疏散部位	门和走道	平坡地面	0.65	0.85
		阶梯地面	0.75	1.00
	楼　梯		0.75	1.00

注：有等场需要的入场门，不应作为观众厅的疏散门。

②体育馆观众厅的疏散门以及疏散外门、楼梯和走道各自宽度均应按不小于表4.4所示的规定计算。

③人员密集的公共场所、观众厅的入场门、太平门不应设置门槛，其宽度不应小于1.40 m，紧靠门口1.40 m内不应设置踏步。太平门应为推闩式外开门。人员密集的公共场所的室外疏散小巷，其宽度不应小于3.00 m。

·88·

表4.4 体育馆观众厅疏散宽度指标 单位:m/100人

观众厅座位数/个			3 000～5 000	5 001～10 000	10 001～20 000
耐火等级			一、二级	一、二级	一、二级
疏散部位	门和走道	平坡地面	0.43	0.37	0.32
		阶梯地面	0.50	0.43	0.37
	楼 梯		0.50	0.43	0.73

注:表中较大座位数档次按规定指标计算出来的疏散总宽度不应小于相邻较小座位数档次按其最多座位数计算出来的疏散总宽度。

3.娱乐场所的疏散

歌舞娱乐放映游艺场所的疏散出口不应少于两个。当其建筑面积不大于 50 m² 时,可设置一个疏散出口,其疏散出口总宽度应根据其通过人数按不小于 1.0 m/100 人计算确定。

4.3.2 建筑及分区的安全出口

安全出口是指符合规范规定的疏散楼梯或直通室外地平面的出口。对楼层空间来说,每个防火分区无论它是由一个还是多个房间组成,都可看做是一个大房间,分区中的疏散楼梯便是这个大房间安全出口。对于一个建筑来说,直通室外的疏散口便是建筑的安全出口。这些安全出口担负着分区和建筑的安全疏散。

1.建筑安全出口

(1)公共建筑和通廊式居住建筑安全出口的数量不应少于两个。

(2)通廊式住宅建筑安全出口的数目应经计算确定,但不应少于两个,当层数不超过三层,每层不超过 500 m² 时可设一个安全出口。

(3)单元式住宅及塔式住宅建筑,住宅单元的每层建筑面积大于 650 m²,或任一住户的户门至安全出口的距离大于 15 m 时,应设两个安全出口。

(4)单层公共建筑(托儿所、幼儿园除外),如面积不超过 200 m²,且人数不超过 50 人时可设一个直通室外的安全出口。

(5)剧院、电影院、礼堂、体育馆的安全出口不少于两个,并应符合前文中提到的安全出口和厅的内外设置规定。

(6)建筑中的安全出口或疏散出口应分散布置。建筑中相邻两个安全出口或疏散出口最近边缘之间的水平距离不应小于 5.0 m。

2.分区安全出口

(1)地下、半地下建筑内每个防火分区的安全出口数目不应少于两个,但面积不超过 50 m²,且人数不超过 10 人时可设一个。

(2)人数不超过 30 人,且建筑面积不大于 500 m² 的地下、半地下建筑,其垂直金属梯可作为第二安全出口。

(3)地下室、半地下室的楼梯间,在首层应采用耐火极限不低于 2 h 的隔墙与其他部位隔开并应直通室外,当必须在隔墙上开门时,应采用不低于乙级的防火门。

地下室或半地下室与地上层不应共用楼梯间,当必须共用楼梯间时,应在首层与地下或半地下层的出入口处设置耐火极限不低于 2 h 的隔墙和乙级防火门隔开,并应有明显标志。

4.3.3 安全疏散距离

民用建筑的安全疏散距离应符合下列要求。

(1)直接通向公共走道的房间门至最近的外部出口或封闭楼梯间的距离,应符合表4.5所示的要求。

(2)房间的门至最近的非封闭楼梯间的距离,如房间位于两个楼梯间之间时,应按表4.5的要求减少 5 m;如房间位于袋形走道两侧或尽端时,应按表4.5的要求减少 2 m。

(3)楼梯间的首层应设置直接对外的出口,当层数不超过四层时,可将对外出口设置在离楼梯间不超过 15 m 处。

(4)不论采用何种形式的楼梯间,房间内最远一点到房门的距离,不应超过表4.5中规定的袋形走道两侧或尽端的房间从房门到外部出口或楼梯间的最大距离。

表 4.5　安全疏散距离

建筑物名称	房门至外部出口或封闭楼梯间的最大距离/m					
	位于两个外出口或楼梯间之间的房间			位于袋形走道两侧或尽端的房间		
	耐火等级			耐火等级		
	一、二级	三级	四级	一、二级	三级	四级
托儿所、幼儿园	25	20	—	20	15	—
医院、疗养院	35	30	—	20	15	—
学校	35	30	—	22	20	—
其他民用建筑	40	35	25	22	20	15

注:①散开式外廊建筑的房间门至外部出口或楼梯间的最大距离可按本表增加 5 m;
　　②设自动喷火灭火系统的建筑物,其安全疏散距离可按本表规定增加 25%。

4.3.4 疏散外门、走道、楼梯的宽度

(1)剧院、电影院、礼堂、体育馆观众厅的疏散门、楼梯、走道的各自宽度设置详见前文中的有关条目。

(2)学校、商店、办公楼、候车室以及歌舞、娱乐、放映、游艺场所等民用建筑底层疏散外门、楼梯、走道的各自总宽度,应通过计算确定,疏散宽度指标不应小于表4.6的规定。

(3)疏散走道和楼梯的最小宽度不应小于 1.1 m,不超过六层的单元式住宅中一边设有栏杆的疏散楼梯,其最小宽度可不小于 1 m。

表4.6 学校、商店、办公楼、候车室等民用建筑底层疏散宽度指标　单位:m/100人

耐 火 等 级		一、二级	三级	四级
层 数	一、二层	0.65	0.75	1.00
	三层	0.75	1.00	—
	四层	1.00	1.25	—

注:①每层疏散楼梯的总宽度应按本表规定计算。当每层人数不等时,其总宽度可分层计算,下层楼梯的总宽度
按其上层人数最多一层的人数计算;
②每层疏散门和走道的总宽度应按本表规定计算;
③底层外门的总宽度应按该层或该层以上人数最多的一层人数计算,不供楼上人员疏散的外门,可按本层人
数计算;
④录像厅、放映厅的疏散人数应根据该场所的建筑面积按1.0人/m² 计算;其他歌舞、娱乐、放映、游艺场所的
疏散人数应根据该场所建筑面积按0.5人/m² 计算。

4.3.5 疏散楼梯

1.设置数量

(1)公共建筑和通廊式居住建筑安全出口的数量不少于两个。作为楼层,疏散楼梯即
为安全出口,故疏散楼梯应不少于两个。

(2)二、三层的建筑(医院、疗养院、幼儿园等除外)符合表4.7规定的要求时可设一个
疏散楼梯。

表4.7 设置一个疏散楼梯的条件

耐火等级	层 数	每层最大建筑面积/m²	人 数
一、二级	二、三层	500	第二层和第三层人数之和不超过100人
三级	二、三层	200	第二层和第三层人数之和不超过50人
四级	二层	200	第二层人数不超过30人

(3)设有不少于两个疏散楼梯的一、二级耐火等级的公共建筑,如顶层局部升高时,其
高出部分的层数不超过两层,每层面积不超过200 m²,人数之和不超过50人时,可设一个
楼梯,但应另设一个直通平屋面的安全出口。

(4)九层及九层以下的,每层建筑面积不超过500 m² 的塔式住宅可设一个楼梯。九
层及九层以下的,每层建筑面积不超过300 m²,且每层人数不超过30人的单元式宿舍,可
设一个楼梯。

2.配置要求

(1)防烟楼梯间。地下商店和设有歌舞、娱乐、放映、游艺场所的地下建筑,当其地下
层数为三层及三层以上,以及地下层数为一层或二层,且其室内地面与室外出入口地坪高
差大于10 m时,均应设置防烟楼梯间。其他的地下商店和设有歌舞、娱乐、放映、游艺场
所的地下建筑可设置封闭楼梯间,其楼梯间的门应采用不低于乙级的防火门。

(2)封闭楼梯间。

①设有歌舞、娱乐、放映、游艺场所且超过三层的地上建筑,应设置封闭楼梯间。

②超过六层的塔式住宅应设封闭楼梯间,如户门采用乙级防火门时可不设。另外,公共建筑门厅的主楼梯如不计入总疏散宽度,可不设楼梯间。

③公共建筑的室内疏散楼梯宜设置楼梯间。医院、疗养院的病房楼,设有空气调节系统的多层旅馆和超过五层的其他公共建筑的室内疏散楼梯均应设置封闭楼梯间(包括底层扩大封闭楼梯间)。

(3)敞开楼梯。

①五层及五层以下的公共建筑(病房除外)、六层及六层以下的组合式单元住宅和宿舍,可设敞开楼梯。

②超过六层的组合式单元住宅和宿舍,各单元的楼梯间均应通至平屋顶,如户门采用乙级防火门时,可不通至屋顶。

3.构造要求

单、多层民用建筑疏散楼梯的构造应符合以下规定。

(1)防烟楼梯间前室和封闭楼梯间的内墙上,除在同层开设通向公共走道的疏散门外,不应开设其他的房间门窗。

(2)楼梯间及其前室内不应附设烧水间,可燃材料储藏室,非封闭的电梯井,可燃气体管道,甲、乙、丙类液体管道等。

(3)楼梯间内宜有天然采光,并不应有影响疏散的凸出物。

(4)在住宅内,可燃气体管道如必须局部水平穿过楼梯间时,应采取可靠的保护设施。电梯不能作为疏散用楼梯。

4.4　高层民用建筑安全疏散设计

高层建筑安全疏散的主要特点是,一是层数多而造成垂直疏散距离较远,因此,垂直疏散所需要的时间较长;二是建筑内部的人员比较集中,疏散时容易出现拥挤堵塞现象;三是火灾发生时,烟雾和火势蔓延较快。尤其公共建筑,很多人员不熟悉疏散路线,这也加剧了疏散的困难。因此,高层建筑安全疏散设计,应在疏散设施的配置数量、标准、要求上比多层建筑更多、更高。

与多层建筑相比,高层建筑的安全疏散更关注人员密集场所的疏散和疏散设施配套,这也是指导建筑安全疏散的关键所在。

4.4.1　一般房间的疏散

这里所指的一般房间是指高层建筑中面积相对较小的一些房间。它的安全疏散设计应满足如下要求。

(1)公共建筑中位于两个安全出口之间的房间,如面积不超过 60 m² 时,可设置一个门,门的净宽不应小于 0.90 m(与多层相比,面积相同,增加了门净宽和位于两个安全出口之间条件)。

(2)对于公共建筑的走道尽端的房间,如面积不超过 75 m² 时,房间内最远点到房门的直线距离不超过 15 m,可设置一个门,门的净宽不应小于 1.40 m(多层时是规定人数不超过 80 人,房间内最远点至房门直线距离不超过 14 m,设一个外开 1.4 m 的门)。

4.4.2　人员密集、特殊场所的疏散

高层建筑内人员密集场所主要是指观众厅、娱乐厅、营业厅等。观众厅是指带有固定座位的观众厅、会议厅、多功能厅;娱乐厅是指高层建筑内的歌舞厅、卡拉 OK 厅(含具有卡拉 OK 功能的餐厅)、夜总会、录像厅、放映厅、桑拿浴室(除洗浴部分)、游艺厅(含电子游艺厅)、网吧等歌舞、娱乐、放映、游艺场所;营业厅是指商场的营业厅。高层建筑内人员特殊场所是指幼儿园、托儿所、游乐场等儿童活动场所。这些人员密集、特殊场所的疏散须满足以下要求。

1.位置要求

(1)高层建筑内的观众厅、会议厅、多功能厅等人员密集场所,应设在首层或二、三层。

(2)高层建筑内的歌舞、娱乐、放映、游艺场所,即娱乐厅应设在首层或二、三层,且宜靠外墙设置,不应布置在袋形走道的两侧或尽端。

(3)地下商店的营业厅不宜设在地下三层及三层以下。

(4)当高层建筑内设托儿所、幼儿园时,应设置在建筑物的首层或二、三层,并宜设置单独的出入口。

上述观众厅、娱乐厅等如不能放在首层或二、三层,也应符合规范规定,这些规范详见《高层民用建筑设计防火规范》或本教材的第 5 章。

这类人员密集的特殊厅、堂、场所和特殊人群使用的场所在建筑中的位置,应属于建筑布置和布局问题,对安全疏散的影响较大。倘若将其布置在高层建筑较高的楼层,无疑会给安全疏散造成很大的压力,给疏散设施的配置也带来困难,这一点在单、多层建筑中并不明显。所以,高层建筑安全疏散设计绝不单是解决安全出口数量、疏散设施配置等问题。

2.疏散距离要求

高层建筑内的观众厅、展览厅、多功能厅、餐厅、营业厅和展览厅等,其室内任何一点至最近的疏散出口的直线距离不宜超过 30 m;其他房间内最远点到房门的直线距离不宜超过 15 m。

3.观众厅疏散及其他设计要求

(1)疏散走道要求。高层建筑内设有固定座位的观众厅、会议厅等人员密集场所,厅内的疏散走道的净宽应按通过人数每 100 人不小于 0.80 m,且最小不宜小于 1.00 m,边走道的最小净宽不宜小于 0.80 m。

(2)疏散出口要求。

①高层建筑内设有固定座位的观众厅、会议厅等人员密集场所,厅的疏散出口和厅外疏散走道的总宽度,平坡地面应分别按通过人数每 100 人不小于 0.65 m 计算,阶梯地面

应分别按通过人数每100人不小于0.80 m计算。疏散出口和疏散走道的最小净宽均不应小于1.40 m。

②疏散出口的门内、门外1.40 m范围内不能设踏步,且门必须向外开,并不应设置门槛。

③厅内每个疏散出口的平均疏散人数不应超过250人。

④厅的疏散外门宜采用推闩式外开门。

(3)厅内座位布置要求

高层建筑内设有固定座位的观众厅、会议厅等人员密集场所,观众厅座位的布置,横走道之间的排数不宜超过20排,纵走道之间每排座位不宜超过22个。当前后排座位的排距不小于0.90 m时,每排座位可为44个。只一侧有纵走道时,其座位数应减半。

4.4.3 地下室的疏散

高层建筑地下室、半地下室的安全疏散应符合下列规定。

(1)每个防火分区的安全出口不应少于两个,当有两个或两个以上防火分区,且相邻防火分区之间的防火墙上设有防火门时,每个防火分区可分别设一个直通室外的安全出口。

(2)房间面积不超过50 m²,且经常停留人数不超过15人的房间,可设一个门。

(3)人员密集的厅、室疏散出口总宽度,应按其通过人数每100人不小于1.00 m计算。高层建筑的安全出口应分散布置,两个安全出口之间的距离不应小于5.00 m。

(4)地下室、半地下室的楼梯间,在首层应采用耐火极限不低于2 h的隔墙与其他部位隔开并宜直通室外,当必须在隔墙上开门时,应采用乙级防火门。

(5)地下室或半地下室与地上层不宜共用楼梯间,当必须共用楼梯间时,宜在首层与地下或半地下层的人口处设置耐火极限不低于2 h的隔墙和乙级防火门隔开,并应有明显标志。

4.4.4 安全出口的配置

安全出口是指保证人员安全疏散的楼梯或直通室外地平面的出口。高层建筑一般规模大,层数多,一幢建筑要划分多个防火分区,一个防火分区可以是一个使用功能的空间,也可能是多个房间。火灾发生后,由于分区的作用,能有效地阻止火灾向其他区域蔓延。受灾区人员虽不能立即疏散到室外,但可以通过防火分区内的符合规范要求的疏散楼梯进行疏散,这个楼梯也被视为安全出口。故安全出口也用疏散楼梯来表达。从安全疏散的角度来看,一个分区或一幢建筑的安全出口越多,对疏散越有利,但这样做势必会增加楼梯的数量,交通面积就要加大,建设成本也将有很大的增加,从而造成浪费。所以,安全出口的数量即要保证安全疏散,满足使用要求,又要减少空间浪费,节约建设成本。

对高层建筑防火分区安全出口布置,我国现行规范做了如下规定。

(1)高层建筑每个防火分区安全出口不应少于两个,但在符合下列条件之一时可设一个安全出口。

①单元式住宅

a.18层及18层以下每个单元设有一座通向屋顶的疏散楼梯,单元之间的楼梯通过屋顶连通,单元与单元之间设有防火墙,户门为甲级防火门,窗间墙宽度、窗槛墙高度大于1.2 m,且为不燃烧体墙。

b.超过18层,每个单元设有一座通向屋顶的疏散楼梯,18层以上部分,每层相邻单元楼梯通过阳台或凹廊相连,18层及18层以下部分,单元与单元之间设有防火墙,户门为甲级防火门,窗间墙宽度、窗槛墙高度大于1.2 m,且为不燃烧体墙。

②塔式住宅

18层及18层以下,每层不超过8户、建筑面积不超过650 m²,且设有防烟楼梯间和消防电梯的塔式住宅,可设一座楼梯。

(2)塔式高层建筑,两座疏散楼梯宜独立设置,当有困难时可设剪刀楼梯,并应符合下列规定。

①剪刀楼梯间应为防烟楼梯间。

②剪刀楼梯的梯段之间,应设耐火极限不低于1.0 h的实体分隔墙。

剪刀式楼梯是垂直方向的两条疏散通道,两梯段之间若没有隔墙,则两条通道是处在一个空间里,一旦楼梯间的一个出口进烟,就会使整个楼梯间充满烟雾。因此,在两个梯段之间应设置分隔墙,使两个疏散通道成为相互分隔的独立空间,假如一个楼梯进了烟,也能保证另一个楼道的疏散安全性。

③剪刀楼梯应分别设置前室,塔式住宅确有困难时可设置一个前室,但两座楼梯应分别设加压送风系统。

事实证明,高层建筑采用剪刀式楼梯作为两个安全出口,是一种既节约建筑面积和投资,又能在紧急时刻满足疏散要求的措施。但也有一些设计人员对剪刀式楼梯的安全疏散功能不甚了解,在设计上出现了一些问题,如梯段之间没有用隔墙隔开,不能形成每座楼梯的上面和下面为各自一个独立的楼梯间,起不到真正的疏散楼梯的作用。

剪刀楼梯的轴侧示意图,如图4.33所示。

塔式高层建筑设置剪刀式楼梯如图4.34、图4.35所示。建筑平面布置均设有不同方向的前室,走道为环形走道。

塔式高层建筑,不论是住宅还是公共建筑,其剪刀式楼梯间在同一楼层应有两个出入口,设置各自独立的两个前室,或是由两个出入口共用一个前室。从国内外高层住宅采用剪刀式楼梯的情况来看,采用两个不同方向的独立前室往往是有困难的,因此,多数情况下是利用走道作为扩大的前室,即开向走道的户门和走道进入楼梯间的门,均应采用乙级防火门。

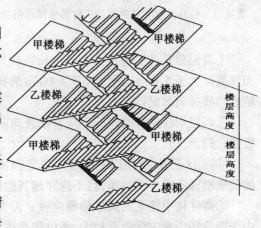

图4.33 剪刀楼梯轴侧示意图

采用了剪刀式楼梯的高层住宅门、主楼梯间的门,一般与共同使用的过道相通,使过道具有扩大前室的功能,如图4.36所示为芝加哥马里那双塔住宅。

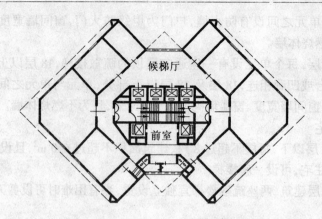

图 4.34　各自设置前室的剪刀式防烟楼梯示例一

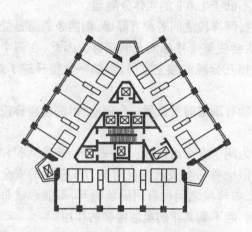

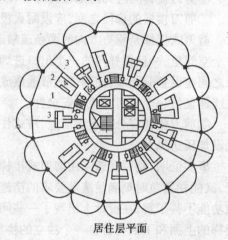

居住层平面

图 4.35　各自设置前室的剪刀式防烟楼梯示例二　图 4.36　各自设置前室的剪刀式防烟楼梯示例三

1—起居室;2—餐室;3—卧室;4—厨房;5—浴室;6—储存间

④高层建筑的底边至少有一个长边或周边长度的 1/4 且不小于一个长边长度,不应布置高度大于 5.00 m,进深大于 4.00 m 的裙房,且在此范围内必须设有直通室外的楼梯或直通楼梯间的出口。

⑤高层居住建筑的户门不应直接开向前室,当确有困难时,开向前室的户门均应为乙级防火门。

⑥除 18 层及 18 层以下的塔式住宅和顶层为外通廊式住宅外的高层建筑,通向屋顶的疏散楼梯不宜少于两座,且不应穿越其他房间,通向屋顶的门应向屋顶方向开启。

⑦商住楼中住宅的疏散楼梯应独立设置。商住楼一般上部是住宅,下部是商业场所。由于商业场所火灾危险性较大,所以如果住宅和商店共用楼梯,一旦下部商店发生火灾,就会直接影响住宅内人员的安全疏散。

⑧建筑物直通室外的安全出口上方应设置宽度不小于 1.00 m 的挑檐。

⑨一般房间、人员密集场所、特殊场所,地下室的安全疏散口配置见上文。

4.4.5　安全疏散距离

(1)高层公共建筑的大空间设计,必须符合双向疏散或袋形走道的规定。

(2)高层建筑的安全出口应分散布置,两个安全出口之间的距离不小于 5.00 m,安全疏散的距离应符合表 4.8 的规定。

表 4.8　安全疏散距离 （单位:m）

高 层 建 筑		房间门或住宅户门至最近的外部出口或楼梯间的最大距离	
		位于两个安全出口之间的房间	位于袋形走道两侧或尽端房间
医院	病房部分	24	12
	其他部分	30	15
旅馆、展览楼、教学楼		30	15
其　　他		40	20

位于两座疏散楼梯之间的袋行走道(图 4.37)两侧和尽端的房间其安全距离应按下式计算

$$a + 2b \leqslant c$$

式中　a——一般走道与袋形走道的中心线交叉点至较近楼梯间门的距离;

　　　b——两座楼梯之间的袋形走道尽端的房间或住宅户门至一般走道中心线交叉点的距离;

　　　c——两座楼梯间或两个外部出口之间最大允许距离的一半。

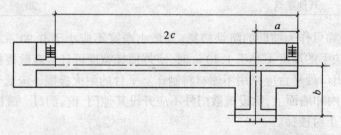

图 4.37　位于两座疏散楼梯之间的袋行走道示意图

(3)高层建筑内的观众厅、展览厅、多功能厅、餐厅、营业厅和阅览室等,其室内任何一点至最近的疏散出口的直线距离不宜超过 30 m;其他房间内最远一点至房门的直线距离不宜超过 15 m。

(4)跃廊式住宅的安全疏散距离应从户门算起,小楼梯的一段距离按其 1.5 倍水平投影计算。跃廊式住宅的一种布置方式如图 4.38 所示。

4.4.6　安全出口、走道、楼梯的宽度

(1)高层建筑内走道的净宽应按每 100 人不小 1.00 m 计算,高层建筑首层疏散外门的总宽度应按人数最多的一层每 100 人不小 1.00 m 计算。首层疏散外门和走道的净宽不应小于表 4.9 所示的要求。

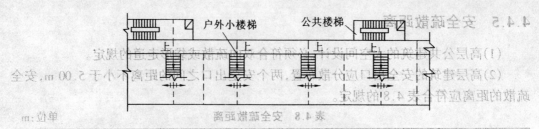

图 4.38 跃廊式住宅的一种布置形式

表 4.9　首层疏散外门和走道的净宽
单位:m

高层建筑	每个外门的净宽	走 道 净 宽	
		单面布房	双面布房
医　　院	1.30	1.40	1.50
居住建筑	1.10	1.20	1.30
其　　他	1.20	1.30	1.40

(2)每层疏散楼梯总宽度应按其通过人数每 100 人不小于 1.00 m 计算,各层人数不相等时,其总宽度可分段计算,下层疏散楼梯总宽度应按其上层人数最多的一层计算。疏散楼梯的最小净宽不应小于表 4.10 的规定。

表 4.10　疏散楼梯的最小净宽度表
单位:m

高层建筑	疏散楼梯的最小净宽
医院病房楼	1.30
居住建筑	1.10
其他建筑	1.20

(3)室外楼梯可作为辅助的防烟楼梯,其最小净宽不应小于 0.90 m。当倾斜角度不大于 45°,栏杆扶手的高度不小于 1.10 m 时,室外楼梯宽度可计入疏散楼梯总宽度内。室外楼梯和每层出口处平台应采用不燃材料制作。平台的耐火极限不应低于 1.00 h。在楼梯周围 2.00 m 内和墙面上,除设疏散门外不应开设其他门、窗、洞口。疏散门应采用乙级防火门,且不应正对楼梯。

(4)高层建筑地下室、半地下室的安全疏散出口总宽度,应按其通过人数每 100 人不小于 1.00 m 计算。

(5)疏散楼梯间及其前室的门的净宽应按通过人数 100 人不小于 1.00 m 计算,但最小净宽不应小于 0.90 m。单面布置房间的住宅,其走道出垛处的最小净宽不应小于 0.90 m。

(6)通向设在屋顶平台上的停机坪的出口不应少于两个,每个出口宽度不宜小于 0.90 m。

4.4.7　疏散楼梯和消防电梯的配置

1.疏散楼梯的配置

(1)下列建筑应设防烟楼梯间。

①一类建筑和除单元式和通廊式住宅外的建筑高度超过 32 m 的二类建筑以及塔式

住宅,均应设防烟楼梯间。

②超过 11 层的通廊式住宅应设防烟楼梯间。

③19 层及 19 层以上的单元式住宅应设防烟楼梯间。

(2)下列建筑应设封闭楼梯间。

①裙房和除单元式和通廊式住宅外的建筑高度不超过 32 m 的二类建筑应设封闭楼梯间。

②11 层及 11 层以下的通廊式住宅应设封闭楼梯间。

③12～18 层的单元式住宅应设封闭楼梯间。

④11 层及 11 层以下的单元式住宅可不设封闭楼梯间,但开向楼梯间的户门应为乙级防火门,且楼梯间应靠外墙,并应直接天然采光和自然通风。

(3)楼梯间的配置要求。

①单元式高层住宅的疏散楼梯均应直通屋顶。

②楼梯间及防烟楼梯间前室的内墙上,除开设通向公共走道的疏散门外,不应开设其他门、窗、洞口。

③楼梯间及防烟楼梯间前室内不应敷设可燃气体管道和甲、乙、丙类液体管道,并不应有影响疏散的突出物。

④居住建筑内的煤气管道不应穿过楼梯间,当必须局部、水平穿过时应有钢套管保护,并应符合现行国家标准《城镇燃气设计规范》的有关规定。

⑤除通向避难层错位的楼梯外,疏散楼梯间在各层的位置不应改变,首层应有直通室外的出口。

⑥疏散楼梯和走道上的阶梯不应采用螺旋楼梯和扇形踏步,但踏步上下两级所形成的平面用不超过 10°,且每级离扶手 0.25 m 处的踏步宽度超过 0.22 m 时,可不受此限。

2.消防电梯

(1)下列高层建筑应设消防电梯。

①一类公共建筑。

②塔式住宅。

③12 层及 12 层以上的单元式住宅及通廊式住宅。

④高度超过 32 m 的其他二类公共建筑。

(2)高层建筑的消防电梯设置数量应符合下列规定。

①当每层建筑面积不大于 1 500 m² 时,应设一台。

②当每层建筑面积大于 1 500 m² 但不大于 4 500 m² 时,应设两台。

③当每层建筑面积大于 4 500 m² 时,应设三台。

④消防电梯可与客梯兼用,但应符合消防电梯的要求。

⑤消防电梯宜分别设在不同的防火分区内。

4.4.8 高层建筑安全核疏散体系简介

1.安全核的提出

高层建筑中,目前主要的传统疏散设计体系的疏散模式是,沿"房间—走廊—过厅—

疏散楼梯"路线进行疏散。它主要是着眼于疏散楼梯作为垂直疏散工具和安全出口。此种疏散设计体系的传统观念一直指导着世界各国的高层建筑安全疏散设计。但是,它也存在下列局限。

(1)平时载送大量人流的垂直交通电梯,火灾时却失去其垂直疏散能力;

(2)火灾时的疏散路线与平时的交通路线互相分离;

(3)高层建筑中,电梯与疏散楼梯互相脱节;

(4)惊恐的逃生者靠自身体力进行疏散,其疏散楼梯垂直疏散时间过长;

(5)在传统设计疏散路线上,疏散通道因群集流动效应常常难以保证安全;

(6)避难层作为安全区,倘若位置设置不当,所起作用有限。

因此,"确保火灾时日常交通路线与设施的安全性,使日常交通路线设计与安全疏散设计合二为一"被提出来,即把围绕电梯、电梯厅及其周围的通道作为安全区,使火灾时可能成为危险区,而不能使用的电梯及电梯厅变成可利用的安全区(不需另设避难区而节省投资)。无论受灾人员对建筑熟悉与否,只需沿平时所走过的交通路线进行疏散即可获得安全。此种平时所使用的交通核转变为火灾时的临时避难和安全疏散的安全区称之为"安全核"。因此,安全核就是由火荷小的交通电梯、电梯厅、电梯边的主楼梯、电梯厅前室等空间和安全保护设施有机组成的交通核,利用防火墙(门)加以防火隔断围护、并配之以防排烟设施所形成的安全区。例如,深圳房地产大厦和北京京丰会议大厦的交通核,经改进可形成安全核。如图4.39、图4.40所示。从竖向而言,它形成一个上下连贯的安全垂直体(空间),其内各层有疏散楼梯联系。火灾时,其内部能保证相当长一段时间的安全性,人们足以安全、迅速地疏散到地面。

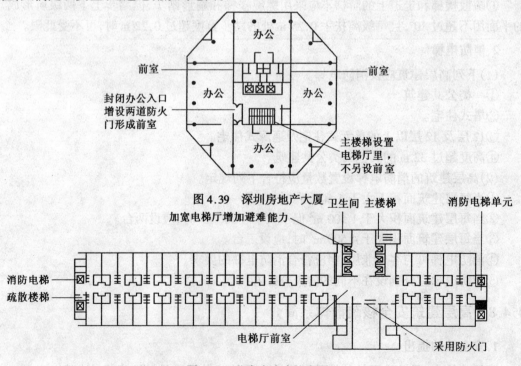

图4.39 深圳房地产大厦

图4.40 北京京丰会议大厦

　　与传统疏散设计体系相比,安全核疏散模式主要立足于临时避难,并利用电梯(垂直)快速疏散,整个过程主要运用设备,只有水平段路径靠人的自身体力。其疏散路径为水平疏散—安全核临时避难(或等待)—电梯(垂直)疏散—室外(安全区)。两者比较,安全核以电梯取代了传统的以疏散楼梯作为垂直疏散工具,核内设有足够容量的临时安全避难间(前室);水平方向的平时交通路线取代了传统的水平疏散路线。因此,安全核疏散模式符合人们日常习惯性规律,人群容易形成有序撤离,并给人们以充分的安全感。

2.安全核的类型

　　每层安全核,在竖直方向上构成了一个内部能上下连通的安全垂直体,依其与主体的交接关系,可将安全核大致分为下面几种形式,即独立核、侧核、两端核、贯穿核、中心核、分散核等(图 4.41)。

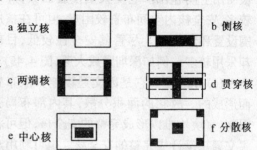

图 4.41　安全核的主要形式

　　(1)独立核(体外核)。安全核在建筑使用空间以外,并以较小的交接面与使用空间相连接,故独立核也可称为体外核。它布置灵活,使用空间也很完整,安全核受火烟污染最小,故最安全。例如美国芝加哥内地钢铁公司(图 4.42)。

　　(2)侧核。安全核位于建筑一侧,设置在完整的体形之中。与独立核相比,它与建筑使用空间接触面更大,受火、烟污染可能性也大,安全性低于独立核。典型实例如日本本田青山大楼。

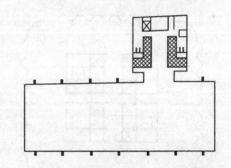

图 4.42　美国芝加哥内地钢铁公司

　　(3)两端核(两侧核)。它可视为由双侧核构成,故又称两侧核。两端核之间自然形成双向疏散。其布局类似于侧核,使用空间完整,标准层面积可扩大到两个防火分区以上,安全核也容易形成,特别适合矩形建筑。例如,日本大阪 O.M.日般饭店(图 4.43)。

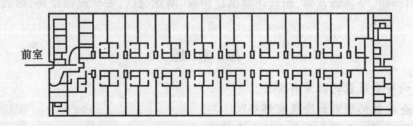

前室

图 4.43　日本大阪 O.M.日般饭店

　　(4)贯穿核。它贯穿整个建筑,将使用空间分隔为两部分。这种安全核容易布局,安全性很高。高层建筑一边起火后,人们可进入另一边使用空间避难或通过贯穿核疏散到地面。如果贯穿核中间的通道被火烟封阻,人们则可穿过核两端带防火门的阳台或凹廊疏散到另一边避难,贯穿核是分隔法很成功的典型例子。如日本东芝大楼(图4.44)。

(5)中心核。它位于建筑中央,整个核心被使用空间包围。它受火烟侵袭面大,开口较多,安全核内空间布置较困难,但可在核周围设置环形走道。尽管其安全性较低,目前却采用较多。例如深圳贤成大厦(图4.45)。

(6)分散核。它是因交通设施分散布置而形成的。故它的面积分散,其内部布局受限制,每块均难以形成完整的安全核,但可将主交通核设计成完整的安全核。也可利用走廊、前室等空间将分散核连通成一个整体,构成一个分散而贯连的安全核。如英国利奥得海上保险总部大楼(图4.46),采用外走廊将几个交通核连成一个凹形安全区,其安全性高。

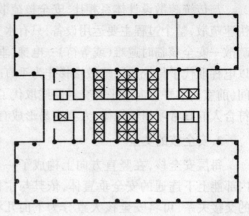

图4.44 日本东芝大楼

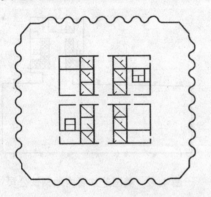

图4.45 深圳贤成大厦

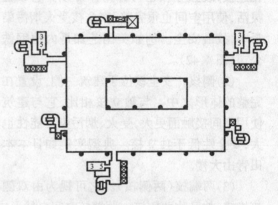

图4.46 英国利奥得海上保险总部大楼

安全核是围绕主要的交通电梯组群形成的,因此其数量一般取决于建筑标准层面积、形状、使用性质、交通特点等,而且还要满足防火、防烟分区,安全疏散距离,形成双向疏散等需要。

思 考 题

1. 影响安全疏散的因素有哪些?
2. 安全疏散的原则和阶段有哪些?
3. 疏散楼梯的种类和各自的特点有哪些?
4. 试说明防烟楼梯间的防烟原理?
5. 消防电梯的设置要求是什么?
6. 避难层设置的要求是什么?

第5章　总体布局与布置设计防火

布局是对某些事物的整体结构进行规划安排,在这里是指城市总体布局和建筑总平面布局防火规划安排;而布置是根据某一种需要做出安排,这里是指建筑的平面布局,即根据防火需要对建筑平面做出的安排。

5.1　城市总体布局防火

建筑既是构成城市的要素,又处于城市之中。建筑的消防安全也自然会受到城市环境的直接影响,反过来,建筑消防安全也会影响到城市的安全。当我们在讨论建筑设计防火时,也要对城市总体布局防火要求有所了解,这对把握建筑的选址、建筑安全等级以及建筑与周围环境的关系等都是十分必要的。

5.1.1　城市火灾危害

城市灾害很多,如洪灾、地质灾害、沙尘暴、酸雨、生产事故、火灾、瘟疫等,火灾只是其中的一种。城市中建筑火灾也属于城市灾害,有的建筑发生火灾还会波及和蔓延到相邻地区,形成较大的城市灾害。

1983年4月17日,哈尔滨市发生了一场特大火灾。这场大火下午三时从哈尔滨道里区河图街34号大院烧起,持续了11个小时,波及了5条街,烧毁各种建筑215栋,过火建筑面积33 800 m²,有758户居民和15个单位受灾,死9人,伤14人,直接经济损失按当时的估价为780万元。其中受灾最严重的是城建局的一个贮木场,存放在那里的9 000 m³木材全部化为灰烬。为了扑灭火灾,全市10个消防中队,34家企业消防队一齐出动,又从大庆、肇东、兰西、阿城等地调来消防支援。哈尔滨铁路局调动了五台机车和水罐车,市里的八台洒水车也投入了运水灭火。不幸中的万幸是距火场很近的哈尔滨车辆厂贮存了3 000多吨原油的油罐和正阳河木材厂的刨花板车间保住了。如果这些地方保不住,火势将蔓延到哈尔滨市煤气公司,波及到整个道里区,哈尔滨半个城市就可能被烧光,其后果真是不堪设想。

1993年唐山市林西百货大楼大火,烧死81人,烧伤54人,直接经济损失400多万元。同年南昌市万寿宫商城大火,烧毁房屋12 647 m²,直接经济损失约达600万元。同年深圳市清水河安宣危险品公司四号仓库内硫化钠等爆炸,死亡13人,烧伤873人,直接经济损失2.5亿元。同年北京市隆福大厦旧楼火灾,损失214.8万元;2002年6月16日北京海淀区一个非法营业的"网吧"发生大火,24人死亡,13人受伤,这是北京市伤亡最大的一次火灾。

随着我国城市经济的高速发展,城市火灾呈明显上升趋势,不仅给人民生命和财产带来损失,也会影响城市经济、社会的发展步伐。

5.1.2 城市火灾类型及成因

城市火灾按其初起可燃物类型可分为四种类型,即 A 类固体火灾、B 类液体火灾、C 类气体火灾和 D 类金属火灾。按火灾发生的场所属性分,又可分为工业火灾、商贸火灾、科教卫生火灾、居民住宅火灾、地下空间火灾等。

城市火灾多为人为火灾,成因多种多样。按事故致因理论的系统安全的基本思想分析,系统中存在的危险源是事故发生的根本原因。危险源的定义为可能导致人员伤害或财务损失事故的、潜在的不安全因素。危险源可分为两类,第一类危险源是指事故能量的意外释放作用于人体造成伤害。所以,在生产现场中,产生能量的能量源或拥有能量的能量载体均属于第一类危险源。火灾时,城市建筑中可燃物,压力容器爆炸中的压力容器,中毒窒息中的产生、储存、聚积有害物质的装置、容器场所等。第二类危险源是指导致约束、限制能量的措施(屏蔽)失控、失效或破坏的各种不安全因素。人的不安全行为和物的不安全状态是造成能量或危险物质意外释放的直接原因。从系统安全而言,这些原因、因素包括人、物、环境三方面的问题。在城市建筑火灾中,由于人的生产、生活用火不慎,丢弃未熄灭的烟火、电焊作业的火花是第二类危险源;由于物的故障,电线过负荷、短路、自动报警和自动灭火设施失效也是第二类危险源;由于系统运行环境的影响,火灾发生时遇到大风、酷热气候、消防安全设施的管理维修不及时或不当也是第二类危险源。

从危险源和事故的关系来看,一起事故的发生是两种危险源共同起作用的结果。第一类危险源是事故发生的前提,没有第一种危险源就谈不上能量或危险物质的意外释放,也就无所谓事故了;另一方面,如果没有第二类危险源破坏对第一类危险源的控制,也不会发生能量或危险物质的释放。第二类危险源的出现是第一类危险源导致事故的必要条件。

依据事故致因理论,遵循"预防为主,消防结合"的消防安全原则,在城市建筑火灾中消除控制危险源是防止火灾事故的主要技术措施。消除危险源可以从根本上防止事故的发生,限制能量或减少危险物质,采取隔离、个体防护、避难、救援等技术措施也可以减轻事故。

5.1.3 城市总体布局防火基本要求

城市总体布局防火要求是根据城市地理、气候、环境、功能、人口、经济、文化等诸多影响因素,依据城市防灾、减灾、城市安全学理论等提出的,是一门系统科学,它对建筑总平面布局有影响和制约作用。城市总体布局防火和建筑总平面布局防火是宏观和微观、整体和局部的关系,但也是相互影响、相互制约的关系。一般情况下,一个新建筑总体布局设计防火要受制于城市总体布局防火要求,而既有建筑的总体布局又可以影响到城市的总体防火安排。

为了保障城市的消防安全,与建筑相关的城市布局防火总体布局基本要求如下。

(1)将易燃易爆物品工厂、仓库等设在城市边缘的独立安全地区,并应与影剧院、会堂、体育馆、展览馆、大商场、游乐场等人员密集的公共建筑和场所保持规定的防火安全距离。

(2)散发可燃气体和可燃粉尘的工厂和大型液化石油储存基地,应布置在城市的下风向,并应与居住区、商业区或其他人员密集区保持规定的防火间距。

(3)城区内新建的各类建筑物,应为一、二级耐火等级。

(4)城市汽车加油站要远离人员集中的场所、重要的公共建筑以及有明火和火灾容易散发的地点。

(5)街区道路应考虑消防车的通行,其相邻道路中心线不宜超过 160 m。

(6)消防站是城市重要公共设施之一,是保护城市安全的重要组成部分,因此,要合理确定消防站的位置和分布。

5.2　总平面布局设计防火

仅从消防安全角度出发,建筑总平面布局设计防火要着重解决好三个问题,一是建筑布局,在建筑用地范围内,合理布置主体建筑与辅助建筑,特别是处理好那些有潜在消防危险性建筑与其他建筑的关系;二是合理确定建筑用地范围内建筑之间和这些建筑与周围相邻的建筑的间距;三是合理设置消防车道。

5.2.1　建筑布局

建筑布局的原则是有潜在危险的设备及房间不应或不宜布置在建筑内。建筑布局的合理性主要体现在以下几方面。

1.单、多层建筑

(1)总蒸发量不超过 6 t、单台蒸发量不超过 2 t 的锅炉,总额定容量不超过 1 260 kVA、单台额定容量不超过 630 kVA 的可燃油油浸电力变压器以及充有可燃油的高压电容器和多油开关等,不宜布置在主体建筑内,可贴邻民用建筑(除观众厅、教室等人员密集的房间和病房外)布置,但必须采用防火墙隔开。

(2)存放和使用化学易燃、易爆物品的商店、作坊和储藏间,严禁附设在民用建筑内。

2.高层建筑

(1)高层建筑不宜布置在火灾危险性为甲、乙类厂(库)房,甲、乙、丙类液体和可燃气体储罐以及可燃材料堆场附近。

(2)燃油或燃气锅炉、油浸电力变压器、充有可燃油的高压电容器和多油开关等,宜设在高层建筑外的专用房间内。

(3)高层医院等的液氧储罐总容量不超过 3.00 m³ 时,储罐间可一面贴邻所属高层建筑外墙建造,但应采用防火墙隔开,并应设置直通室外的出口。

(4)高层建筑采用瓶装液化石油气作为燃料时,应设集中瓶装液化石油气间,总储量不超过 1.00 m³ 时,可与裙房贴邻建造,总储量超过 1.00 m³ 而不超过 3.00 m³ 时,应独立建造,且与高层建筑和裙房的防火间距不应小于 10 m。

5.2.2 防火间距

建筑物发生火灾时,火灾除了在建筑物内部蔓延扩大外,有时还会通过一定的途径蔓延到相邻建筑,尤其是在大风时的火灾,对处在下风向的相邻建筑。为了防止火灾在建筑之间的蔓延,有效的措施是在相邻建筑物之间留出一定的防火距离,即防火间距,防火间距对消防灭火、人员疏散也很有必要。

仅从消防安全角度考虑,建筑防火间距无疑越大越好,但从节约土地,紧凑型城市的经济性出发,从建筑使用联系方便的适用功能出发,建筑间距又不宜过大。安全、经济、适用应该兼顾。

1.防火间距确定的理论依据

火灾在建筑物之间的蔓延,依传热理论不外乎由热辐射、热对流、飞火和火焰直接接触延烧这四种方式。从以上四种火灾蔓延方式来看,根据飞火来确定防火间距显然是不合理的,因为飞火这种方式是不确定的,而且随着风向、风速的大小及天气的变化都有很大的不确定性。而火焰的接触燃烧蔓延也需要在发生火灾时,有大风天气条件下才可以发生。至于热对流的作用,按热压原理一般向受灾建筑的上方蔓延,其影响范围仅限于建筑物周围较小的空间范围,对相邻建筑产生的影响不大,所以,也不能作为基本的确定因素。而热辐射则不然,当火灾在进入全盛期时,持续高温,能产生很大的热辐射,从外墙开口部位释放出大量的热量,很容易将火灾传播给在近距离范围内的相邻的建筑物。

1972年2月24日,巴西圣保罗市安德拉斯大楼发生火灾,下午4时发现起火,4时26分,消防队员到达时,火焰正席卷大楼正面,向屋顶延伸。火焰达40 m宽,100 m高,冲向街道至少15 m远。强烈的热辐射和外延火舌,使街道对面30 m远处的两幢公寓被卷入,受到严重损害。虽然这是一个比较特殊的例子,但足以说明热辐射是火灾向相邻蔓延的主要方式。

在防火间距理论计算时,是以热辐射作为主要计算依据的,同时也要考虑满足救灾时消防车最大工作回转半径以及节约省地等因素。

2.规范关于防火间距规定的要求

单、多层民用建筑的防火间距要求有以下几方面。

(1)民用建筑之间的防火间距应不小于表5.1所示的规定。

表5.1 民用建筑之间的防火间距 单位:m

耐火等级	耐 火 等 级		
	一、二级	三级	四级
一、二级	6	7	9
三级	7	8	10
四级	9	10	12

防火间距的计算应按相邻建筑物外墙的最近距离算起,如外墙有凸出的燃烧构件,则应从其凸出的部分的外缘算起。

(2)相邻两座建筑物,较高一座的外墙为防火墙时,其防火间距不限。

(3)相邻两座建筑物,较低的一座的耐火等级不低于二级、屋顶不设天窗、屋顶承重构件的耐火极限不低于 1 h 且相邻的较低的一面外墙为防火墙时,其防火间距可适当减小,但不小于 3.5 m。

(4)相邻两座建筑物,较低的一座的耐火等级不低于二级,较高一座建筑外墙的开口部位设有防火门窗或防火卷帘和水幕时,其防火间距可适当减小,但不应小于 3.5 m。

(5)两座建筑相邻两面的外墙为非燃烧体,如无外露的燃烧体屋檐,则当每面外墙上的门、窗、洞口面积之和不超过该外墙面积的 5%,且门、窗口不正对开设时,其防火间距可按表 5.1 减少 25%。

(6)民用建筑与所属单独建造的终端变电所、燃煤锅炉房(单台蒸发量不超过 4 t 且总蒸发量不超过 12 t)的防火间距可按表 5.1 执行。燃油、燃气锅炉房及蒸发量超过上述规定的燃煤锅炉房,其防火间距应按厂房的防火间距执行。

(7)数座一、二级耐火等级且不超过六层的住宅,如占地面积的总和不超过 2 500 m²时,可成组布置,但组内建筑之间的间距不宜小于 4 m。组与组或组与相邻建筑之间的防火间距仍不应小于表 5.1 的规定。

高层民用建筑之间的防火间距要求如下。

(1)高层民用建筑之间及高层民用建筑与其他建筑之间的防火间距应该符合表 5.2 的规定。其关系如图 5.1。

表 5.2　高层民用建筑之间及高层民用建筑与其他建筑之间的防火间距　　　　单位:m

建筑类别	高层民用建筑	裙房	其他民用建筑		
			耐　火　等　级		
			一、二级	三级	四级
高层民用建筑	13	9	9	11	14
裙　房	9	6	6	7	9

(2)两座高层建筑或高层建筑与不低于二级耐火等级的单、多层民用建筑相邻。

①当较高一面外墙为防火墙或比相邻较低一座建筑屋面高 15 m 及以下范围内的墙为不开设门、窗、洞口的防火墙时,其防火间距可不限。

②当较低一座的屋顶不设天窗,屋顶承重构件的耐火极限不低于 1.00 h,且相邻较低一面外墙为防火墙时,其防火间距可适当减小,但不宜小于 4.00 m。

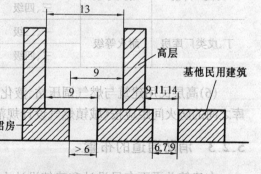

图 5.1　高层民用建筑之间及其他民用建筑之间的防火间距

③当相邻较高一面外墙耐火极限不低于

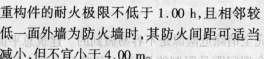

2.00 h,墙上开口部位设有甲级防火门、窗或防火卷帘时,其防火间距可适当减小,但不宜

小于 4.00 m。

（3）高层建筑与小型甲、乙、丙类液体储罐、可燃气体储罐和化学易燃物品库房的防火间距，不应小于表 5.3 的规定。

表 5.3　高层建筑与小型甲、乙、丙类液体储罐、可燃气体储罐和化学易燃物品库房的防火间距

名　　　称	储　　　量	防　火　间　距/m	
		高层民用建筑	裙　房
小型丙类液体储罐	< 30 m³	35	30
	30 ~ 60 m³	40	35
小型甲、乙类液体储罐	< 150 m³	35	30
	150 ~ 200 m³	40	35
可燃气体储罐	< 100 m³	30	25
	100 ~ 500 m³	35	30
化学易燃物品库房	< 1 t	30	25
	1 ~ 5 t	35	30

注：①储罐的防火间距应从距建筑物最近的储罐外壁算起；
　　②当甲、乙、丙类液体储罐直埋时，本表的防火间距可减少 50%。

（4）高层医院等的液氧储罐总容量不超过 3 m³ 时，储罐间可一面贴邻所属高层建筑外墙建造，但应采用防火墙隔开，并应设直通室外的出口。

（5）高层建筑与厂（库）房的防火间距，不应小于表 5.4 的规定。

表 5.4　高层建筑与厂（库）房的防火间距　　　　　　　单位：m

名　　　称			一　　类		二　　类	
			高层民用建筑	裙房	高层民用建筑	裙房
丙类厂库房	耐火等级	一、二级	20	15	15	13
		三、四级	25	20	20	15
丁、戊类厂库房	耐火等级	一、二级	15	10	13	10
		三、四级	18	12	15	10

（6）高层民用建筑与燃气调压站、液化石油气站、混气站和城市液化石油气供应站瓶库之间的防火间距应按《城镇燃气设计规范》GB 50028 中的有关规定执行。

5.2.3　消防通道的布置

在建筑总平面布局设计和建筑设计中完全消除危险源是不容易做到的。建筑总平面布局设计防火中采取合理的布局和建筑的合理间距是限制能量、减少危险的有效个体防护措施，除此之外，消防救援也是重要措施之一。消防扑救建筑火灾，包括建筑内扑救和建筑外扑救，有些甚至只能采取建筑外扑救。无论建筑内扑救还是建筑外扑救，都需要在

总平面布置设计中为扑救创造有利的条件,其中包括消防通道的合理布置。

由于多层建筑与高层建筑的多方面差异,我国现行规范中关于消防通道设置要求高层与多层建筑也有所不同,下面分别加以介绍。

1.单、多层民用建筑消防通道设置要求

(1)街区内的道路应考虑消防车的通行,其道路中心线间距不宜超过 160 m。当建筑物的沿街部分长度超过 150 m 或总长度超过 220 m 时,均应设置穿过建筑物的消防车道。

(2)消防车道穿过建筑物的门洞时,其净高和净宽不应小于 4 m;门垛之间的净宽不应小于 3.5 m。

(3)沿街建筑应设连通街道和内院的人行通道(可利用楼梯间),其间距不宜超过 80 m。

(4)易燃、可燃材料露天堆场区,液化石油气储罐区,甲、乙、丙类液体储罐区,应设消防车道或可供消防车通行的且宽度不小于 6 m 的平坦空地。

(5)超过 3 000 个座位的体育馆、超过 2 000 个座位的会堂和占地面积超过 3 000 m² 的展览馆等公共建筑,宜设环形消防车道。

(6)建筑物的封闭内院,如其短边长度超过 24 m 时,宜设有进入内院的消防车道。

(7)供消防车取水的天然水源和消防水池,应设置消防车道。

(8)消防车道的宽度不应小于 3.5 m,道路上空遇有管架、栈桥等障碍物时,其净高不应小于 4 m。

(9)环形消防车道至少应有两处与其他车道连通。尽头式消防车道应设回车道或面积不小于 12 m×12 m 的回车场。供大型消防车使用的回车场面积不应小于 15 m×15 m。

消防车道下的管道和暗沟应能承受大型消防车的压力。消防车道可利用交通道路。

(10)消防车道应尽量短捷,并宜避免与铁路平交。如必须平交,应设备用车道,两车道之间的间距不应小于一列火车的长度。

2.高层民用建筑消防通道设置要求

(1)高层民用建筑的周围,应设环形消防车道。当设环形消防车道有困难时,可沿高层民用建筑的两个长边设置消防车道。当高层建筑物沿街部分长度超过 150 m,总长超过 220 m 时,应在适中位置设置穿过高层建筑的消防车道。

高层建筑应设有连通街道和内院的人行通道,通道之间的距离不宜超过 80 m。

(2)高层建筑的内院或天井,当其短边长度超过 24 m 时,宜设有进入内院或天井的消防车道。

(3)供消防车取水的天然水源和消防水池,应设消防车道。

(4)消防车道的宽度不应小于 4.0 m。消防车道距高层建筑外墙宜大于 5.0 m,当消防车道上空遇有障碍物时,路面与障碍物之间的净空不应小于 4.00 m。

(5)尽头式消防车道应设有回车道或回车场,回车场不宜小于 15 m×15 m,大型消防车的回车场不宜小于 18 m×18 m。消防车道下的管道和暗沟等,应能承受消防车辆的压力。表 5.5 所示为几种常用消防车的重量、转弯半径的数据。

表 5.5　几种消防车的重量、转弯半径数据

消 防 车 类 型	车重量/t			最小转弯半径/m	附　注
	满载重量	前轴	后桥		
"火星"登高消防车	30.00	10.00	20.00		进口
CG18/30A 型水罐泵浦车	7.60	2.00	5.50		国产
CG25/30A 型水罐泵浦车	8.40	2.10	6.30		国产
CGG36/42 型水罐泵浦车	10.00	2.80	7.20		国产
CGG40/42 型水罐泵浦车	10.50	2.80	7.70		国产
CG60/50 型水罐泵浦车	15.00	4.10	10.90		国产
CG70/60 型水罐泵浦车	17.00	6.40	10.60		国产
CS3 型消防供水车	8.00	2.00	6.00		国产
CS4 型消防供水车	8.50	2.20	6.40		国产
CSS4 型消防洒水两用车	8.80	2.20	6.60		国产
CST7 型水罐拖车	14.00	2.20	6.10	9.20	国产
CS8 型消防供水车	16.00	5.70	10.30		国产
CP10A 型泡沫车	7.80	1.80	6.10		国产
CP10B 型泡沫车	8.00	2.00	6.00		国产
CPP30 型泡沫车	14.45	4.90	5.90		国产
CF1 型干粉车	2.10	0.92	1.20		国产
CF10 型干粉车	7.90	1.90	6.00		国产
CFP2/2 型干粉泡沫联用车	28.70	6.30	22.40	11.50	国产
CE240 型二氧化碳车	8.00	2.00	6.00		国产
CQ23 型曲臂登高车	14.90	5.10	9.90	12.00	国产
CT22 型直臂云梯车	8.00				国产
CT28 型直臂云梯车	8.60	2.80	5.50		国产
CZ15 型火场照明车	5.50			<7.60	国产
CX10 型消防通讯指挥车	3.23	1.32	1.91	6.50	国产

(6)穿过高层建筑的消防车道,其净宽和净空高度均不应小于 4.00 m。

(7)消防车道与高层建筑之间,不应设置妨碍登高消防车操作的树木、架空管线等。

5.3　建筑平面布置设计防火

5.3.1　平面布置设计防火的重点

建筑平面布置设计防火和总平面布局一样,关注的重点是危险的设备、危险的房间、特殊的场所和救援设施场所等在建筑平面、空间的位置。

危险的设备主要指燃油或燃气的锅炉、油浸电力变压器、充有可燃油的高压电容器、

多油开关等;危险的房间是指锅炉房、变压器室、储油间、高压电容器室、多油开关室、柴油发动机房等;特殊的场所是指商店、观众厅、会议厅、多功能厅、歌舞厅、卡拉 OK 厅、夜总会、录像厅、放映厅、游艺厅、网吧、厨房等;救援场所是指消防控制室、泵房、灭火装置设备间、储藏间等。

以上这些场所和空间,有些是属于第一类危险源,如锅炉、储油间等,有的是属于人员密集或设备多、故障易多发的场所和重要的救援场所。对这些场所采取相应的隔离、个体防护等措施,对保护设施安全、减少事故及灾害损失、消防扑救都是十分有效的。

5.3.2 单、多层建筑平面布置设计防火要求

(1)总蒸发量不超过 6 t、单台蒸发量不超过 2 t 的锅炉,总额定容量不超过 1 260 kVA、单台额定容量不超过 630 kVA 的可燃油油浸电力变压器以及充有可燃油的高压电容器和多油开关等,可贴邻民用建筑(除观众厅、教室等人员密集的房间和病房外)布置,但必须采用防火墙隔开。

上述房间不宜布置在主体建筑内,如受条件限制,必须布置时,应采取以下措施。

①不应布置在人员密集的场所的上面、下面或贴邻,并应采用无门、窗、洞口的,耐火极限不低于 3.00 h 的隔墙(包括变压器室之间的隔墙)和 1.50 h 的楼板与其他部位隔开;当必须设门时,应设甲级防火门。变压器室与配电室之间的隔墙,应设防火墙。

②锅炉房、变压器室应设置在首层靠外墙的部位,并应在外墙上开门。首层外墙开口部位的上方应设置宽度不小于 1.00 m 的防火挑檐或高度不小于 1.50 m 的窗间墙。

③变压器下面应有储存变压器全部油量的事故储油设施。多油开关、高压电容器室均应设有防止油品流散的设施。

(2)存放和使用化学易燃、易爆物品的商店、作坊和储藏间,严禁附设在民用建筑内。

(3)住宅建筑的底层如设有商业服务网点时,应采用耐火极限不低于 3 h 的隔墙和耐火极限不低于 1 h 的非燃烧体楼板与住宅分隔开。商业服务网点的安全出口必须与住宅部分隔开。

(4)在单元式住宅中,单元之间的墙应为耐火极限不低于 1.5 h 的非燃烧体,并应砌至屋面板底下。

(5)剧院等建筑的舞台与观众厅之间的隔墙,应采用耐火极限不低于 3.5 h 的非燃烧体。

舞台口上部与观众厅闷顶之间的隔墙,可采用耐火极限不低于 1.5 h 的非燃烧体,隔墙上的门应采用乙级防火门。

电影放映室(包括卷片室)应用耐火极限不低于 1 h 的非燃烧体与其他部分隔开。观察孔和放映孔应设阻火闸门。

(6)医院中的手术室,居住建筑中的托儿所、幼儿园,应用耐火极限不低于 1 h 的非燃烧体与其他部分隔开。

(7)一、二、三级耐火等级建筑的门厅、建筑内的厨房、剧院后台的辅助用房等的隔墙应采用耐火极限不低于 1.5 h 的非燃烧体。

(8)舞台下面的灯光操作室和可燃物储藏室,应用耐火极限不低于 1 h 的非燃烧体墙

与其他部位隔开。

(9)电梯井和电梯机房的墙壁等均应采用耐火极限不低于 1 h 的非燃烧体。高层工业建筑的室内电梯井和电梯机房的墙壁应采用耐火极限不低于 2.5 h 的非燃烧体。

(10)附设在建筑物内的消防控制室、固定灭火装置的设备室(如钢瓶间、泡沫液间)、通风空气调节机房,应采用耐火极限不低于 2.5 h 的隔墙和 1.5 h 的楼板与其他部位隔开。隔墙上的门应采用乙级防火门。

5.3.3 高层建筑平面布置设计防火要求

(1)燃油、燃气的锅炉,可燃油油浸电力变压器,充有可燃油的高压电容器和多油开关等宜设置在高层建筑外的专用房间内。

当上述条件受到限制需要与高层建筑贴邻布置时,应设置在耐火极限不低于二级的建筑内,并应采用防火墙与高层建筑隔开,且不应贴邻人员密集场所。

当上述条件受到限制需要与高层建筑中时,不应布置在人员密集场所的上一层、下一层或贴邻,并应符合下列规定。

①燃油或燃气锅炉房、变压器室应布置在建筑物的首层或地下一层靠外墙部位,但常(负)压、燃油、燃气锅炉可设置在地下二层;当常(负)压燃气锅炉房距安全出口距离大于 6 m 时,可设在屋顶上。

采用相对密度(与空气密度比值)不小于 0.75 的可燃气体作为燃料的锅炉,不得设置在建筑物的地下室或半地下室。

②锅炉房、变压器室的门均应直通室外或直通安全出口;外墙上的门、窗等开口部位的上方应设宽度不小于 1.0 m 的不燃烧体、防火挑檐或高度不小于 1.20 m 的窗槛墙。

③锅炉房、变压器室与其他部位之间应采用耐火极限不低于 2.00 h 的不燃烧体隔墙和 1.5 h 的楼板隔开。在隔墙和楼板上不开设洞口,当必须在隔墙上开门窗时,应设置耐火等级不低于 1.20 h 的防火门窗。

④当锅炉房内设置储油间时,其总储量不应大于 1.00 m³,且储油间应采用防火墙与锅炉间隔开;当必须在防火墙上开门时,应设置甲级防火门。

⑤变压器室之间,变压器室与配电室之间,应采用耐火极限不低于 2.00 h 的不燃烧体墙隔开。

⑥油浸电力变压器室、多油开关室、高压电容器室,应设置防止油品流散的设施。油浸电力变压器室下面应设置储有变压器全部容量的事故储油设备。

⑦锅炉的容量应符合现行国家标准《锅炉房设计规范》(GB 50041—92)的规定。油浸电力变压器的总容量不应大于 1 260 kVA,单台容量不大于 630 kVA。

⑧应设置火灾报警装置和除卤代烷以外的自动灭火系统。

⑨燃气、燃油锅炉应设置防爆、泄压设施和独立的通风系统。采用燃气做燃料时,通风换气能力不小于 6 次/h,事故通风换气次数不小于 12 次/h;采用燃油作燃料时,通风换气能力不小于 3 次/h;事故通风换气能力不小于 6 次/h。

(2)柴油发电机房布置在高层建筑和裙房内时,应符合下列规定。

①可布置在建筑物的首层或地下一、二层,不应布置在地下三层及以下。柴油的闪点

不小于55℃。

②应采用耐火极限不低于2.00 h的隔墙和1.50 h的楼板与其他部位隔开,门应采用甲级防火门。

③机房内应设置储油间,其总储量不应超过8.00 h的需求量,且储油间应采用防火墙与发电机间隔开;当必须在防火墙上开门时,应设置自动关闭的甲级防火门。

④应设置火灾自动报警系统和除卤代烷(1211、1301)以外的自动灭火系统。

(3)消防控制室宜设在高层建筑的首层或地下一层,且应采用耐火极限不低于2.00 h的隔墙和1.50 h的楼板与其他部位隔开。并应设直通室外的安全出口。

(4)高层建筑内的观众厅、会议厅、多功能厅等人员密集场所,应设在首层或二、三层;当必须设在其他层时,尚应符合下列规定。

①一个厅、室的建筑面积不宜超过400 m²。

②一个厅、室的安全出口不应少于两个。

③必须设置火灾自动报警系统和自动喷水灭火系统。

④幕布和窗帘应采用经阻燃处理的织物。

(5)高层建筑内的歌舞厅、卡拉OK厅(含具有卡拉OK功能的餐厅)、夜总会、录像厅、放映厅、桑拿浴室(除洗浴部分外)、游艺厅(含电子游艺厅)、网吧等歌舞、娱乐、放映、游艺场所(以下简称歌舞、娱乐、放映、游艺场所),应设在首层或二、三层;宜靠外墙设置,不应布置在袋形走道的两侧和尽端,其最大容纳人数按录像厅、放映厅为1人/m²其他场所为0.5人/m²计算,面积按厅室建筑面积计算;并应采用耐火极限不低于2 h的隔墙和1 h的楼板与其他场所隔开,当墙上必须设门时应设置不低于乙级的防火门。当必须设置在其他楼层时,尚应符合下列规定。

①不应设置在地下二层及二层以下,设置在地下一层时,地下一层地面与室外出入口地坪的高差不应大于10 m;

②一个厅、室的建筑面积不应超过200 m²;

③一个厅、室的出口不应少于两个,当一个厅、室的建筑面积小于50 m²,可设置一个出口;

④应设置火灾自动报警系统和自动喷水灭火系统;

⑤应设置防烟、排烟设施,并应符合《高层民用建筑设计防火规范》(GB50045—95)规范有关规定;

⑥疏散走道和其他主要疏散路线的地面或靠近地面的墙上,应设置发光疏散指示标志。

(6)地下商店应符合下列规定。

①营业厅不宜设在地下三层及三层以下;

②不应经营和储存火灾危险性为甲、乙类储存物品属性的商品;

③应设火灾自动报警系统和自动喷水灭火系统;

④当商店总建筑面积大于20 000 m²时,应采用防火墙进行分隔,且防火墙上不得开设门、窗、洞口;

⑤应设防烟、排烟设施,并应符合《高层民用建筑设计防火规范》(GB 50045—95)中有

关规定；

⑥疏散走道和其他主要疏散路线的地面或靠近地面的墙面上,应设置发光疏散指示标志。

(7)托儿所、幼儿园、游乐厅等儿童活动场所不应设置在高层建筑内,当必须设置在高层建筑内时,应设置在建筑物的首层或二、三层,并应设置单独出入口。

(8)高层建筑的底边至少有一个长边或周边长度的1/4且不小于一个长边长度,不应布置高度大于5 m,进深大于4 m的裙房,且在此范围内必须设有直通室外的楼梯或直通楼梯间的出口。

(9)设在高层建筑内的汽车停车库,其设计应符合现行国家标准《汽车库设计防火规范》的规定。

(10)高层建筑内使用可燃气体作为燃料时,应采用管道供气。使用可燃气体的房间或部位宜靠外墙设置。

高层建筑使用丙类液体作为燃料时,应符合下列规定。

①液体储罐总储量不应超过15 m³,当直埋于高层建筑或裙房附近,面向油罐一面4.00 m范围内的建筑物外墙为防火墙时,其防火间距可不限。

②中间罐的容积不应大于1.00 m³,并应设在耐火等级不低于二级的单独房间内,该房间的门应采用甲级防火门。

(11)当高层建筑采用瓶装液化石油气作燃料时,应设集中瓶装液化石油气间,并应符合下列规定。

①液化石油气总储量不超过1.00 m³的瓶装液化石油气间,可与裙房贴邻建造。

②总储量超过1.00 m³、而不超过3.00 m³的瓶装液化石油气间,应独立建造,且与高层建筑和裙房的防火间距不应小于10 m。

③在总进气管道、总出气管道上应设有紧急事故自动切断阀。

④应设有可燃气体浓度报警装置。

⑤电气设计应按现行的国家标准《爆炸和火灾危险环境电力装置设计规范》的有关规定执行。

⑥其他要求应按现行的国家标准《建筑设计防火规范》的有关规定执行。

(12)设在建筑物内的锅炉、柴油发电机,其燃料供应管道应符合现行规范的规定。

思 考 题

1.城市建筑火灾发生的原因是什么?

2.危险源的概念及分类是什么?

3.城市总体布局防火基本要求有哪些?

4.总体布局设计防火着重要解决哪三个问题?

5.建筑平面布置设计防火的重点是什么?

6.消防控制室的设置要求是什么?

第6章 建筑内部装修设计防火

6.1 概述

6.1.1 建筑内部装修设计的概念

建筑内部装修设计是指在民用建筑中包括顶棚、地面、墙面、隔断的装修以及固定家具、窗帘、帷幕、床罩、家具包布、固定饰物等的设计。

建筑内部装修设计也是建筑设计的一部分。按建筑施工的顺序和过程划分,建筑的施工又可分为两个阶段,即主体建筑工程施工和建筑装修工程施工。主体建筑工程施工阶段主要完成建筑支撑和主要围护分隔部分,如基础、柱、墙、梁和楼板、屋顶、楼梯等部分;装修工程施工阶段是指在主体工程基础上(表面装修工程),并安装门、窗、水、暖、电设备(以及其他装修设计中的内容)等。建筑的装修设计也是建筑设计的一部分,它可以由建筑师完成,但在建筑工程施工完成之前,常不能确定具体用户,或很难明确各房间的使用方式,很难提出详细的装修设计要求。所以室内装修设计经常是在建筑工程施工完成之后,再由专业的室内设计师完成。特别是一些标准要求较高、技术含量较高、使用功能特殊的建筑,装修设计是由专门的设计机构来完成,故把装修设计防火独立讨论是很有必要的。

建筑装修设计包括建筑内部装修设计和建筑外部装修设计两部分。一般建筑外部装修设计与建筑主体施工同步进行,往往包括在主体工程之中,且其装修材料运用多以无机不燃烧体材料为主,对建筑消防安全影响不是很大。而建筑内部装修则不然,建筑为了满足使用功能,为了美化环境,选用材料繁多,尤其是使用较多可燃物时,并配以诸多家具设备,增加了建筑的危险源。所以,在装修设计防火中,多集中在建筑内部装修上。

与建筑装修设计密切相关的还有建筑装饰设计。装饰是指在物体表面附着并使其美观,建筑装饰与建筑装修在有些方面不好区别,这样既可以叫装修,又可以叫装饰。在本书里也不详细加以区分,既可以使问题简化,也不影响设计防火问题的探讨。同样,建筑内部装修设计与室内设计也有联系。内部装修设计更偏重于物质功能的设计,室内设计主要偏重于室内整体精神文化环境的营造。

无论是叫建筑内部装修设计、建筑内部装饰设计还是叫室内设计,只要涉及顶棚、地面、墙面、隔断、家具、装饰织物等,都要很好地解决好设计防火的问题。

6.1.2 内部装修的火灾危险性

建筑内部采用可燃、易燃性材料装修的火灾危险性表现在以下四个方面。

1.可燃内装修增加了建筑火灾发生的几率

建筑的可燃内装修,如可燃的吊顶、墙裙、墙纸、床被、窗帘、隔断、踢脚板、地板、地毯、家具等,可燃物品随处可见,增加了火灾发生的几率。而且,随着内装修可燃材料的增加,火灾的持续时间和燃烧的猛烈程度也相应增大,对建筑物的破坏就会更加严重,消防人员抢险救火的难度就更大。

2.可燃内装修加速了火灾到达轰燃

由于内装修的可燃物大量增加,室内一经火源点燃,就将会加热周围内装修的可燃材料,并使之分解出大量的可燃气体,同时提高室内温度,当室内温度达到600℃左右时,即会出现建筑火灾的特有现象——轰燃。大量的试验研究和实际火灾统计研究表明,火灾达到轰燃与室内可燃装修成正比增长。图6.1是不同厚度、不同材质的内部装修与轰燃时间的关系图。

根据日本建筑科研所的研究,认为轰燃(F·o)出现的时间与装修材料关系较大,如表6.1所示。出现轰燃的时间短,就意味着人员的允许疏散时间短,初期火灾的时间短,有效扑救火灾的可能性就小,所以,应尽可能采用不燃或难燃的装修材料,以减少火灾发生的几率和控制火灾。

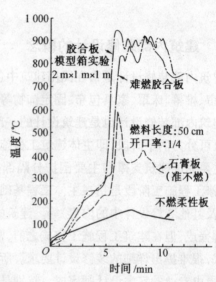

图6.1　内部装修材料与轰燃时间

表6.1　内部装修材料与轰燃出现的时间

内部装修材料	轰燃出现的时间/min
可燃材料内装修	3
难燃材料内装修	4~5
不燃材料内装修	6~8

3.可燃的内装修会助长火灾的蔓延

高层建筑一旦发生火灾,可燃的内装修就成了火势蔓延的重要因素,火势可以沿顶棚和墙面及地面的可燃装修从房间蔓延到走廊,再从走廊蔓延到各类竖井,如敞开的楼梯间、电梯井、管道井等,并向上层蔓延。火势也可能从外墙洞口向上蔓延,引燃上一层的窗、窗帘、窗纱等,使火灾扩大。

表6.2是一部分内装修材料的火焰传播速度指数。

表6.2　建筑装修材料的火焰传播速度指数

名　　称	建筑装修材料	火焰传播速度指数
吊　顶	玻璃纤维吸声覆盖层	15～30
	矿物纤维吸声镶板	10～25
	木屑纤维板(经处理)	20～25
	喷制的纤维素纤维板(经处理)	20
墙　　面	铝(一面有珐琅质面层)	5～10
	石棉水泥板	0
	软木	175
	灰胶纸柏板(两面有纸表面)	10～25
	北方松木(经处理)	20
	南方松木(未处理)	130～190
	胶合板镶板(未处理)	75～275
	胶合板镶扳(经处理)	10～25
	红栎木(未处理)	100
	红栎木(经处理)	35～50
地　　面	地毯	10～600
	油地毡	190～300
	乙烯基石棉瓦	10～50

4.可燃的内装修材料燃烧产生大量有毒烟气

内装修材料大都是木材、化纤、棉、毛、塑料等可燃材料,如不加以处理,燃烧后就会产生大量的有毒烟气,对建筑内人员的生命造成危害。表6.3是部分内装修材料的有害产物及其体积分数。

表6.3　部分建筑内装修材料的主要有害产物和体积分数

材　　料	有　害　产　物	体积分数/×10⁻⁶
木材和墙纸	CO	4 000
聚苯乙烯	CO、少量苯乙烯	—
聚氯乙烯	CO、盐酸,有腐蚀性	1 000～2 000
有机玻璃	CO、甲基苯烯酸甲酯	—
羊毛、尼龙、丙烯酸、纤维	CO、HCN	120～150
棉花、人造纤维	CO、CO_2	120～150

国内外大量的火灾统计资料表明,在火灾中丧生的有 50% 左右是被烟气熏死的,近年来,由于内装修中使用了大量的新型材料,如 PRC 墙纸、聚氨酯、聚苯乙烯泡沫塑料及大量的合成纤维,被烟气致死的比例有所增加。

建筑内部采用可燃、易燃材料装修引发的火灾和造成的危害的例子是很多的。

例如,美国 50 层的纽约宾馆,使用了大量的塑料,大楼外墙用泡沫塑料作隔热层,内壁为聚乙烯板装饰,其内的隔间层也用聚乙烯、聚苯乙烯泡沫塑料制作,室内的家具、靠背椅和沙发都填充了大量的天然泡沫乳胶和软质的聚氨酯泡沫等。这座大楼 1970 年 8 月发生火灾,在 34 层吊顶内电线起火,火种首先在吊顶内、隔墙内蔓延,然后波及家具和外墙的隔热层,各种塑料燃烧以后产生大量的烟雾,使燃烧区内温度达到 1 200℃ 左右。大火经过五个多小时才被扑灭,两人在电梯内因烟气中毒死亡,其他损失也很惨重。

1994 年 12 月 8 日下午,新疆克拉玛依市友谊馆发生火灾。因舞台上方七号柱灯烤燃附近纱幕,引燃大幕起火,火势迅速蔓延。约 1 min 后电线短路,灯光熄灭,剧场内各种易燃装修材料燃烧后产生了大量的有毒有害气体,致使在场人员被烧或被窒息,共死亡 325 人,其中,中、小学生 288 人,干部、教师及工作人员 37 人,受伤者 130 人。

1994 年 11 月 27 日,辽宁阜新市"艺苑"歌舞厅发生特大火灾,造成 233 人死亡,这起火灾是有人用报纸燃火点烟,而后将未熄灭的报纸扔进沙发的破损洞内,引燃沙发导致舞厅起火。当时舞厅严重超员,并使用大量的易燃装修材料,加之舞厅起火后,经营者没有及时打开安全门进行疏导,致使人员伤亡加重。

2000 年 3 月 29 日,河南焦作天堂音像俱乐部,装修材料燃烧起火导致火灾,造成死亡 74 人。

2000 年 12 月 25 日,河南洛阳市东都商厦(歌舞厅)电焊火花引起装修材料起火,导致火灾,造成死亡 309 人的惨剧。

6.1.3 内部装修设计防火原则

1.重视室内装修环节的设计防火

无数火灾实例证明,火灾的发生、蔓延以及造成人员伤亡和财产损失都是由于建筑使用易燃、可燃材料装修造成的。也说明在室内装修环节的设计防火失误、失败造成的,建筑的耐火设计、分区设计、疏散设计及防烟排烟、自动报警、自动灭火系统设计,不能代替装修设计防火。装修设计防火方案影响着房间甚至整个建筑的消防安全。所以,凡是涉及建筑室内装修设计内容的,室内设计、室内装饰设计、装潢设计、内环境艺术设计、室内景观设计等都要重视设计防火问题。

2.保证建筑设计防火方案的完整性和延展性

建筑设计环节形成的设计防火方案有如下特点。

(1)它是以完整的建筑为对象进行的设计防火,像确立建筑物的耐火等级、防火分区、安全疏散等。

(2)这个建筑的完整性的防火方案,在主体建筑施工中,即构成"室"的过程,有的已经形成,有的虽然没有形成,但有了靠室内设计和施工来体现和实现的要求,像吊顶、地面、隔墙等。

(3)建筑设计并未包揽代替室内设计,它提供给室内设计师的是再创作的"室",如墙体中预留的门、窗、洞口,卫生间只做干管、干线而不配洁具设备。楼板中只埋线、走管,但不配灯具等。

建筑设计防火方案的这些特点,说明室内设计师在建筑内部装修设计中既是有限的又是无限的。在建筑防火中,室内设计师在室内设计工作环节,首先,要保证建筑设计防火方案的连续性,在没有好的替代方案的前提下,不能破坏建筑设计防火方案的完整性;其次,在室内设计环节,完成和完善建筑设计防火不能或无法完成的设计防火内容;再次,在室内设计的二次创作中,解决好室内设计与安全防火的矛盾,使室内设计防火与建筑设计防火一脉相承,并能得到延伸和扩展,要做到这一点,室内设计师就要熟悉建筑设计防火的各项法规,且在室内设计工作开始前对建筑设计防火方案有完整准确的理解,以便在设计中很好地把握。

3.严格执行国家现行的有关防火的规范

我国现行的《建筑内部装修设计防火规范》(GB 50222—95)是 1995 年 10 月 1 日开始实行的。其中包括总则、装修材料的分类和分级、民用建筑、工业厂房四个部分。其中在民用建筑一节中又分为一般规定、单多层民用建筑、高层民用建筑、地下民用建筑。基本可以满足室内装修设计防火的需要。

4.不用、少用可燃、易燃材料

按建筑火灾致因理论,消灭、减少、控制危险源是防止或减少火灾的根本技术措施。建筑室内装修设计中不用、少用易燃、可燃材料,或是通过内部装修设计使用不燃材料使原来建筑设计中危险源的隔离和个体保护标准有所加强,提高救援灭火设施的效率,都是积极的消防安全对策。

6.2　建筑内部装修材料的分类与分级

6.2.1　装修材料的分类

建筑物的用途和位置不同,对装修材料的燃烧性能的要求也不同。按装修材料在建筑内部装修中的使用部位和功能不同,将其划分为七类,即顶棚装修材料、墙面装修材料、地面装修材料、隔断装修材料、固定家具、装饰织物(指窗帘、帷幕、床罩、家具包布等)及其他装修材料(指楼梯扶手、挂镜线、踢脚板、窗帘盒、暖气罩等)。

一般到顶的固定隔断的装修与墙面的规定相同,柱面的装修应与墙面的规定相同。

6.2.2　装修材料的分级

为了有利于《建筑内部装修设计防火规范》(GB 50222—95)的实施和材料的检测,按照现行国家标准《建筑材料燃烧性能分级方法》(GB 8624—88)的要求,根据装修材料的不同燃烧性能,将内部装修材料分为四级,如表 6.4 所示。

表 6.4 建筑材料燃烧性能等级

等　级	A	B_1	B_2	B_3
装修材料燃烧性能	不燃性	难燃性	可燃性	易燃性

6.2.3　装修材料燃烧性能实验方法

装修材料的燃烧性能等级应按以下规定由专业检测机构检测进行确定,其中 B_3 级装修材料可不进行检测。

(1)A 级装修材料的实验方法,应符合现行国家标准《建筑材料不燃性实验方法》(GB 5464—85)的规定。即不论材料属于哪一类,只要符合不燃性试验方法规定的条件,均定为 A 级材料。

(2)B_1 级顶棚、墙面、隔断装修材料的试验方法,应符合现行国家标准《建筑材料难燃性实验方法》(GB 8625—88)的规定;B2 级顶棚、墙面、隔断装修材料的实验方法,应符合现行国家标准《建筑材料可燃性实验方法》(GB 8626—88)的规定。

(3)B_1 级和 B_2 级地面装修材料的试验方法,应符合现行国家标准《铺地材料临界辐射通量的测定－辐射热源法》的规定。经辐射热源法实验,当最小辐射通量大于或等于 0.45 W/cm^2 时,定为 B_1 级;当最小辐射通量大于或等于 0.22 W/cm^2 时,定为 B_2 级。

(4)装饰织物的实验方法,应符合现行国家标准《纺织织物阻燃性能测试——垂直法》的规定。装饰织物,经垂直法试验,并符合表 6.5 的条件,应分别定为 B_1 级和 B_2 级。

(5)塑料装修材料的试验方法,应符合国家现行标准《塑料燃烧性能试验方法——氧指数法》、《塑料燃烧性能试验方法——垂直燃烧法》和《塑料燃烧性能试验方法——水平燃烧法》的规定。塑料装修材料经氧指数法、垂直和水平法实验并符合表 6.6 的条件,应分别定为 B_1 级和 B_2 级。

(6)固定家具及其他装饰材料的燃烧性能等级应按材质分别进行测试。

表 6.5 装饰织物燃烧性能判定

级　别	损毁长度/mm	持续时间/s	阻燃时间/s
B_1	≤150	≤5	≤5
B_2	≤200	≤15	≤10

表 6.6 塑料燃烧性能判定

级　别	氧指数法	水平燃烧法	垂直燃烧法
B_1	≥32	1 级	0 级
B_2	≥27	1 级	1 级

6.2.4　装修材料等级划分举例

(1)安装在钢龙骨上的纸面石膏板,可作为 A 级装修材料使用。

(2)当胶合板表面涂覆一级饰面型防火涂料时,可作 B_1 级装修材料使用。值得注意的是,饰面型防火涂料的等级应符合现行国家标准《防火涂料防火性能试验方法及分级标准》的有关规定。

(3)单位重量小于 300 g/m^2 的纸质、布质壁纸,当直接粘贴在 A 级基材上时,可作为 B_1 级材料使用。

(4)施涂于 A 级基材上的无机装饰涂料,可作为 A 级装修材料使用;施涂于 A 级基材上、湿涂覆比小于 1.5 kg/m^2 的有机装饰涂料,可作为 B_1 级装修材料使用。涂料施涂于 B_1 级和 B_2 级基材上时,应将涂料连同基材一起按有关的规定确定其燃烧性能等级。

(5)当采用不同装修进行分层装修时,各层装修材料的燃烧性能等级均应符合《建筑内部装修设计防火规范》(GB 50222—95)的规定。复合型装修材料应由专业检测机构进行整体检测并确定其燃烧性能等级。

(6)常用建筑内部装修材料燃烧性能等级划分如表6.7所示。

表6.7列出了部分国产建筑装饰材料及其性能,供设计时选用。

表6.7 常用建筑内部装修材料燃烧性能等级划分举例

材料类别	级别	材 料 举 例
各部位材料	A	花岗岩、大理石、水磨石、水泥制品、混凝土制品、石膏板、石灰制品、玻璃、瓷砖、陶瓷锦砖、钢铁、铝、铜合金等
顶棚材料	B_1	纸面石膏板、纤维石膏板、水泥刨花板、矿棉装饰吸声板、玻璃棉装饰吸声板、珍珠岩装饰吸声板、难燃胶合板、难燃中密度纤维板、岩棉装饰板、难燃木材、铝箔复合材料、难燃酚醛胶合板、铝箔玻璃钢复合材料等
墙面材料	B_1	纸面石膏板、纤维石膏板、水泥刨花板、矿棉板、玻璃棉板、珍珠岩板、难燃胶合板、难燃中密度纤维板、防火塑料装饰板、难燃双面刨花板、多彩涂料难燃墙纸、难燃墙布、难燃仿花岗岩装饰板、氯氧镁水泥装配式墙板、难燃玻璃钢平板、PVC塑料护墙板、轻质高强复合墙板、阻燃模压木质复合墙板、彩色阻燃人造板、难燃玻璃钢等
	B_2	各类天然木材、木制人造板、竹材、纸制装饰板、装饰轻薄木贴面板、印刷木纹人造板、塑料贴面装饰、聚酯装饰板、复塑装饰板、塑纤板、胶合板、塑料壁纸、无纺贴墙布、墙布、复合壁纸、天然材料壁纸、人造革等
地面材料	B_1	硬PVC塑料地板、水泥刨花板、水泥木丝板、氯丁橡胶地板等
	B_2	半硬质PVC塑料地板、PVC卷材地板、木地板、氯纶地毯等
装饰织物	B_1	经阻燃处理的各类难燃织物
	B_2	纯毛装饰布、纯麻装饰布、经阻燃处理的其他织物
其他装饰材料	B_1	聚氯乙烯塑料、酚醛塑料、聚碳酸酯塑料、聚四氟乙烯塑料、三聚氰胺、脲醛塑料、硅树脂塑料装饰型材、经阻燃处理的各类织物等
	B_2	经阻燃处理的聚乙烯、聚丙烯、聚氨酯、聚苯乙烯、玻璃钢、化纤织物、木制品等

6.3 民用建筑内部装修设计防火一般规定

在建筑内部装修设计防火工作中,把一些具有公共性的问题及建筑的特殊房间和特殊部位进行明确的统一规定,对多层民用建筑和高层民用建筑内部装修设计防火工作会带来方便。我国现行规范《建筑内部装修设计防火规范》(GB 50222—95)作了如下规定。

6.3.1 对特殊房间的要求

(1)无窗房间。除地下建筑外,无窗房间的内部装修材料的燃烧性能等级,除 A 级外,应在有关规定的基础上提到一级。

(2)存放文物的房间。图书室、资料室、档案室和存放文物的房间,其顶棚、墙面应采用 A 级装修材料,地面应采用不低于 B_1 级的装修材料。

(3)计算机房。大、中型电子计算机房、中央控制室、电话总机房等放置特殊贵重设备的房间,其顶棚和墙面应采用 A 级装修材料,地面及其他装修应使用不低于 B_1 级的装修材料。

(4)消防泵房等。消防水泵房、排烟机房等其内部所有装修均应采用 A 级装饰材料。

(5)楼梯间。无自然采光的楼梯间、封闭楼梯间、防烟楼梯间的顶棚、墙面和地面均应采用 A 级装修材料。

(6)中厅等。建筑物内设有上下层相连通的中庭、走马廊、开敞楼梯、自动扶梯时,其连通部位的顶棚、墙面应采用 A 级装修材料,其他部位应使用不低于 B_1 级的装修材料。

(7)厨房。建筑物内的厨房,其顶棚、墙面、地面应采用 A 级装修材料。

(8)餐厅。经常使用明火器具的餐厅等,装修材料的燃烧性能等级,除 A 级外,应在有关规定的基础上提高一级。

(9)门厅等。建筑物各层的水平疏散走道和安全出口门厅,其顶棚装饰材料应采用 A 级装修材料,其他部位采用不低于 B_1 级的装修材料。

6.3.2 对特殊部位的要求

(1)顶棚和墙面。顶棚和墙面上局部采用一些多孔或泡沫塑料时,其厚度不应大于 15 mm,面积不得超过该房间顶棚和墙面积的 10%。

(2)挡烟垂壁。挡烟垂壁应采用 A 级装修材料制作。

(3)变形缝。变形缝其两侧的基层应采用 A 级材料,表面装饰应采用不低于 B_1 级的装修材料。

(4)配电箱。建筑内部的配电箱不应直接安装在低于 B_1 级的装修材料上。

(5)照明灯具。照明灯具的高温部位,当靠近非 A 级装修材料时,应采取隔热、散热等防火措施。灯饰所用材料的燃烧性能等级不应低于 B_1 级。

(6)B_3 级材料。公共建筑内不宜设置采用 B_3 级饰物材料制成的壁挂、雕塑、模型、标本,当需要设置时,不应靠近火源或热源。

(7)消火栓。建筑内部消火栓箱的门不应被装饰物遮掩,消火栓四周材料颜色应与消火栓门箱的颜色有明显区别。

(8)疏散标志。内部装修不应遮挡消防设施和疏散指示标志及出口,并且不妨碍消防设施和疏散走道的正常使用。

6.4 单、多层民用建筑内部装修设计防火

6.4.1 《建筑内部装修设计防火规范》的规定

(1)单、多层民用建筑内部各部位装修材料的燃烧性能等级,要求不应低于表 6.8 的规定。

表 6.8 单、多层民用建筑内部各部位装修材料的燃烧性能等级

建筑物及场所	建筑规模、性质	装修材料燃烧性能等级							
		顶棚	墙面	地面	隔断	固定家具	装饰织物		其他装饰材料
							窗帘	帷幕、床罩、家具包布	
候机楼的候机大厅、商店、餐厅、贵宾候机室、售票厅	建筑面积 > 10 000 m² 的候机楼	A	A	B₁	B₁	B₁	B₁		B₁
	建筑面积 ≤ 10 000 m² 的候机楼	A	B₁	B₁	B₁	B₂	B₂		B₂
汽车站、火车站、轮船客运站的候车室、餐厅、商场等	建筑面积 > 10 000 m² 的车站、码头	A	A	B₁	B₁	B₂	B₂		B₁
	建筑面积 ≤ 10 000 m² 的车站、码头	B₁	B₁	B₁	B₂	B₂	B₂		B₂
影剧院、会堂、礼堂、剧院、音乐厅	> 800 座	A	A	B₁	B₁	B₁	B₁		B₁
	≤ 800 座	A	B₁	B₁	B₁	B₂	B₁		B₂
体育馆	> 3 000 座	A	A	B₁	B₁	B₁	B₁		B₂
	≤ 3 000 座	A	B₁	B₁	B₁	B₂	B₁		B₂
商场营业厅	每层建筑面积 > 3 000 m² 或总建筑面积 > 9 000 m² 的营业厅	A	B₁	A	A	B₁	B₁		B₂
	每层建筑面积 1 000 ~ 3 000 m² 或总建筑面积 3 000 ~ 9 000 m² 的营业厅	A	B₁	B₁	B₁	B₂	B₁		
	每层建筑面积 < 1 000 m² 或总建筑面积 < 3 000 m² 的营业厅	B₁	B₁	B₁	B₂	B₂	B₂		
饭店、旅馆的客房及公共活动用房	设有中央空调系统的饭店、旅馆	A	B₁	B₁	B₁	B₂	B₂		B₂
	其他饭店旅馆	B₁	B₁	B₂	B₂	B₂		B₂	

续表 6.8

建筑物及场所	建筑规模、性质	顶棚	墙面	地面	隔断	固定家具	装饰织物 窗帘	装饰织物 帷幕家具、床罩、包布	其他装饰材料
歌舞厅、餐馆、等娱乐、餐饮建筑	营业面积 > 100 m²	A	B₁	B₁	B₁	B₂	B₁		B₂
	营业面积 ≤ 100 m²	B₁	B₁	B₁	B₂	B₂	B₂		B₂
幼儿园、托儿所、医院病房、疗养院等		A	B₁	B₁	B₁	B₂	B₁		B₂
纪念馆、展览馆、博物馆、图书馆、资料馆、档案馆等	国家级、省级	A	B₁	B₁	B₁	B₂	B₁		B₂
	省级以下	B₁	B₁	B₂	B₂	B₂	B₂		B₂
办公楼、综合楼	设有中央空调系统的办公楼、综合楼	A	B₁	B₁	B₁	B₂			B₂
	其他办公楼、综合楼	B₁	B₁	B₂	B₂	B₂			
住宅	高级住宅	B₁	B₁	B₁	B₁	B₂			B₂
	普通住宅	B₁	B₂	B₂	B₂	B₂			

(2)单层、多层民用建筑内面积小于 100 m² 的房间,当采用防火墙和甲级防火门窗与其他部位分隔时,其装修材料的燃烧性能等级可在表 6.8 的基础上降低一级。

(3)当单层、多层民用建筑需做内部装修的空间内装有自动灭火系统时,除顶棚外,其内部装修材料的燃烧性能等级可在表 6.8 规定的基础上降低一级;当同时装有火灾自动报警装置和自动灭火系统时,其顶棚装修材料的燃烧性能等级可在表 6.8 规定的基础上降低一级,其他装修材料的燃烧性能等级可不限制。

除以上三条规定外,特殊的房间、特殊的部位要按上文 6.3 节的民用建筑内部装修设计防火一般规定执行。

6.4.2 有关条文说明

(1)表中给出的装修材料燃烧性能等级是允许使用材料的基准级别,表中空格位置表示允许使用 B₃ 级材料。

(2)表中将机场候机楼划分为两个防火等级,其中 10 000 m² 以上的候机楼为第一级,10 000 m² 以下的候机楼为第二级。鉴于候机楼中包含的空间很多,而尤以候机大厅、商店、餐厅、贵宾候机室等部位重要,且人员较为密集,所以装修要求特指这些部位。

(3)与候机楼相比,火车站、汽车站和轮船码头等无论在数量上还是在装修层次上,都有很大的差异。对这部分建筑的处理,总体上应宜粗不宜细,为此,也参照候机楼的建筑面积划分法分成两类。要求的部位主要限定在候车(船)室、餐厅、商场等公共空间。

(4)电影院、会堂、礼堂、剧院、音乐厅均属公共娱乐场所,且在一定的时间内人员高度密集。从使用功能上看,这几种建筑的装修要求是有区别的,其中应以剧院和音乐厅的要求为特殊,因此,将它们单列出来似乎更合理。但是,考虑到影院发展趋势对音响、舒适的要求提高,以及礼堂类建筑的减少和异化,所以将它们与剧院、音乐厅合为一类也是一种简化处理的办法。另外,随着人们观赏水平的提高和多样化,几千人同看一个节目的可能性降低了,为此,这类建筑的座位不宜设置太多。鉴于此,在表中将影院等建筑的防火级别用 800 个座位来划分。考虑到这类建筑物在火灾发生时逃生困难,以及它们的窗帘和幕布具有较大的火灾危险性,所以,要求均采用 B$_1$ 级材料制成的窗帘和幕布,这个要求相对而言是较高的。

(5)国内各大中城市早些时候兴建的体育馆,容量规模多在 3 000 人以上,所以,在《建筑设计防火规范(2001 年版)》(GBJ 16—87)中将体育馆观众厅容量规模的最低限规定为3 000人。而建筑内部装修设计防火规范中将体育馆类建筑用 3 000 个座位数分为两类,就是考虑一方面适应《建筑设计防火规范》的有关要求,另一方面适应目前客观存在的、且今后有可能出现的一些小型的体育馆建筑。

(6)表中对商场营业厅划分了三个档次,具体的划分面积指标参照了《建筑防火设计规范》中的有关规定。商场的数量在各类公共建筑中高居榜首,其规模千差万别。但它们共有的特性是可燃货物多,人员高度聚集,成分复杂。商场火灾的后果十分严重,而关键的部位又是营业厅,所以,针对不同的营业厅面积提出了相应的要求。

(7)有关规范对设有中央空调系统的饭店、旅馆建筑提出了专门的防火设计,其目的是为了防止火灾在这类建筑中的蔓延。鉴于事实上已存在的这种不同的处理方式,在表6.8 中依有无中央空调系统将旅馆类建筑划为两个防火要求层次。虽然旅馆建筑中包括许多不同功能的空间,但表中的要求是特指客房和公共活动场所这两个部分。

(8)表 6.8 中所说的歌舞厅、餐厅等娱乐、餐饮类建筑是专指那些独立建造、专门用于该类用途的建筑物。这些年,这类新建、改建建筑发展很快,并且普遍进行了高档豪华的装修,一些很严重的火灾也发生在这些地方。鉴于这些建筑一般不具备自动灭火系统,加之位于闹市区,内部人员密度大,有明火和高强度的照明设备,所以,应是内装修防火控制的重点。从表中数值要求看,还是属于偏高的。

(9)在表 6.8 中将幼儿园、托儿所、医院病房楼、疗养院、养老院等类建筑归为一大类,是基于两种考虑,一是这些建筑基本上均为社会福利型建筑,因而做豪华高档装修的可能性不大;二是居住在这些建筑中的人不同程度地存在着思维和行动上的障碍。如儿童智力未完善、缺乏独立判断和自我保护的能力。而医院等建筑中的病人和老人,或暂时或永久地丧失了智能和体能,一旦出现火灾,同样不具备正常人的应变能力。为此,对这类建筑物提高装修材料的燃烧性能等级是必要的和合理的。需要指出的是,对它们着重提高了窗帘的防火要求,这是为了防止用火不慎而导致窗帘的迅速燃烧。

(10)纪念馆、展览馆等建筑物重要与否,常常是由其内含物品的价值决定的。一般地说,收藏级别越高的或展览规模越大的,其重要程度越高。为此表 6.8 中对国家级和省级的建筑物装修材料燃烧性能等级要求较高,而对其他的则要求低一些。

(11)表 6.8 中对办公楼和综合楼的要求参考了旅馆、饭店的划分方法,其思路是一致的。

(12)表6.8中将住宅划分为高级住宅和普通住宅两种,高级住宅一般是指别墅、公寓类的特殊住宅;而普通住宅是指一般居民使用的常规设计的住宅。

(13)表6.8中是对单层和多层民用建筑的基本要求,但在设计的时候也会遇到一些特殊情况,需要采用局部放宽。因此,对于单层、多层民用建筑内面积小于 100 m^2 的房间,当采用防火墙和耐火极限不低于 1.2 h 的防火门窗与其他部分分隔时,其装修材料的燃烧性能等级可以在表6.8的基础上降低一级。

(14)如果建筑物大部分房间的装修材料选用均可以满足相关规范的要求,而在某一局部或某一房间要求特殊装修设计而导致不能满足相关规范的规定时,且该部位又无法设置自动报警和自动灭火系统时,可在一定的条件下,对这些局部空间适当地放松要求,即房间的面积不超过 100 m^2,并且该房间与其他空间之间应用防火墙和甲级防火门、窗进行分隔,以保证在该部位即使发生火灾也不至于波及到其他部位。

(15)当单层、多层民用建筑内装有自动灭火系统时,除顶棚外,其内部装修材料的燃烧性能等级可在表6.8规定的基础上降低一级;当同时装有火灾自动报警装置和自动灭火系统时,其顶棚装修材料的燃烧性能等级可在表6.8规定的基础上降低一级,其他装修材料的燃烧性能等级可不限制。

6.5　高层民用建筑内部装修设计防火

6.5.1　《建筑内部装修设计防火规范》的规定

(1)高层民用建筑内部各部位装修材料的燃烧性能等级,不应低于表6.9中的规定。

(2)除 100 m 以上的高层民用建筑及大于 800 座位的观众厅、会议厅,顶层餐厅外,当设有火灾自动报警装置和自动灭火系统时,除顶棚外,其内部装修材料的燃烧性能等级可在表6.9规定的基础上降低一级。

表 6.9　高层民用建筑内部各部位装修材料的燃烧性能等级

建筑物及场所	建筑规模、性质	装修材料燃烧性能等级								
		顶棚	墙面	地面	隔断	固定家具	装饰织物			其他装饰材料
							窗帘	帷幕	床罩	家具包布	
高级旅馆	>800 座位的观众厅、会议厅、顶层餐厅	A	B_1	B_1	B_1	B_1	B_1	B_1		B_1	B_1
	≤800 座位的观众厅、会议厅	A	B_1	B_1	B_1	B_2	B_1	B_1		B_2	B_1
	其他部位	A	B_1	B_1	B_2	B_2	B_1	B_2	B_1	B_2	B_1
商业楼、展览楼、综合楼、商住楼、医院病房楼	一类建筑	A	B_1	B_1	B_1	B_2	B_1	B_1		B_1	B_1
	二类建筑	B_1	B_1	B_2	B_2	B_2	B_1	B_2		B_2	B_2

续表 6.9

建筑物及场所	建筑规模、性质	装修材料燃烧性能等级								
		顶棚	墙面	地面	隔断	固定家具	装饰织物			其他装饰材料
							窗帘帷幕	床罩	家具包布	
电信楼、财贸金融楼、邮政楼、广播电视楼、电力高度楼、防灾指挥高度楼	一类建筑	A	A	B_1	B_1	B_1	B_1	B_1		B_2	B_1
	二类建筑	B_1	B_1	B_2	B_2	B_2	B_1	B_2		B_2	B_2
教学楼、办公楼、科研楼、档案楼、图书馆	一类建筑	A	B_1	B_1	B_1	B_2	B_1	B_1		B_1	B_1
	二类建筑	B_1	B_1	B_2	B_1	B_2	B_1	B_2		B_2	B_2
住宅、普通旅馆	一类建筑	A	B_1	B_2	B_1	B_2	B_1		B_1	B_2	B_1
	二类建筑	B_1	B_1	B_2	B_2	B_2	B_1			B_2	B_2

(3)高层民用建筑的裙房内面积小于 500 m² 的房间,当设有自动灭火系统,并且采用耐火等级不低于 2 h 的隔墙、甲级防火门、窗与其他部位分隔时,顶棚、墙面、地面的装修材料的燃烧性能等级可在表 6.9 规定的基础上降低一级。

(4)电视塔等特殊高层建筑的内部装修,装修织物应不低于 B_1 级,其他均应采用 A 级装修材料。

除以上四条规定外,特殊的房间、特殊的部位要按上文 6.3 节的民用建筑内部装修设计防火一般规定执行。

6.5.2　有关条文说明

(1)表 6.9 中建筑物类别、场所及建筑规模是根据《高层民用建筑设计防火规范(2001版)》(GB 50045—95)中的有关内容并结合室内装修设计的特点加以划分的。

(2)按照《高层民用建筑设计防火规范》的定义,高级旅馆均为一类高层建筑,它特指具备星级条件且设有空调系统的旅馆。将高级旅馆按内部划分为三种情况:第一种情况指其内部大于 800 个座位的观众厅、会议厅,以及设在顶层或高空的餐厅(包括观光厅)。800 个座位是《高层民用建筑设计防火规范》划分会议厅的一个指标,对大于 800 个座位的观众厅、会议厅,因人员多,理应提出高一些的装修要求。而顶层或高空餐厅因其功能特殊且位置特别,加之具有相当数量的人员,所以也被列入到最高一个级别中;第二种情况指小于或等于 800 个座位的观众厅、会议厅;第三种情况指高级旅馆的其他部位。

(3)将商业楼、展览楼、综合楼、商住楼、医院病房楼等列为一大类建筑,是考虑到这些建筑在使用功能上有相近之处,并且它们被划为一类和二类建筑的依据,主要是高度值和层面积数。

(4)综合楼特指由两种及两种以上用途的楼层组成的公共建筑。

(5)商住楼是指由底部商业营业厅与住宅组成的高层建筑。

(6)将电信楼、财贸金融楼、邮政楼、广播电视楼、电力调度楼、防灾指挥调度楼集中成一个大类别,基于两种考虑,一是这些建筑物均为国家或地方政治与经济等重要部门所在地,具有综合协调与指挥功能;二是它们的一、二类划分是以中央、省以及省以下的概念做出的。

(7)教学楼、办公楼、科研楼、档案楼、图书馆归为一大类,主要考虑到它们的建造形式和使用功能基本相似(图书馆有些不同),并且从内装修的角度看,它们的设计方法和装修的档次也大同小异。

(8)普通旅馆是以50 m为界划分一类和二类高层建筑的。而高级住宅是指建筑装修标准高和设有空气调节系统的住宅。这种高级住宅均属一类高层建筑。普通住宅也被划分为两类,18层及18层以下的为二类,19层及19层以上的为一类。但在表6.9中将所有的普通住宅均归到二类普通旅馆栏中,这主要是从普通居民住宅的实际情况出发,从内装修的角度将它们作了一定的调整。

(9)高层建筑的火灾危险程度较之单层、多层建筑而言要高,因此,人们的防范措施也更加全面和严格,这在各有关的建筑设计防火规范中也有体现。由于高层建筑包含的范围很广,各种建筑差别很大,对一些层数不太高、公众也不是高度聚集的空间部位,在已有其他一些防火系统的情况下,可以考虑将它们的装修防火等级在基准要求的水平上作适当的降低,即,除100 m以上的高层民用建筑及大于800个座位的观众厅、会议厅、顶层餐厅外,当设有火灾自动报警装置和自动灭火系统时,除顶棚外,其内部装修材料的燃烧性能等级可在表6.9规定的基础上降低一级。

(10)建筑内部装修设计防火规范从装修防火的角度规定:电视塔等特殊高层建筑的内部装修,均应采用A级装修材料。

规范的这规定,主要是针对设立在高空中可允许公众入内观赏和进餐的塔楼而定的。这是由于建筑形式所限,人员在塔楼出现火灾的情况下逃生困难,所以对此类建筑物在内装修设计上做出了十分严格的要求。

6.6 地下民用建筑内部装修设计防火

地下民用建筑是指单层、多层、高层民用建筑的地下部分,单独建造在地下的民用建筑以及平战结合的地下人防工程。

地下建筑因其所处的位置特殊,所以对火灾十分敏感。一旦出现火灾,人员的疏散避难以及对火灾的扑救都十分困难,往往会造成很大的经济损失。而降低火灾发生概率的关键,就在于控制可燃装修的数量。

6.6.1 《建筑内部装修设计防火规范》的规定

(1)地下民用建筑内部各部位装修材料的燃烧性能等级,不应低于表6.10的规定。

(2)地下民用建筑的疏散走道和安全出口的门厅,其顶棚、墙面和地面的装修材料应采用A级装修材料。

(3)单独建造的地下民用建筑的地上部分,其门厅、休息室、办公室等内部装修材料的燃烧性能等级可在表6.10的基础上降低一级要求。

(4)地下商场、地下展览厅的售货柜台、固定货架、展览台等,应采用A级装修材料。

表6.10 地下民用建筑内部各部位装修材料的燃烧性能等级

建筑物及场所	装修材料燃烧性能等级						
	顶棚	墙面	地面	隔断	固定家具	装饰织物	其他装饰材料
休息室和办公室等 旅馆和客房及公共活动用房等	A	B_1	B_1	B_1	B_1	B_1	B_2
娱乐场所、旱冰场等 舞厅、展览厅等 医院的病房、医疗用房等	A	A	B_1	B_1	B_1	B_1	B_2
电影院的观众厅 商场的营业厅	A	A	A	B_1	B_1	B_1	B_2
停车库 人行通道 图书资料库、档案库	A	A	A	A	A		

6.6.2 有关条文说明

(1)表6.10对地下建筑物装修防火要求的宽严主要取决于人员的密度。对人员比较密集的商场营业厅、电影院观众厅等在选用装修材料时,应考虑的防火等级要高。而对旅馆客房、医院病房,以及各类建筑的办公用房,因其单位空间同时容纳的人员很少且经常有专人管理,所以选用装修材料燃烧性能等级时给予了适当的放宽。对于图书、资料类的库房,因其本身的可燃物数量很大,所以要求全部采用不燃材料装修。

(2)表中娱乐场所是指建在地下的体育及娱乐建筑,如球类、棋类以及其他文体娱乐项目的比赛与练习场所。

思 考 题

1.内部装修的火灾危险性有哪些?
2.内部装修设计防火原则是什么?
3.民用建筑内部装修材料如何分类、分级?
4.当民用建筑内装有自动灭火系统时,对室内装修设计防火有什么影响?
5.内部装修设计防火的重点在哪里?
6.装修设计防火中为何对顶棚的防火要求最高?

第 7 章　工业建筑设计防火

7.1　工业建筑的类型及火灾危险性分类

7.1.1　工业建筑的类型

工业建筑是指用于工业生产、储存的建筑，分为两部分，一是厂房，二是库房。

1.按厂房的用途分

（1）主要生产厂房。主要生产厂房指用于完成主要产品从原材料到成品的加工工艺过程的各类厂房，例如机械厂的铸造、锻造、机加、装配车间等。

（2）辅助生产厂房。辅助生产厂房指为主要生产车间服务的各类厂房，如机修和工具等车间。

（3）动力用厂房。动力用厂房指为工厂提供能源的各类厂房，如发电站、锅炉房、煤气站等。

（4）储藏用房间。储藏用房间指储藏各类原材料、半成品或成品的仓库，如金属材料库、备品备件库等。

（5）运输工具用房。运输工具用房指停放、检修各种运输工具的库房等，如汽车库、电瓶车库等。

2.按生产状况分

（1）冷加工厂房。冷加工厂房指在正常温度状态下进行生产的车间，如机加工、装配等。

（2）热加工厂房。热加工厂房指在高温或熔化状态下进行生产的车间，生产中产生大量的热及有害气体、烟尘，如冶炼、铸造、轧钢和锻造等车间。

（3）恒温、恒湿厂房。恒温、恒湿厂房指在稳定的温度和湿度状态下进行生产的车间，如纺织车间和精密仪器车间等。

（4）洁净厂房。洁净厂房指为保证生产质量，在无尘、无菌、无污染的高洁净状态下进行生产的车间，如集成电路车间、医药车间等。

3.按厂房层数分

（1）单层厂房。单层厂房指广泛应用于机械、冶金等工业。适用于有大型设备及加工件，有较大荷载和大型起重设备的；需要水平方向组织工艺流程和运输的生产项目。

（2）多层厂房。多层厂房特指二层及二层以上的，但建筑高度小于或等于 24 m 的厂房。多用于电子、精密仪器、食品和轻工业。适用于设备、产品较轻，竖向布置工艺流程的项目。

（3）混合厂房。混合厂房指同一厂房内既有多层，也有单层，多用于电力、化工工业。

（4）高层厂房。高层厂房指建筑高度超过 24 m 的两层及两层以上的厂房、库房以及建筑高度超过 24 m 的高架仓库。

（5）地下厂房。地下厂房特指建造在地下的，用于工业生产的厂房。它们多用于机械、五金、服装、针织等行业。

7.1.2　生产和贮存物品的火灾危险性分类

火灾危险性分类的目的，是为了在建筑防火要求上，有区别地对待各种不同危险类别的生产或贮存，使建造的建筑既有利于节约投资，又有利于保证安全。

生产的火灾危险性分类是按生产过程中使用或加工的物品的火灾危险性进行分类的。

库房贮存物品的火灾危险性分类，是按物品在贮存过程中的火灾危险性进行分类的。

现行《建筑设计防火规范》将生产的火灾危险性划分为甲、乙、丙、丁、戊五类，火灾危险性依次递减。相应的厂房建筑也被划分为甲、乙、丙、丁、戊五类。生产的火灾危险性分类和举例分别如表 7.1 和表 7.2 所示。

表 7.1　生产的火灾危险性分类

生产类别	火　灾　危　险　性　特　征
甲	使用或产生下列物质的生产： 1.闪点 < 28℃ 的液体 2.爆炸下限 < 10% 的气体 3.常温下能自行分解或在空气中氧化即能导致迅速自燃或爆炸的物质 4.常温下受到水或空气中水蒸气的作用，能产生可燃气体并引起燃烧或爆炸的物质 5.遇酸、受热、撞击、摩擦、催化以及遇有机物或硫磺等易燃的无机物，极易引起燃烧或爆炸的强氧化剂 6.受撞击、摩擦或与氧化剂、有机物接触时能引起燃烧或爆炸的物质 7.在密闭设备内操作温度等于或超过物质本身自燃点的生产
乙	使用或产生下列物质的生产： 1.28℃ ≤闪点 < 60℃ 2.爆炸下限 ≥10% 的气体 3.不属于甲类的氧化剂 4.不属于甲类的化学易燃危险固体 5.助燃气体 6.能与空气形成爆炸性混合物的浮游状态的粉尘、纤维、闪点 ≥60℃ 的液体雾滴
丙	使用或产生下列物质的生产： 1.闪点 ≥60℃ 的液体 2.可燃固体

续表7.1

生产类别	火 灾 危 险 性 特 征
丁	具有下列情况的生产： 1.对非燃烧物质进行加工，并在高热或熔化状态下经常产生强辐射热、火花或火焰的生产 2.利用气体、液体、固体作为燃料或将气体、液体进行燃烧作其他用的各种生产 3.常温下使用或加工难燃烧物质的生产
戊	常温下使用或加工非燃烧物质的生产

注：①在生产过程中，如使用或生产易燃、可燃物质的量较少，不足以构成爆炸或火灾危险时，可以按实际情况确定其火灾危险性的类别。

②一座厂房内或防火分区内有不同性质的生产时，其分类应按火灾危险性较大的部分确定，但火灾危险性大的部分占本层或本防火分区面积的比例小于5%（丁、戊类生产厂房的油漆工段小于10%），且发生事故时不足以蔓延到其他部位，或采取防火措施能防止火灾蔓延时，可按火灾危险性较小的部分确定。丁、戊类生产厂房的油漆工段，当采用封闭喷漆工艺时，封闭喷漆空间内保持负压、且油漆工段设置可燃气体浓度报警系统或自动抑爆系统时，油漆工段占其所在防火分区面积的比例不应超过20%。

表7.2 生产的火灾危险性分类举例

生产类别	举 例
甲	1.闪点<28℃的油品和有机溶剂的提炼、回收或洗涤部位及其泵房，橡胶制品的涂胶和胶浆部位，二硫化碳的粗馏、精馏工段及其应用部位，青霉素提炼部位，原料药厂的非纳西汀车间的烃化、回收及电感精馏部位，皂素车间的抽提、结晶及过滤部位，冰片精制部位，农药厂乐果厂房，敌敌畏的合成厂房、磺化法糖精厂房，氯化醇厂房，环氧乙烷、环氧丙烷工段，苯酚厂房的磺化、蒸馏部位，焦化厂吡啶工段，胶片厂片基厂房，汽油加铅室，甲醇、乙醇、丙酮、丁酮异丙醇、醋酸乙酯、苯等的合成或精制厂房，集成电路工厂的化学清洗间（使用闪点<28℃的液体），植物油加工厂的浸出厂房 2.乙炔站，氢气站，石油气体分馏（或分离）厂房，氯乙烯厂房，乙烯聚合厂房，天然气、石油伴生气、矿井气、水煤气或焦炉煤气的净化（如脱硫）厂房压缩机室及鼓风机室，液化石油气罐瓶间，丁二烯及其聚合厂房，醋酸乙烯厂房，电解水或电解食盐厂房，环己酮厂房，乙基苯和苯乙烯厂房，化肥厂的氢氮气压缩厂房，半导体材料厂使用氢气的拉晶间，硅烷热分解室 3.硝化棉厂房及其应用部位，赛璐珞厂房，黄磷制备厂房及其应用部位，三乙基铝厂房，染化厂某些能自行分解的重氮化合物生产，甲胺厂房，丙烯腈厂房 4.金属钠、钾加工厂房及其应用部位，聚乙烯厂房的一氯二乙基铝部位、三氯化磷厂房，多晶硅车间三氯氢硅部位，五氧化磷厂房 5.氯酸钠、氯酸钾厂房及其应用部位，过氧化氢厂房，过氧化钠、过氧化钾厂房，次氯酸钙厂房 6.赤磷制备厂房及其应用部位，五硫化二磷厂房及其应用部位 7.洗涤剂厂房石蜡裂解部位，冰醋酸裂解厂房

续表 7.2

生产类别	举 例
乙	1. 28℃≤闪点<60℃的油品和有机溶剂的提炼、回收、洗涤部位及其泵房,松节油或松香蒸馏厂房及其应用部位,醋酸酐精馏厂房,己内酰胺厂房,甲酚厂房,氯丙醇厂房,樟脑油提取部位,环氧氯丙烷厂房,松针油精制部位,煤油罐桶间 2. 一氧化碳压缩机室及净化部位,发生炉煤气或鼓风炉煤气净化部位,氨压缩机房 3. 发烟硫酸或发烟硝酸浓缩部位,高锰酸钾厂房,重铬酸钠(红矾纳)厂房 4. 樟脑或松香提炼厂房,硫磺回收厂房,焦化厂精萘厂房 5. 氧气站,空分厂房 6. 铝粉或镁粉厂房,金属制品抛光部位,煤粉厂房,面粉厂的碾磨部位,活性炭制造及再生厂房,谷物筒仓工作塔,亚麻厂的除尘器和过滤器室
丙	1. 闪点≥60℃的油品和有机液体的提炼、回收工段及其抽送泵房,香料厂的松油醇部位和乙酸松油脂部位,苯甲酸厂房,苯乙酮厂房,焦化厂焦油厂房,甘油、桐油的制备厂房,油浸变压器室,机器油或变压油灌桶间,柴油灌桶间,润滑油再生部位,配电室(每台装油量>60 kg 的设备),沥青加工厂房,植物油加工厂的精炼部位 2. 煤、焦炭、油母页岩的筛分、转运工段和栈桥或储仓,木工厂房,竹、藤加工厂房,橡胶制品的压延、成型和硫化厂房,针织品厂房,纺织、印染、化纤生产的干燥部位,服装加工厂房,棉花加工和打包厂房,造纸厂备料、干燥厂房,印染厂成品厂房,麻纺厂粗加工厂房,谷物加工房,卷烟厂的切丝、卷制、包装厂房,印刷厂的印刷厂房,毛涤厂选毛厂房,电视机、收音机装配厂房,显像管厂装配工段烧枪间,磁带装配厂房,集成电路工厂的氧化扩散间、光刻间,泡沫塑料厂的发泡、成型、印片压花部位,饲料加工厂房
丁	1. 金属冶炼、锻造、铆焊、热轧、铸造、热处理厂房 2. 锅炉房,玻璃原料熔化厂房,灯丝烧拉部位,保温瓶胆厂房,陶瓷制品的烘干、烧成厂房,蒸汽机车库,石灰焙烧厂房,电石炉部位,耐火材料烧成部位,转炉厂房,硫酸车间焙烧部位,电极锻烧工段配电室(每台装油量≤60 kg 的设备) 3. 铝塑材料的加工厂房,酚醛泡沫塑料的加工厂房,印染厂的漂炼部位,化纤厂后加工润湿部位
戊	制砖车间,石棉加工车间,卷扬机室,不燃液体的泵房和阀门室,不燃液体的净化处理工段,金属(镁合金除外)冷加工车间,电动车库,钙镁磷肥车间(焙烧炉除外)造纸厂或化学纤维厂的浆粕煮工段,仪表、器械或车辆装配车间,氟里昂厂房,水泥厂的轮窑厂房,加气混凝土厂的材料准备、构件制作厂房

库房存放物品的火灾危险性是按物品在存储过程中的火灾危险性进行分类的,也分为甲、乙、丙、丁、戊五类,如表 7.3 所示,相应的分类举例如表 7.4 所示。

表7.3　存储物品的火灾危险性分类

存储物品类别	火 灾 危 险 性 特 征
甲	1.闪点＜28℃的液体 2.爆炸下限＜10%的气体,以及受到水或空气中水蒸气的作用,能产生爆炸下限＜10%气体的固体物质 3.常温下能自行分解或在空气中氧化即能导致迅速自燃或爆炸的物质 4.常温下受到水或空气中水蒸气的作用能产生可燃气体并引起燃烧或爆炸的物质 5.遇酸、受热、撞击、摩擦以及遇有机物或硫磺等易燃的无机物,极易引起燃烧或爆炸的强氧化剂 6.受撞击、摩擦或与氧化剂、有机物接触时能引起燃烧或爆炸的物质
乙	1.28℃≤闪点＜60℃的液体 2.爆炸下限≥10%的气体 3.不属于甲类的氧化剂 4.不属于甲类的化学易燃危险固体 5.助燃气体 6.常温下与空气接触能缓慢氧化,积热不散引起自燃的物品
丙	1.闪点≥60℃的液体 2.可燃固体
丁	难燃烧物品
戊	非燃烧物品

注:难燃物品、非燃物品的可燃包装重量超过物品本身重量1/4时,其火灾危险性应为丙类。

表7.4　存储物品的火灾危险性分类举例

存储物品类别	举　　　例
甲	1.已烷、戊烷,石脑油,环戊烷,二硫化碳,苯,甲苯,甲醇,乙醇,乙醚,蚁酸甲脂、醋酸甲脂、硝酸乙脂,汽油,丙酮,丙烯,乙醚,60度以上的白酒 2.乙炔,氢,甲烷,乙烯,丙烯,丁二烯,环氧乙烷,水煤气,硫化氢,氯乙烯,液化石油气,电石,碳化铝 3.硝化棉,硝化纤维胶片,喷漆棉,火胶棉,赛璐珞棉,黄磷 4.金属钾、钠、锂、钙、锶,氢化锂,四氢化锂铝,氢化钠 5.氯酸钾,氯酸钠,过氧化钾,过氧化钠,硝酸铵 6.赤磷,五硫化磷,三硫化磷
乙	1.煤油,松节油,丁烯醇,异戊醇,丁醚,醋酸丁脂,硝酸戊脂,乙酰丙酮,环己胺,溶剂油,冰醋酸,樟脑油,蚁酸 2.氨气、液氯 3.硝酸铜,铬酸,亚硝酸钾,重铬酸钠,铬酸钾,硝酸,硝酸汞,硝酸钴,发烟硫酸,漂白粉 4.硫磺,镁粉,铝粉,赛璐珞板(片),樟脑,萘,生松香,硝化纤维漆布,硝化纤维色片 5.氧气,氟气 6.漆布及其制品,油布及其制品,油纸及其制品,油绸及其制品

续表 7.4

存储物品类别	举　　例
丙	1.动物油,植物油,沥青,蜡,润滑油,机油,重油,闪点≥60℃的柴油,糖醛,50~60度的白酒 2.化学、人造纤维及其织物,纸张,棉、毛、丝、麻及其织物,谷物,面粉,天然橡胶及其制品,竹、木及其制品,中药材,电视机、收录机等电子产品,计算机房已录数据的磁盘储存间,冷库中的鱼、肉间
丁	自熄性塑料及其制品,酚醛泡沫塑料及其制品,水泥刨花板
戊	钢材,铝材,玻璃及其制品,搪瓷制品,陶瓷制品,不燃气体,玻璃棉,岩棉,陶瓷棉,硅酸铝纤维,矿棉,石膏及其无纸制品,水泥,石,膨胀珍珠岩

表中提到的闪点是用闭杯法测定的,把闪点 28℃作为甲、乙类划分的界限,是因为我国南方最热月平均温度是 28℃左右,在这样的气温下,液体系气遇到火源就闪燃起火,所以把 28℃作为甲、乙类划分的界限。

一般来说,不管是按生产的分类,还是按贮存物品的分类,凡接触到易燃易爆化学危险物品的生产厂房和库房,都应属于甲、乙类。而所谓甲、乙类的区别也主要是在正常条件下发生火灾或爆炸危险性大小的区别,危险性大的属于甲类;丙类生产,是对可燃物体如焦油、甘油、木材、棉花等加工的生产;丁类生产,是指对钢材等金属的热加工,对难燃材料如树脂、塑料的冷加工,以及在煤炭、可燃气体、易燃或可燃液体做燃料的生产,如锅炉房、汽车库等;戊类生产,是在常温下对非燃烧材料如黑色金属冷加工的生产。

需要注意的是,当一座厂房或仓库里,生产或贮存了几种或很多种不同火灾危险性的物品时,它的类别就要按其中火灾危险性较大的物品的级别来确定。如胶鞋厂成型和硫化工段间,有上光和烘干工序时,就要考虑上光和烘干中蒸发汽油蒸气的危险性较大,需要按照甲类的生产来设计。但如果火灾危险性较大的部分所占面积的比例较小时,如大型机械厂总装配车间喷漆部分的面积不大,而且安装了良好的排气装置,危险性气体对整个车间的影响就比较小,这样的车间仍可以按火灾危险性较小的戊类生产来考虑。如果在生产过程中使用或产生易燃、可燃物质的数量很少,不足以构成爆炸和火灾危险的,也可以按实际情况确定其火灾危险性的类别,如钟表修理间等。

7.2　工业建筑耐火设计

7.2.1　单多层工业建筑耐火设计

工业建筑在选定耐火等级的时候,主要是根据生产的火灾危险性和存储物品的火灾危险性分类确定的。此外,也要考虑建筑的规模大小和高度等因素。

1.厂房的耐火等级选定

厂房的耐火等级主要是根据其生产的火灾危险性类别而定的。一般情况下,甲、乙类生产应该采用一、二级耐火等级的建筑;丙类生产厂房的耐火等级不应低于三级。根据厂房生产的火灾危险性类别、厂房的层数、占地面积选定的耐火等级如表7.5所示。

表7.5　厂房的耐火等级、层数和占地面积

生产类别	耐火等级	最多允许层数	防火分区最大允许占地面积/m²			
			单层厂房	多层厂房	高层厂房	厂房的地下室和半地下室
甲	一级	除生产必须采用多层者外,宜用单层	4 000	3 000	—	—
	二级		3 000	2 000	—	—
乙	一级	不限	5 000	4 000	2 000	—
	二级	6	4 000	3 000	1 500	—
丙	一级	不限	不限	6 000	3 000	500
	二级	不限	8 000	4 000	2 000	500
	三级	2	3 000	2 000	—	—
丁	一、二级	不限	不限	不限	4 000	1 000
	三级	3	4 000	2 000	—	—
	四级	1	1 000	—	—	—
戊	一、二级	不限	不限	不限	6 000	1 000
	三级	3	5 000	3 000	—	—
	四级	1	1 500	—	—	—

注:①防火分区间应用防火墙分隔。一、二级耐火等级的单层厂房(甲类厂房除外)如面积超过本表规定,设置防火墙有困难时,可用防火水幕带或防火卷帘加水幕分隔;

②一级耐火等级的多层及二级耐火等级的单层、多层纺织厂房(麻纺厂除外)可按本表的规定增加50%,但上述厂房的原棉开包、清花车间均应设防火墙分隔;

③一、二级耐火等级的单层、多层造纸生产联合厂房,其防火分区最大允许占地面积可按本表的规定增加1.5倍;

④甲、乙、丙类厂房装有自动灭火设备时,防火分区最大允许占地面积可按本表的规定增加1.0倍;丁戊类厂房装设自动灭火设备时,其占地面积不限。局部设置时,增加面积可按该局部面积的1.0倍计算;

⑤一、二级耐火等级的谷物筒仓工作塔,且每层人数不超过2人时,最多允许层数可不受本表限制;

⑥邮政楼的邮件处理中心可按丙类厂房确定。

对于甲类生产厂房,除生产上必须采用多层外,最好采用单层建筑。严禁将甲、乙类生产厂房设在地下室或半地下室。对于甲、乙类生产厂房,当其面积较小、且为独立的厂房时,也可采用三级耐火等级的建筑物。

对于火灾危险性小,但有特殊贵重的机器和仪表等的厂房,应采用一级耐火等级的建筑物。在小型企业超过300 m²独立的甲、乙类厂房,可采用三级耐火等级的单层建筑。锅炉房应采用一、二级耐火等级的建筑,但每小时锅炉的总蒸发量不超过4 t燃煤锅炉可采用三级耐火等级的建筑。

2.库房耐火等级的选定

库房是物资很集中的地方,其耐火等级的选定除了要考虑前面的因素外,还要考虑储存物品的贵重程度。根据防火要求,甲、乙类库房的耐火等级一般不低于二级。在小型企

业中,占地面积小,并为独立的建筑物的甲类物品库房,也可采用三级耐火等级建筑。其耐火等级具体见表7.6所示。

表7.6　库房耐火等级、层数和建筑面积

储存物品分类		耐火等级	最多允许层数	防火分区最大允许建筑面积/m²				
				单层库房		多层库房		库房的半地下室、地下室
				每座库房	防火墙间	每座库房	防火墙间	防火墙间
甲	3.4项	一级	1	180	60	—	—	—
	1.2.5.6项	一、二级	1	750	250	—	—	—
乙	1.3.4项	一、二级	3	2 000	500	900	300	—
		三级	1	500	250	—	—	—
	2.5.6项	一、二级	5	2 800	700	1 500	500	—
		三级	1	900	300	—	—	—
丙	1项	一、二级	5	4 000	1 000	2 800	700	150
		三级	1	1 200	400	—	—	—
	2项	一、二级	不限	6 000	1 500	4 800	1 200	300
		三级	3	2 100	700	1 200	400	—
丁		一、二级	不限	不限	3 000	不限	1 500	500
		三级	3	3 000	1 000	1 500	500	—
		四级	1	2 100	700	—	—	—
戊		一、二级	不限	不限	不限	不限	2 000	1 000
		三级	3	3 000	1 000	2 100	700	—
		四级	1	2 100	700	—	—	—

注:①高层库房、高架仓库和筒仓的耐火等级不应低于二级;二级耐火等级的筒仓可采用钢板仓。储存特殊贵重物品的库房,其耐火等级宜为一级;

②独立建造的硝酸铵库房、电石库房、聚乙烯库房、尿素库房、配煤库房以及车站、码头、机场内的中转仓库,其建筑面积可按本表的规定增加1.00倍,但耐火等级不应低于二级;

③装有自动灭火设备的库房,其建筑面积可按本表及注②的规定增加1.00倍;

④石油库内桶装油品库房面积可按现行的国家标准《石油库设计规范》执行;

⑤煤均化库防火分区最大允许建筑面积可为12 000 m²,但耐火等级不应低于二级。

7.2.2　高层工业建筑的耐火设计

高层工业建筑系指建筑高度超过24 m的,两层及以上的厂房、库房以及建筑高度24 m的高架仓库。

1.高层工业建筑耐火等级划分

高层工业建筑的耐火等级也分为两级,其构件的燃烧性能和耐火极限见表7.7的规定。

表 7.7　建筑构件的燃烧性能和耐火极限

燃烧性能和耐火极限/h　　耐火等级 构件名称		一　　级	二　　级
墙	防火墙	不燃烧体 4.00	不燃烧体 4.00
	承重墙、楼梯间、电梯井的墙	不燃烧体 3.00	不燃烧体 2.50
	非承重外墙、疏散走道两侧的隔墙	不燃烧体 1.00	不燃烧体 1.00
	房间隔墙	不燃烧体 0.75	不燃烧体 0.50
柱	支承多层的柱	不燃烧体 3.00	不燃烧体 2.50
	支承单层的柱	不燃烧体 2.50	不燃烧体 2.00
	梁	不燃烧体 2.00	不燃烧体 1.50
	楼板	不燃烧体 1.50	不燃烧体 1.00
	屋顶承重构件	不燃烧体 1.50	不燃烧体 0.50
	疏散楼梯	不燃烧体 1.50	不燃烧体 1.00
	吊顶(包括圆顶、搁栅)	不燃烧体 0.25	难燃烧体 0.25

在划分高层工业建筑的耐火等级时应该注意以下问题。

(1)预制钢筋混凝土装配式结构,其节点的要求同高层民用建筑。

(2)二级耐火等级的建筑物吊顶,如采用不燃烧体,其耐火极限不限。

(3)在二级耐火等级的建筑中,面积不超过 100 m² 的房间隔墙,如执行表 7.7 的规定有困难时,可采用耐火极限不低于 0.3 h 的不燃烧体。

(4)二级耐火等级建筑内存放图书、资料、纺织品等可燃的,平均重量超过 200 kg/m² 的房间,其梁、楼板的耐火等级应符合一级耐火等级的要求,但当设自动灭火系统时,其梁、楼板的耐火等级可按二级耐火等级的要求执行。

(5)厂房的非承重外墙为不燃烧体时,其耐火极限可降低到 0.25 h;为难燃烧体时,可降低到 0.5 h。

(6)二级耐火等级建筑的屋顶如采用耐火极限不低于 0.5 h 的承重构件有困难时,可采用无保护的金属构件。但甲、乙、丙类液体火焰能烧到的部位,应采取防火保护措施。

(7)建筑物的屋顶应采用不燃烧体,但一、二级耐火等级的建筑,其不燃烧体屋面基层上可以采用可燃的卷材防水层。

2.高层工业建筑耐火等级的选定

为了保证高层工业建筑的消防安全,并考虑在火灾后能迅速修复和使用,因此,高层工业建筑的耐火等级不应低于二级,并宜采用一级。

甲类生产不应设在高层厂房中,并且甲、乙类生产均不得设在建筑的地下室内或者半地下室内。甲、乙类物品和闪点大于 60℃ 的液体也不得储存于高层库房。

7.3　工业建筑防火分区与防火间距

7.3.1　单多层工业建筑防火分区

1.厂房的防火分区

厂房每个防火分区面积的最大允许占地面积应符合表 7.5 的要求。多层厂房表中最大允许占地面积系指每层允许最大建筑面积。

在进行厂房的防火分区设计时应注意以下几点。

(1)防火分区间应采用防火墙分隔。防火墙上开设门窗洞口时,应采用甲级防火门窗。一、二级耐火等级的单层厂房(甲类厂房除外)如面积超过表 7.5 中的规定的数值,设置防火墙有困难时,可用防火卷帘或防火水幕带等进行分隔。

(2)一级耐火等级的多层及二级耐火等级的单层、多层纺织厂房(麻纺厂除外),其防火分区最大允许占地面积可按表 7.5 中的规定增加 50%,但上述厂房的原棉开包、清花车间均应设防火墙分隔。

(3)一、二级耐火等级的单层、多层造纸生产联合厂房,其防火分区最大允许占地面积可按表 7.5 的规定增加 1.5 倍。

(4)甲、乙、丙类厂房设有自动灭火系统时,防火分区最大允许占地面积按表 7.5 的规定增加 1 倍;丁、戊类厂房设自动灭火系统时,其占地面积不限。局部增设时,增加面积按该局部面积的 1 倍计算。

2.库房的防火分区

库房每个防火墙间面积及最大允许建筑面积应符合表 7.6 的要求。在进行防火分区时,应注意以下几点。

(1)防火分区间应采用防火墙分隔,其上开设门、窗时,应采用甲级防火门、窗。

(2)独立建造的硝酸铵库房、电石库房、聚乙烯库房、尿素库房、配煤库房以及车站、码头、机场内的中转仓库,其建筑面积可按表 7.6 的规定增加 1 倍,但耐火等级不应低于二级。

(3)设有自动灭火系统的库房,其建筑面积可按表 7.6 及(2)的规定增加 1 倍。

(4)在同一座库房或同一个防火墙间内如储存数种火灾危险性不同的物品时,其库房或隔间的最大允许建筑面积,应按其中火灾危险性最大的物品确定。

(5)一、二级耐火等级的冷库,每座库房的最大允许建筑面积和防火墙间面积应符合表 7.8 的规定。

表 7.8　冷库最大允许建筑面积　　　　　　　　　　　单位:m²

冷间建筑耐火等级	最多允许层数	单层		多层	
		冷间建筑	防火分区	冷间建筑	防火分区
一、二级	不限	6 000	3 000	4 000	2 000
三级	3	2 000	700	1 200	400

7.3.2 高层工业建筑防火分区

1.高层厂房防火分区

高层厂房是指建筑高度超过 24 m 的两层及两层以上的厂房。甲类厂房不能设在高层厂房内。高层厂房的耐火等级不应低于二级。高层厂房每个防火分区的最大允许建筑面积应符合表 7.9 的要求。

表 7.9　高层厂房防火分区面积　　　　单位:m²

生产火灾危险性类别	耐火等级	防火分区最大允许建筑面积
乙	一级	2 000
	二级	1 500
丙	一级	3 000
	二级	2 000
丁	一、二级	4 000
戊	一、二级	6 000

在进行防火分区划分时,应注意以下几点。

(1)防火分区间应采用防火墙分隔。

(2)乙、丙类厂房设有自动灭火系统时,其防火分区面积可按表 7.9 的规定增加 1 倍;丁、戊类厂房设自动灭火系统时,其防火分区建筑面积不限。局部设置时,增加面积可按该局部面积的 1 倍计算。

2.高层库房的防火分区

高层库房是指建筑高度超过 24 m 的两层及两层以上的库房。高层库房每个防火分区防火墙间的最大允许建筑面积应符合表 7.10 的要求。

表 7.10　高层库房最大允许建筑面积　　　　单位:m²

存储火灾危险性类别	耐火等级	每座库房	防火墙间
丙类 2 项	一、二级	4 000	1 000
丁　类	一、二级	4 800	1 200
戊　类	一、二级	6 000	1 500

高层库房防火分区划分时应注意以下几点。

(1)高层库房的耐火等级不应低于二级。

(2)甲、乙类物品及丙类可燃液体不应储存在高层库房内。

(3)高层库房设有自动灭火系统时,建筑面积可按表 7.10 增加 1 倍,局部设置时,增加面积可按该局部面积的 1 倍计算。

7.3.3 特殊部位的防火分区

(1)变电所、配电所不应设在有爆炸危险的甲、乙类厂房内或贴邻建造,但供上述甲、乙类厂房专用的 10 kVA 及以下的变电所、配电所,当采用无门、窗、洞口的防火墙隔开时,可一面贴邻建造。

(2)多功能的多层或者高层厂房内,可设丙、丁、戊类物品库房,但必须采用耐火极限不低于 3 h 的不燃烧体墙和 1.5 h 的不燃烧体楼板与厂房隔开,库房的耐火等级和面积应符合表 7.6 的规定。

(3)甲、乙类生产厂房和甲、乙类物品库房不应设在建筑物的地下室或半地下室内。

(4)厂房内设甲、乙类物品的中间仓库时,其储量不宜超过一昼夜的需要量。中间仓库应靠外墙布置,并应采用耐火极限不低于 3 h 的不燃烧体墙和 1.5 h 的不燃烧体楼板与其他部分隔开。

(5)甲、乙、丙类液体库房,应设置防止液体流散设施。遇水燃烧爆炸的物品库房,应设置有防止水浸渍损失的设施,如图 7.1 所示。

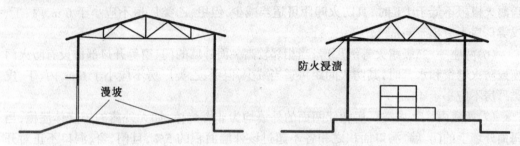

图 7.1 防止液体流散与水浸渍做法

(6)除一、二级耐火等级的戊类多层库房外,供垂直运输物品的升降机,宜设在库房外,如必须设在库房内时,应设在耐火极限不低于 2.0 h 的井筒内,井壁上的门应采用乙级防火门。

(7)甲、乙类库房内不应设置办公室。设在丙、丁类库房内的办公室、休息室应采用耐火极限不低于 2.5 h 的不燃烧体隔墙和 1.0 h 的楼板分隔开,其出口应直通室外或疏散走道。

(8)甲、乙类厂房和使用丙类液体的厂房、有明火和高温的厂房,都应该采用耐火极限不低于 1.5 h 的不燃烧体。

7.3.4 工业建筑的防火间距

1.厂房的防火间距

工业厂房之间的防火间距不应小于表 7.11 的规定。在按表 7.11 确定厂房防火间距时,还应注意以下问题。

(1)防火间距应按相邻建筑物外墙的最近距离计算,如外墙凸出的燃烧构件,则应从其凸出部分外缘算起。

(2)甲类厂房之间及其与其他厂房之间的防火间距,应按表 7.11 增加 2 m,戊类厂房之间的防火间距,可按表 7.11 减小 2 m。

表7.11 厂房的防火间距 单位:m

耐火等级	耐 火 等 级		
	一、二级	三级	四级
一、二级	10	12	14
三级	12	14	16
四级	14	16	18

(3)高层厂房之间及其与其他厂房之间的防火间距,应按表7.11增加3 m。

(4)两座厂房相邻较高一面的外墙为防火墙时,其防火间距不限,但甲类厂房之间不应小于4 m。

(5)两座一、二级耐火等级厂房,当相邻较低一面外墙为防火墙且较低一座厂房的屋盖耐火极限不低于1 h时,其防火间距可适当减少,但甲、乙类厂房不应小于6 m,丙、丁、戊类厂房不应小于4 m。

(6)两座一、二级耐火等级厂房,当相邻较高一面外墙的门、窗等开口部位设有防火门窗或防火卷帘和水幕时,其防火间距可适当减少,但甲、乙类厂房不应小于6 m,丙、丁、戊类厂房不应小于4 m。

(7)两座丙、丁、戊类厂房相邻两面的外墙均为非燃烧体,如无外露的燃烧体屋檐,当每面外墙上的门、墙、洞口面积之和各不超过该外墙面积的5%,且门、窗、洞口不正对开设时,其防火间距可按表7.11减少25%。

(8)耐火等级低于四级的原有厂房,其防火间距可按四级确定。

(9)一座凵形、Ш形厂房(图7.2),其两翼之间的防火间距不宜小于表7.11的规定。如该厂房的占地面积不超过规定的防火分区最大允许占地面积(面积不限者,不应超过10 000 m²),其两翼之间的间距可为6 m。

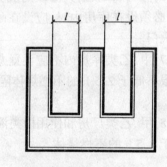

图7.2 Ш形厂房

(10)丙、丁、戊类厂房与民用建筑之间的防火间距,不应小于表7.11的规定,但单层、多层戊类厂房与民用建筑之间的防火间距,可按表7.11的规定执行。

甲、乙类厂房与民用建筑之间的防火间距,不应小于25 m,距重要的公共建筑不宜小于50 m。

为丙、丁、戊类厂房服务而单独设立的生活室与所属厂房之间的防火间距,可适当减少,但不应小于6.00 m。

(11)厂房附设有化学易燃物品的室外设备时,其室外设备外壁与相邻厂房室外附设设备外壁之间的距离,不应小于10 m。与相邻厂房外墙之间的防火间距,不应小于上表的规定(非燃烧体的室外设备按一、二级耐火等级建筑确定)。

(12)数座厂房(高层厂房和甲类厂房除外)的占地面积总和不超过规范的规定的防火分区最大允许占地面积时,可成组布置,但允许占地面积应综合考虑组内各个厂房的耐火等级、层数和生产类别,按其中允许占地面积较小的一座确定(面积不限者,不应超过10 000 m²)。

(13)组内厂房之间的间距为当厂房高度不超过 7 m 时,不应小于 4 m;超过 7 m 时,不应小于 6 m。组与组或组与相邻建筑之间的防火间距,应符合表 7.11 的规定(按相邻两座耐火等级最低的建筑物确定)。

(14)高层厂房与甲类物品库房的间距不应小于 13 m。

2.库房的防火间距

乙、丙、戊类物品库房之间的防火间距不小于表 7.12 的规定。

表 7.12 乙、丙、戊类物品库房的防火间距　　　　　单位:m

耐火等级	耐　火　等　级		
	一、二级	三级	四级
一、二级	10	12	14
三级	12	14	16
四级	14	16	18

其中在按上表确定防火间距时,还要注意以下问题。

(1)两座库房相邻较高一面外墙为防火墙,且总建筑面积不超过《建筑设计防火规范》第 4.2.1 第一座库房的面积规定时,其防火间距不限。

(2)高层库房之间以及高层库房与其他建筑之间的防火间距应按表 7.12 增加 3.00 m。

(3)单层、多层戊类库房之间的防火间距可按表 7.12 减少 2.00 m。

(4)乙、丙、丁、戊类物品库房与其他建筑之间的防火间距,应按表 7.12 规定执行。与甲类物品库房之间的防火间距,应按表 7.11 执行,与甲类厂房之间的防火间距,应按表7.12的规定增加 2 m。

(5)乙类物品库房(乙类六项物品除外)与重要公共建筑之间防火间距不宜小于30 m,与其他民用建筑不宜小于 25 m。

对于甲类物品库房,与其他建筑的防火间距应按表 7.13 的规定。

表 7.13 甲类物品库房建筑物的防火间距　　　　　单位:m

储存物品类别			甲　类			
			3,4 项		1,2,5,6 项	
储量/t			≤5	>5	≤10	>10
建筑名称	民用建筑、明火或散发火花地点		30	40	25	30
	其他建筑	耐火等级 一、二级	15	20	12	15
		三级	20	25	15	20
		四级	25	30	20	25

注:①甲类物品库房之间的防火间距不应小于 20 m,但本表第 3,4 项物品储量不超过 2 t、第 1,2,5,6 项物品储量不超过 5 t 时,可减少 12 m;

②甲类库房与重要的公共建筑的防火间距不应小于 50 m。

(6)工厂、仓库应设置消防车道。一座甲、乙、丙类厂房的占地面积超过 3 000 m² 或一座乙、丙类库房的占地面积超过 1 500 m² 时,宜设置环形消防车道,如有困难,可沿其两个长边设置消防车道或设置可供消防车通行的且宽度不小于 6 m 的平坦空地。

3.工业建筑防火间距的其他要求

(1)总储量不大于 15 m³ 的丙类液体储罐,当直埋于厂房外墙附近,且面向储罐一面的外墙为防火墙时,其防火间距可不限。

(2)散发可燃气体、可燃蒸气的甲类厂房与下述地点的防火间距不应小于下列规定:

明火或散发火花的地点——30 m;

厂外铁路线(中心线)——30 m;

厂内铁路线(中心线)——20 m;

厂外道路(路边)——15 m;

厂内主要道路(路边)——10 m;

厂内次要道路(路边)——5 m。

注:①散发比空气轻的可燃气体、可燃蒸气的甲类厂房与电力牵引机车的厂外铁路线的防火间距可减为 20 m。

②上述甲类厂房所属厂内铁路装卸线如有安全措施,可不受限制。

(3)室外变、配电站与建筑物、堆场、储罐的防火间距应满足表 7.14 的要求。

表 7.14　室外变、配电站与建筑物、堆场、储罐的防火间距　　　　单位:m

建筑物、堆场、储罐名称			变压器总油量/t		
			5 ~ 10	> 10 ~ 50	> 50
民用建筑	耐火等级	一、二级	15	20	25
		三级	20	25	30
		四级	25	30	35
丙、丁、戊类厂房及库房		一、二级	12	15	20
		三级	15	20	25
		四级	20	25	30
甲、乙类厂房			25		
甲、乙类库房	储量不超过 10 t 的甲类 1,2,5,6 项物品和乙类物品		25		
	储量不超过 5 t 的甲类 3,4 项物品和储量超过 10 t 的甲类 1,2,5,6 项物品		30		
	储量超过 5 t 的甲类 3,4 项物品		40		
稻草、麦秸、芦苇等易燃材料堆场			50		

续表7.14

建筑物、堆场、储罐名称		变压器总油量/t		
		5~10	>10~50	>50
甲、乙类液体储罐	总储量/m³		1~50	25
			51~200	30
			201~1 000	40
			1 001~5 000	50
丙类液体储罐			5~250	25
			251~1 000	30
			1 001~5 000	40
			5 001~25 000	50
液化石油气储罐			<10	35
			10~30	40
			31~200	50
			201~1 000	60
			1 001~2 500	70
			2 501~5 000	80
湿式可燃气体储罐			≤1 000	25
			1 001~10 000	30
			10 001~50 000	35
			>50 000	40
湿式氧化储罐			≤1 000	25
			1 001~50 000	30
			>50 000	35

注:①防火间距应从距建筑物、堆场、储罐最近的变压器外壁算起,但室外变、配电构架距堆场、储罐和甲、乙类的厂房不宜小于25 m,距其他建筑物不宜小于10 m;

②本条的室外变、配电站,是指电力系统电压为35~500 kV,且每台变压器容量在1 000 kVA以上的室外变、配电站,以及工业企业的变压器总油量超过5 t的室外总降压变电站;

③发电厂内的主要变压器,其油量可按单台确定;

④干式可燃气体储罐的防火间距应按本表湿式可燃气体储罐增加25%。

(4)厂区围墙与厂内建筑的间距不宜小于5 m,围墙两侧建筑物之间应满足防火间距要求。

(5)甲、乙、丙类液体储罐宜布置在地势较低的地带,桶装、瓶装甲类液体不应露天布置。甲、乙、丙类液体的储罐区和乙、丙类液体的桶罐堆场与建筑物的防火间距,不应小于表7.15的规定。

表 7.15　储罐、堆场与建筑物的防火间距　　　　　　单位:m

名　　称	一个罐区或堆场的总储量/m³	耐　火　等　级		
		一、二级	三级	四级
甲、乙类液体	1～50	12	15	20
	51～200	15	20	25
	201～1 000	20	25	30
	1 001～5 000	25	30	40
丙类液体	5～250	12	15	20
	251～1 000	15	20	25
	1 001～5 000	20	25	30
	5 001～25 000	25	30	40

注:①防火间距应从建筑物最近的储罐外壁、堆垛外缘算起,但储罐防火堤外侧基脚线至建筑物的距离不应小于 10 m;

②甲、乙、丙类液体的固定顶储罐区、半露天堆场和乙、丙类液体堆场与甲类厂(库)房以及民用建筑的防火间距,应按本表的规定增加 25%。但甲、乙类液体储罐区、半露天堆场和乙、丙类液体的堆场与上述建筑物的防火间距不应小于 25 m,与明火或散发火花地点的防火间距,应按本表四级建筑的规定增加 25%;

③浮顶储罐或闪点大于 120℃的液体储罐与建筑物的防火间距,可按本表的规定减少 25%;

④一个单位如有几个储罐区时,储罐区之间的防火间距不应小于本表相应储量储罐与四级建筑的较大值;

⑤石油库的储罐与建筑物、构筑物的防火间距可按《石油库设计规范》的有关规定执行。

(6)甲、乙、丙类液体装卸鹤管与建筑物的防火间距不应小于表 7.16 的规定。

表 7.16　液体装卸鹤管与建筑物的防火间距　　　　　　单位:m

名　　称	耐　火　等　级		
	一、二级	三级	四级
甲、乙类液体装卸鹤管	14	16	18
丙类液体装卸鹤管	10	12	14

7.4　工业建筑的安全疏散设计防火

7.4.1　安全出口及数量

厂房、库房安全出口的规定和要求如下。

(1)厂房安全出口的数量,不应少于两个,但符合下列要求的可设一个。

①甲类厂房,每层建筑面积不超过 100 m² 且同一时间的生产人数不超过 5 人;

②乙类厂房,每层建筑面积不超过 150 m² 且同一时间的生产人数不超过 10 人;

③丙类厂房,每层建筑面积不超过 250 m² 且同一时间的生产人数不超过 20 人;

④丁、戊类厂房,每层建筑面积不超过 400 m² 且同一时间的生产人数不超过 30 人。

(2)厂房的地下室、半地下室的安全出口的数目,不应少于两个,但使用面积不超过

50 m² 且人数不超过 15 人时可设一个。

(3)地下室、半地下室如用防火墙隔成几个防火分区时,每个防火分区可利用防火墙上通向相邻分区的防火门作为第二安全出口,但每个防火分区必须有一个直通室外的安全出口。如图 7.3 所示。

(4)库房或每个防火隔间(冷库除外)的安全出口数目不宜少于两个。但一座多层库房的占地面积不超过 300 m² 时,可设一个疏散楼梯,面积不超过 100 m² 的防火隔间,可设置一个门。

(5)库房(冷库除外)的地下室、半地下室的安全出口数目不应少于两个,但面积不超过 100 m² 时可设一个。

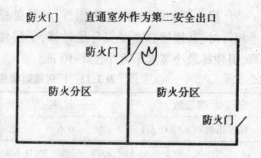

图 7.3　地下室的安全出口

7.4.2　安全疏散距离

厂房内最远工作地点到外部出口或楼梯的距离(图 7.4),不应超过表 7.17 的规定。

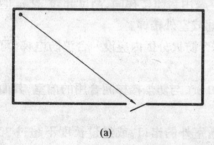
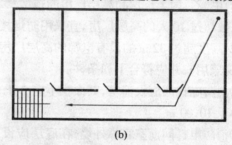

(a)　　　　　　　　　　　　　　(b)

图 7.4　厂房内最远工作点到外部出口或楼梯间的距离

表 7.17　厂房安全疏散距离　　　　　　　　　　　　　　单位:m

生产类别	耐火等级	单层厂房	多层厂房	高层厂房	厂房的地下室、半地下室
甲	一、二级	30	25	—	—
乙	一、二级	75	50	30	—
丙	一、二级	80	60	40	30
	三级	60	40	—	—
丁	一、二级	不限	不限	50	45
	三级	60	50	—	—
	四级	50	—	—	—
戊	一、二级	不限	不限	75	60
	三级	100	75	—	—
	四级	60	—	—	—

7.4.3　安全出口、走道、楼梯的宽度

厂房每层的疏散楼梯、走道、门的各自总宽度,应按表 7.18 的规定计算,当各层人数不相等时,其楼梯总宽度应分层计算,下层楼梯总宽度按其上层人数最多的一层人数计算,但楼梯最小宽度不宜小于 1.10 m。

表 7.18　厂房疏散楼梯、走道和门的宽度指标

厂房层数	一、二层	三层	≥四层
宽度指标/(m/100 人)	0.6	0.8	1.0

注:①当使用人数少于 50 人时,楼梯、走道和门的最小宽度可适当减少;但门的最小宽度不应小于 0.8 m;
　　②表中规定的宽度均指净宽度。

底层外门的总宽度,应按该层或该层以上人数最多的一层计算,但疏散门的最小宽度不宜小于 0.90 m;疏散走道的宽度不宜小于 1.40 m。

库房、筒仓的室外金属梯可作为疏散楼梯,但其净宽度不应小于 60 cm。

7.4.4　疏散楼梯、电梯的设置

(1)甲、乙、丙类厂房和高层厂房的疏散楼梯应采用封闭楼梯间,高度超过 32 m 的且每层人数超过 10 人的高层厂房,宜采用防烟楼梯间或室外楼梯。

(2)高度超过 32 m 的设有电梯的高层厂房,每个防火分区内应设一台消防电梯(可与客、货梯兼用),并应符合下列条件。

①消防电梯间应设前室,其面积不应小于 6.00 m²,与防烟楼梯间合用的前室,其面积不应小于 10.00 m²。

②消防电梯间前室宜靠外墙,在底层应设直通室外的出口,或经过长度不超过 30 m 的通道通向室外。

③消防电梯井、机房与相邻电梯井、机房之间,应采用耐火极限不低于 2.50 h 的墙隔开;当在隔墙上开门时,应设甲级防火门。

④消防电梯间前室,应采用乙级防火门或防火卷帘。

⑤消防电梯,应设电话和消防队专用的操纵按钮。

⑥消防电梯的井底,应设排水设施。

(3)高度超过 32 m 的设有电梯的高层塔架,当每层工作平台人数不超过 2 人时,可不设消防电梯。

(4)丁、戊类厂房,当局部建筑高度超过 32 m 且局部升起部分的每层建筑面积不超过 50 m² 时,可不设消防电梯。

(5)高度超过 32 m 的高层库房应设消防电梯。设在库房连廊、冷库穿堂或谷物筒仓工作塔内的消防电梯,可不设前室。

7.4.5　对疏散楼梯和门的要求

(1)除一、二级耐火等级的戊类多层库房外,供垂直运输物品的升降机,宜设在库房

外。当必须设在库房内时,应设在耐火极限不低于 2.00 h 的井筒内,井筒壁上的门,应采用乙级防火门。

(2)库房、筒仓的室外金属梯可作为疏散楼梯,但其净宽度不应小于 60 cm,倾斜度不应大于 60°。栏杆扶手的高度不应小于 0.8 m。

(3)高度大于 32 m,人数超过 10 人时可设置防烟楼梯间。如果高度小于 32 m 的厂房,人数不足 10 人或只有 10 人时可仅设置封闭楼梯间。另外,当厂房开敞时也可不作封闭楼梯间。但如厂房内人员较多,为保证人员疏散,有条件还是以设置封闭楼梯间为好。

(4)疏散用楼梯和疏散通道上的阶梯,不应采用螺旋楼梯和扇形踏步,但踏步上下两级所形成的平面角度不超过 10°,且每级离扶手 25 cm 处的踏步宽度超过 22 cm 时可不受此限制,图 7.5 所示,适合于疏散楼梯踏步的高宽关系如图 7.6 所示。

(5)高度超过 10 m 的三级耐火等级建筑,应设通往屋顶的室外消防梯,但不应面对老虎窗,并宜离地面 3 m 设置,宽度不应超过 50 cm。

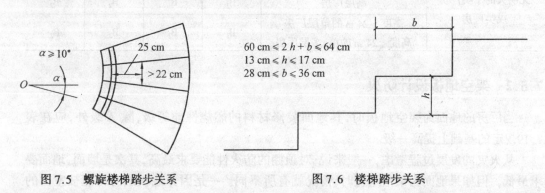

图 7.5　螺旋楼梯踏步关系　　　　　　图 7.6　楼梯踏步关系

7.5　工业建筑内部装修设计防火

7.5.1　装修防火标准

工业厂房内部各部位的装修也应符合《建筑内部装修设计防火规范》中的有关要求。该规范规定厂房内部各部位装修材料的燃烧性能等级,不应低于表 7.19 中的规定。

表中对工业厂房进行分类时,根据生产的火灾危险性特征将厂房分为甲、乙、丙、丁、戊五类,根据厂房内部装修的特点,将甲类、乙类及有明火的丁类厂房归入第一栏中;将丙类厂房归入第二栏中;把无明火的丁类厂房和戊类厂房归入第三栏中。

对甲、乙类厂房和有明火的丁类厂房均要求采用 A 级装修材料,这是考虑到甲、乙类厂房均具有爆炸危险,而有明火操作的丁类厂房虽然生产物并不危险,但明火对装修材料则构成了威胁,所以对这一类情况作了很高的要求。

表 7.19 将厂房划分为地下、高层和其他三种情况,然后再对每种情况分别做出具体的要求。

表 7.19　工业厂房内部各部位装修材料的燃烧性能等级

工业厂房分类	建筑规模	装修材料燃烧性能等级			
		顶　棚	墙　面	地　面	隔　断
		A	A	A	A
甲、乙类厂房 有明火的丁类厂房		A	A	A	A
丙类厂房	地下厂房	A	A	A	B_1
	高层厂房	A	B_1	B_1	
	高度＞24 m 的单层厂房 高度≤24 m 的单、多层厂房	B_1	B_1	B_2	B_2
无明火的丁类厂房 戊类厂房	地下厂房	A	A	B_1	B_1
	高层厂房	B_1	B_1	B_2	B_2
	高度＞24 m 的单层厂房 高度≤24 m 的单、多层厂房	B_1	B_2	B_2	B_2

7.5.2　架空地板设计防火

当厂房的地面为架空地板时,其地面装修材料的燃烧性能等级,除 A 级外,应在表7.19规定的基础上提高一级。

从火灾的发展过程考虑,一般来说,对顶棚的防火性能要求最高,其次是墙面,地面要求最低。但如果地面为架空地板时,情况就有所不同。一是因为地板既有可能被室内的火点燃,又有可能被来自地板下的火点燃;二是因为架空后的地板,火势蔓延的速度较快。所以对这种结构的地板提出了较高的要求。

7.5.3　贵重设备房间内装修设计防火

对计算机的机房、中央控制室等装有贵重机器、仪器、仪表的厂房,其顶棚和墙面应采用 A 级装修材料;地面和其他部位应采用不低于 B_1 级的装修材料。

这里所说的"贵重"主要有两个含义。

(1)设备本身的价格昂贵,一旦遭受火灾损失很大;

(2)这些设备属于影响工厂或地区生产全局的关键设施,如发电厂、化工厂的中心控制设备等。这些设备一旦受损,除自身价值丧失之外,还会导致大规模的连带损失。

7.5.4　厂房附属办公用房内装修设计防火

厂房附设的办公室、休息室等内部装修材料的燃烧性能等级,应符合表 7.19 中的相应要求。

为了满足工厂的工人在生产过程中的劳动卫生需要,给工人创造良好的劳动卫生条件并且保证产品的质量,各厂房除了布置有生产工段外,还需在相应位置设置生活福利用房,一般也称休息室。另外,出于管理方面的需要,在厂房内也常开辟出一些独立的空间专用于办公,称之为办公室。对这些房间同样提出了内装修防火要求。其中有如下两个考虑。

(1)不能因办公室、休息室的装修失火而波及到整个厂房的安全。

(2)要确保办公室、休息室内人员的生命安全。

所以,要求厂房本身所附设的办公室、休息室等内部空间的内装修材料的燃烧性能等级,应与厂房的要求相同。从民用建筑的角度看,该要求在某些建筑类型中是偏严的,但这是有必要的,并且在实际操作中也并不难做到。

思 考 题

1.工业建筑的火灾危险性分类的依据是什么?

2.单多层工业建筑的耐火等级确定的依据是什么?

3.设有自动灭火系统厂房的防火分区面积有何规定?

4.甲类厂房的防火间距有什么要求?

5.工业建筑的安全疏散与民用建筑安全疏散有什么不同?

6.甲、乙类厂房内部装修材料选择有何要求?

第2编 建筑设计抗震

第２章　■■■■■■■

第8章 地震与防震基础知识

地震是一种自然现象,人们通常所说的地震,实际上是构造地震,它是地球不断运动变化的一种表现结果。地球内部深层物质的不断运动变化,促使地壳也不断运动变化,并且在那里逐渐积累能量。当能量在地壳某些脆弱地带积累到足够大时,平衡被打破,岩层就会破裂,原有断层也会重新错动,它们当中任何一种力量都会引起地球表层的振动,这就是发生地震的真正原因。

地球内部发生地震的地方叫震源。震源在地球表面的投影点叫震中。震中到地面上任何一点的距离叫做震中距。

8.1 地震的分类

通常,划分地震种类的方法有以下几种。

(1)根据地震的成因,地震可分为构造地震、火山地震、塌陷地震、诱发地震和人工地震。

构造地震是人们通常所说的地震,这种地震占世界地震总数的80%~90%左右;

火山地震是由于火山的爆发引起的地震,这种地震占世界地震总数的7%左右;

塌陷地震是因地下岩洞坍塌、大型山崩或矿井顶部塌陷而引起的地震,它占世界地震总数的3%左右;

诱发地震是由于人类活动如水库蓄水、矿山采矿、油田抽油注水等引发的地震;

人工地震是指核爆炸、工程爆破、机械振动等人类活动引起的地面震动。

(2)根据震级大小,地震可分为七类,如表8.1所示。

表 8.1 地震的分类

类 型	震 级
超微震	震级 < 1
弱震和微震	1 ≤ 震级 < 3
有感地震	3 ≤ 震级 < 4.5
中强地震	4.5 ≤ 震级 < 6
强烈地震	6 ≤ 震级 < 7
大地震	7 ≤ 震级 < 8
巨大地震	震级 ≥ 8

(3)根据震源深度,地震可分为深源地震、中源地震和浅源地震。震源深度是指震中到震源的垂直距离。震源深度在 60 km 以内的地震称为浅源地震;震源深度在 60 km 到 300 km 的地震称中源地震;震源深度超过 300 km 的地震称深源地震。目前记录到的最大震源深度为 720 km。

(4)根据震中距的大小,地震又可分为地方震、近震和远震。震中距在 100 km 以内的地震称地方震;震中距在 100～1 000 km 以内的地震称近震;震中距大于 1 000 km 的地震称远震。

8.2　地震震级与地震烈度

地震震级表示地震本身大小的等级,是用地震仪器测出来的。震级的大小与震源释放出的能量多少有关,能量越大、震级越大。震级相差一级,能量相差约 30 倍。一般小于 3 级的地震,人们感觉不到,称为微震;3、4 级的地震,人们已有所感觉,物体也有晃动,称有感地震;5 级以上,在震中附近已引起不同程度的破坏,统称为破坏性地震;7 级以上为大地震;8 级以上称巨大地震。到目前为止,所记录到的世界最大地震是 1960 年 5 月 22 日发生在智利的 8.9 级地震。

地震烈度表示地震造成地面上各地点的破坏程度。地震烈度与震级、震中距、震源深度、地质构造和建筑物、构筑物地基条件有关,地震烈度的大小是根据人的感觉以及地面房屋的受破坏程度综合评定的结果。每次地震的震级虽只有一个,然而各地区由于距震中远近不同,地质情况和建筑情况不同,所受到的影响不一样,因而烈度各异。

我国目前使用的是 12 度烈度表,在这个烈度表中,不同烈度的地震,对于房屋和构筑物的破坏情况大体如表 8.2 所示。

表 8.2　不同烈度的地震,对于房屋和构筑物的破坏情况

地　震　烈　度	破　坏　情　况
小于 3 度	人无感觉,只有仪器才能记录到
3 度	在夜深人静时人有感觉
4～5 度	睡觉的人会惊醒,吊灯摇晃
6 度	器皿倾倒,房屋轻微损坏
7～8 度	房屋受到破坏,地面出现裂缝
9～10 度	房屋倒塌,地面破坏严重
11～12 度	毁灭性的破坏

地震烈度是根据人的感觉以及家具和物品的振动情况、房屋和构筑物遭受破坏情况等定性描绘地震强烈程度。一般来说,震中区烈度最大,离震中越远则烈度越小。震中区的烈度称为震中烈度,用 I 表示,在一般震源深度(约 15～20 km)情况下,震级与震中烈度的关系大致如表 8.1 所示的震级与地震的类型关系。例如,1976 年的唐山地震,震级 $M=$

7.8,震中烈度为 11 度。受唐山地震的影响,天津市地震烈度为 7 度,北京市地震烈度为 6 度,再远到石家庄、太原等地的地震烈度就只有 4 至 5 度了。烈度分基本烈度和设计烈度。

(1)基本烈度是指某一地区,在今后一定的时间内和一般的场地条件下,可能普遍遭遇到的最大地震烈度值。各个地区的基本烈度,是根据当地的地质、地形条件和历史地震情况等,由有关部门确定的。

(2)设计烈度是建筑物抗震设计中实际采用的地震烈度。设计烈度是根据建筑物的重要性,在基本烈度的基础上按区别对待的原则确定。

对于特别重要的建筑物,经国家批准,设计烈度要按基本烈度提高一度采用。所谓特别重要的建筑物,是指具有重大政治、经济意义和文化价值的以及次生灾害特别严重的少数建筑物,这些建筑物必须保证具有特殊的安全度。

对于重要建筑物,设计烈度按基本烈度采用。所谓重要建筑物是指在使用、生产及政治经济上具有较大影响的,以及地震时容易产生次生灾害的,或一旦破坏后修复较困难的建筑物。如医院、消防、供水、供电等建筑物,地震发生时要保证救灾和人民生活的需要,电讯、交通等建筑物则除上述原因外,还涉及国内、国际影响,地震时不能中断使用,另外,重要企业中的主要生产厂房及重要的物资贮备仓库、重要的公共建筑、高层建筑、住宅、旅馆等,都属于重要的建筑物。

对于次要建筑物,设计烈度可比基本烈度降低一度采用。如一般仓库、人员较少的辅助建筑物等。为了避免有些建筑物在设计烈度降低后地震时会有较大的破坏甚至在高烈度时有倒塌的危险,它的抗震构造措施仍可按基本烈度考虑,以保证房屋的基本抗震要求。此外,为了保证 7 度地区的建筑物都具有一定的抗震能力,当基本烈度为 7 度时设计烈度不降低。

对于临时性建筑物,可不考虑设防。

现行的《建筑抗震设计规范》(GB 50011—2001)要求抗震设防烈度必须按国家规定的权限审批、颁发的文件(图件)确定。一般情况下,抗震设防烈度可采用中国地震动参数区划图的地震基本烈度(或与《建筑抗震设计规范》设计基本地震加速度值对应的烈度值)。

地震震级与地震烈度是描述地震现象的两个参数。地震震级与地震烈度是一种因果关系,地震震级是起因,地震烈度是后果,一次地震只有一个震级而地震烈度值可以有多个。地震震级越大,地震烈度越高。离震中越远,地震烈度越低;离震中越近,地震烈度越高。震源深度越浅,地震烈度越高;震源深度越深,地震烈度越低。

8.3 地震波和地震带

地震发生时,由震源向四周传播的弹性波,称为地震波。由地震波引起的地面振动,正是造成人们有感觉和房屋破坏的直接原因。地震波分为纵波、横波、面波等。

纵波就是纵振动的传播。纵振动的方向与波传播方向一致。在震中区,人们对纵波的感觉是上下颠动。

横波就是横振动的传播。横振动的方向与波传播方向垂直。在震中区,人们对横波的感觉是前后左右晃动。因横波速度比纵波速度小,故横波跟在纵波后面。纵波和横波统称为体波,当地震体波到达岩层界面或地表时,会产生沿着界面或地表传播的幅度很大的波,称为面波。因面波速度比横波速度小,故面波跟在横波后面。

地震发生较多又比较强烈的地带,称地震带。世界主要有两大地震带:环太平洋地震带和欧亚地震带。

8.4 地震灾害及其特点

自古以来,地震灾害严重威胁着人类生命、财产的安全和社会经济的发展,它与水灾、旱灾、风灾、虫灾、雹灾、瘟疫并称为七大自然灾害。地震灾害之所以是群灾之首,首先因为地震灾害是立体灾害,它可以导致其他灾害发生,从而形成灾害链;其次因为地震灾害死亡人数多。20世纪以来,全世界死于地震灾害的总人数为120多万,占各种自然灾害死亡人数的54%以上。

地震的直接灾害有建筑物的破坏以及山崩、滑坡、地裂、地陷、喷水冒沙等地表的破坏和海啸等。

地震次生灾害有因地震的直接破坏而引起的一系列其他灾害,包括建筑物、工程设施破坏而引起的火灾、水灾和煤气、有毒气体泄露;细菌、放射物扩散、瘟疫、饥荒等对生命财产造成的灾害;社会功能瓦解、社会经济瘫痪等社会性灾害。

破坏性地震发生时,影响人员伤亡的因素有地震强度(震级和烈度);震中距离;震区人口密度;建筑物的抗震性能及密度;发震季节和时间;有无地震预报;有无地震应急预案;抢救速度;人们是否具有防震减灾知识。

防震减灾是防御地震与减轻地震灾害的简称。防震与减灾是一种因果关系,只有防御地震,才能减轻地震灾害。防震减灾包含地震监测预报、地震灾害预防、地震应急、震后救灾与重建四个工作环节的全部内容。

影响地震灾害大小的因素有自然因素和社会因素,包括震级、震中距、震源深度、发震时间、发震地点、地震类型、地质条件、建筑物抗震性能、地区人口密度、经济发展程度和社会文明程度(包括公民防震减灾意识)等。

地震灾害的特点有如下几点。

(1)突发性致灾。在大地震发生的十几秒到几十秒的过程中就可以将一座百万人口的城市夷为平地,造成上百万人死、伤,数百万甚至上千万人口受灾,大面积的建筑物和工程设施被摧毁,生产停顿、社会瘫痪,城市功能消失。

(2)立体性灾害。地震灾害特别是重灾和特大灾害除了大量死伤人员以外,还会伴生各种其他灾害如火灾、水灾、毒气、放射性辐射、各种污染、滑坡、泥石流、山崩、建筑物、工程设施倒塌等,此外还会造成各种社会灾害,如生命线工程被毁、交通、通信中断、停工、停产、社会恐慌混乱、疾病和瘟疫流行等。

(3)分布广、影响范围大。地震破坏最严重的虽然是震中区,但是波及面广,而且所造成的社会影响又远远超出地震波及区。例如,1976 年 7.8 级的唐山大地震,波及整个华北地区,连远在千里之外的陕西、安徽、黑龙江等地都有地震颠簸的感觉。其社会影响则更加深远,那一年下半年大半个中国的老百姓搭简易防震棚露宿户外。

(4)预测、预防难度大。决定地震灾害大小程度的因素很多,除了要考虑导致地震灾害的直接因素外,还要考虑诸多的社会、人文因素,因此,地震灾害的预测和预防难度大。

8.5 全球的地震分布与活动

全球的地震分布与地震活动有一定规律性,就地震分布而言,全球的地震分布是不均匀的,它受地质构造条件控制,具有区带性分布特点。从全球地震分布图可以发现,绝大多数地震都集中在相当狭窄的条带上,而这些条带与太平洋板块、欧亚板块、印度板块、非洲板块、美洲板块、南极洲板块边界吻合极好,地震工作者把这些条带称为地震断裂带。全球主要有两大地震带,一是环太平洋地震带,它是全球地震活动最强烈的地震带,全球 80% 的地震都发生在这里;二是欧亚地震带,也称为地中海—喜马拉雅地震带,它是全球第二个集中发生地震的地方,全球 15% 的地震发生在这里;此外,还有大西洋海岭地震带、太平洋海隆地震带。

我国地处世界两大地震集中发生地带,即环太平洋地震带与欧亚地震带之间。由于受太平洋板块、印度洋板块和菲律宾板块的挤压作用,地震活动不仅频度高、强度大,而且分布范围广,是一个多地震国家。

1976 年 7 月 28 日凌晨 3 点 42 分,正在人们熟睡之际,一次 7.8 级强烈地震袭击了我国唐山市,数秒内把一座百年的老城夷为平地。造成 24 万多人死亡,16 万多人重伤,经济损失达百亿元。此次地震波及全国 14 个省、自治区、直辖市。唐山地震是 20 世纪以来人类所蒙受的巨大地震灾难之一。

据 20 世纪初至 1996 年底的统计资料,我国共发生 5 级以上地震 3 000 次,6 级以上地震 792 次;7 级以上地震 117 次,8 级以上地震 9 次。20 世纪以来,全球大陆 7 级以上强震,中国约占 35%。全球 3 次 8.5 级以上巨大地震,有 2 次发生在中国内地。中国几乎所有省、自治区、直辖市在历史上都遭受过 6 级以上地震的袭击。

我国不仅是一个多地震国家而且是遭受地震灾害最严重的国家,全国地震基本烈度 6 度和 6 度以上地区面积约占国土面积的 79%,处在地震基本烈度 6 度和 6 度以上地区的省会城市和直辖市共有 30 个,处于 7 度和 7 度以上地区的省会城市和直辖市共 22 个,占 71%。人口在 50 万以上的 61 个大、中城市中,处于 6 度和 6 度以上地区的城市有 33 个,占 54.1%。20 世纪以来,中国死于地震的人数高达 77.2 万多,约占全世界地震死亡人数的 43%。1949 年以来,100 多次破坏性地震袭击了中国内地 22 个省、自治区、直辖市,造成 27.26 万余人丧生,占中国各类灾害死亡人数的 50% 左右。地震成灾面积达 30 多万平方千米,民房与公共建筑倒塌 1 302 万间,损坏 1 459 万间,经济损失累计达 200 亿元人民币。中国是发展中国家,人口众多,科学技术不够发达,经济实力弱,公民的防震减灾意识与技能差,我国总体抗震能力不如发达国家,地震成灾率远远高于日本、美国等多地震的发达国家。

我国地震多、强度大、震源浅、分布广,这些特点增加了抗震设防的困难,使抗震设防更为局限。地震频率高,使得一些地区多次反复遭受地震破坏,大大降低建筑物的抗震性能;震源浅意味着地震的破坏力更强;地震分布广导致不能普遍抗震设防,这就使抗震设计工作更为复杂。

以唐山大地震为例,其地震灾害主要表现在两个方面,一是死伤人员数目巨大;二是城市被毁灭。但是死伤不是直接由于地震,而是被震塌的建筑物所伤。因此,造成唐山大地震那么多人死亡和城市毁灭的原因,一是唐山市没有抗震设防;二是地震短临预报未能做出,如果短临预报能够发布,那么少死伤人是完全可能的,但是城市毁灭照样不可以抗御,经济损失照样存在,原因还是没有抗震能力;三是当地没有形成成熟的地震应急反应预案,没有适时采取有效的针对可能发生的地震灾害的预防措施。

地震造成人员伤亡的直接原因是地表的破坏和建筑物、工程设施的破坏与倒塌。有人对世界上 130 次伤亡巨大的地震灾害进行过分类统计,发现其中 95%以上的伤亡是由于建筑物、工程设施破坏、倒塌造成的。因此看来,建筑物、工程设施必须抗震设防,使之在破坏性地震中不损毁、不倒塌,是避免人员伤亡的关键。

8.6　地震灾害防御及措施

地震灾害防御是指地震发生前应做的防御性工作。震害防御措施主要有工程性防御措施和非工程性防御措施。

8.6.1　工程性防御措施

工程性防御措施是减轻地震灾害最主要的途径。地震前的工程性防御措施是抗震设防和抗震加固,是用工程来完成防御建筑物遭受地震破坏、减轻地震灾害的措施,基于中国的国情,工程性防御措施不是普遍施行的,《中国地震动参数区划图》(GB 18306—2001)规定下列地区的抗震设防要求需要作专门研究。

(1)抗震设防要求高于本地震动参数区划图抗震设防要求的重大工程,可能发生严重次生灾害的工程、核电站和其他有特殊要求的核设施建设工程;

(2)位于地震动参数区划分界线附近的新建、扩建、改建建设工程;

(3)某些地震研究程度和资料详细程度较差的边远地区;

(4)位于复杂工程地质条件区域的大城市、大型厂矿企业、长距离生命线工程以及新建开发区等。

采取工程性防御措施后的建筑物、构筑物,抗震设防目标是,小震不坏、中震可修、大震不倒。

8.6.2　非工程性防御措施

非工程性防御措施主要是指政府及有关部门或者机构和社会公众所从事的旨在提高

抗御地震灾害能力,增强全社会的防震减灾意识的依法减灾活动。其内容包括建立国家、省、市(地)、县(市)各级防震减灾体系,制定防震减灾计划及地震应急预案,制定防震减灾行政法规,进行防震宣传教育和训练、演习,防震技术的研究和救灾设备的研制及地震保险等。

8.7　建设工程抗震设防的主要规定

抗震设防是指按照抗御地震破坏的准则和技术指标完成的建设工程。建设工程进行抗震设防是地震灾害预防环节中最主要的防御措施,对提高全社会抗御地震灾害的能力,减轻地震灾害损失起着十分重要的作用。《中华人民共和国防震减灾法》中对建设工程的抗震设防作了明确的规定。

(1)新建、扩建、改建建设工程,必须进行抗震设防,达到抗震设防要求。

一般工业与民用建筑建设工程,必须按照国家颁布的《中国地震动参数区划图》规定的抗震设防要求进行抗震设防。

重大建设工程和可能发生严重次生灾害的建设工程,核电站和核设施建设工程必须进行地震安全性评价,并根据经过国家或省级地震行政部门审定的地震安全性评价结果,确定抗震设防要求,进行抗震设防。

(2)建设工程必须按照抗震设防要求和抗震设计规范进行抗震设计,并按抗震设计进行施工。

(3)已建成的重大建设工程、可能发生严重次生灾害、有重大文物价值和纪念意义以及地震重点监视防御区的建筑物、构筑物,未采取抗震设防措施的,应当按照国家有关规定进行抗震性能鉴定,并采取必要的抗震加固措施。

建设工程抗震设防管理一般可分为抗震设防要求确定、抗震设计和施工三个环节。建筑抗震设计和施工是减轻地震灾害的重要环节,由建设行政主管部门、各专业主管部门负责审批和监督管理。抗震设计必须遵循抗震设防要求和抗震设计规范。抗震设计规范制定了建设工程达到抗震设防要求所应遵循的原则和具体技术规定,包括工程场地选择、平面立面布置、抗震结构体系、材料与施工、地震作用和结果验算以及构造措施等。施工必须按照设计图纸和有关施工规范进行,由有相应资质的施工单位承担。

思　考　题

1.什么是震源、震中、震中距?

2.根据地震的成因,地震可分为哪些类型?

3.什么是深源地震、中源地震和浅源地震?

4.什么是地震震级、地震烈度?

5.什么是基本烈度和设计烈度?

6.什么是地震直接灾害和地震次生灾害?

第 9 章　建筑设计抗震的基本要求

9.1　建筑抗震设防目标

新的《建筑抗震设计规范》(GB 50011—2001)适用于抗震设防烈度为 6~9 度地区建筑工程的抗震设计及隔震、消能减震设计。抗震设防烈度大于 9 度地区的建筑和行业有特殊要求的工业建筑,其抗震设计应按有关的专门规定执行。抗震设防烈度为 6 度及以上地区的建筑,必须进行抗震设计。建筑的抗震设计,除应符合抗震设计规范要求外,尚应符合国家现行的有关强制性标准的规定。

按《建筑抗震设计规范》进行抗震设计的建筑,其抗震设防目标是,当遭受低于本地区抗震设防烈度的多遇地震影响时,一般不受损坏或不需修理仍可继续使用;当遭受相当于本地区抗震设防烈度的地震影响时,可能损坏,经一般修理或不需修理仍可继续使用;当遭受高于本地区抗震设防烈度预估的罕遇地震影响时,不致倒塌或发生危及生命的严重破坏。

9.2　建筑抗震设防分类和设防标准

建筑应根据其使用功能的重要性分为甲类、乙类、丙类、丁类四个抗震设防类别。

甲类建筑应属于重大建筑工程和地震时可能发生严重次生灾害的建筑;乙类建筑应属于地震时使用功能不能中断或需尽快恢复的建筑;丙类建筑应属于除甲、乙、丁类以外的一般建筑;丁类建筑应属于抗震次要建筑。

建筑抗震设防类别的划分,应符合国家标准《建筑工程抗震设防分类标准》(GB 50223—2004)的规定。

各抗震设防类别建筑的抗震设防标准(包括地震作用和抗震措施两个方面内容),应符合下列几点要求。

(1)甲类建筑。地震作用应高于本地区抗震设防烈度的要求,其值应按批准的地震安全性评价结果确定;抗震措施,当抗震设防烈度为 6~8 度时,应符合本地区抗震设防烈度提高一度的要求,当为 9 度时,应符合比 9 度抗震设防更高的要求。

(2)乙类建筑。地震作用应符合本地区抗震设防烈度的要求;抗震措施,一般情况下,当抗震设防烈度为 6~8 度时,应符合本地区抗震设防烈度提高一度的要求,当为 9 度时,应符合比 9 度抗震设防更高的要求;地基基础的抗震措施,应符合有关规定。

对较小的乙类建筑,当其结构改用抗震性能较好的结构类型时,应允许仍按本地区抗震设防烈度的要求采取抗震措施。

(3)丙类建筑。地震作用和抗震措施均应符合本地区抗震设防烈度的要求。

(4)丁类建筑。一般情况下,地震作用仍应符合本地区抗震设防烈度的要求;抗震措施应允许比本地区抗震设防烈度的要求适当降低,但抗震设防烈度为6度时不应降低。

抗震设防烈度为6度时,除《建筑抗震设计规范》有具体规定外,对乙、丙、丁类建筑可不进行地震作用计算。

9.3 场地和地基

选择建筑场地时,应根据工程需要,掌握地震活动情况、工程地质和地震地质的有关资料,对抗震有利、不利和危险地段做出综合评价。对不利地段,应提出避开要求;当无法避开时应采取有效措施;不应在危险地段建造甲、乙、丙类建筑。

建筑场地为Ⅰ类时,甲、乙类建筑应允许仍按本地区抗震设防烈度的要求采取抗震构造措施;丙类建筑应允许按本地区抗震设防烈度降低一度的要求采取抗震构造措施,但抗震设防烈度为6度时仍应按本地区抗震设防烈度的要求采取抗震构造措施。

地基和基础设计应符合下列几点要求。

(1)同一结构单元的基础不宜设置在性质截然不同的地基上;

(2)同一结构单元不宜部分采用天然地基,部分采用桩基;

(3)地基为软弱粘性土、液化土、新近填土或严重不均匀土时,应估计地震时地基不均匀沉降或其他不利影响,并采取相应的措施。

选择建筑场地时,具体应按表9.1划分对建筑抗震有利、不利和危险的地段。

表9.1 有利、不利和危险地段的划分

地段类别	地质、地形、地貌
有利地段	稳定基岩,坚硬土,开阔、平坦、密实、均匀的中硬土等
不利地段	软弱土,液化土,条状突出的山嘴,高耸孤立的山丘,非岩质的陡坡,河岸和边坡的边缘,平面分布上成因、岩性、状态明显不均匀的土层(如故河道、疏松的断层破碎带、暗埋的塘汊沟谷和半填半挖地基)等
危险地段	地震时可能发生滑坡、崩塌、地陷、地裂、泥石流等及发展断裂带上可能发生地表位错的部位

建筑场地的类别划分,应以土层等效剪切波速和场地覆盖层厚度为准。

下列各建筑可不进行天然地基及基础的抗震承载力验算。

(1)砌体房屋。

(2)地基主要受力层范围内不存在软弱粘性土层的下列各建筑。

①一般的单层厂房和单层空旷房屋;

②不超过8层且高度在25 m以下的一般民用框架房屋;

③基础荷载与②项相当的多层框架厂房。

(3)《建筑抗震设计规范》规定可不进行上部结构抗震验算的建筑。

注:软弱粘性土层指 7 度、8 度和 9 度时,地基承载力特征值分别小于 80 kPa、100 kPa 和 120 kPa 的土层。

9.4 建筑设计和建筑结构的规则性

建筑设计应符合抗震概念设计的要求,不应采用严重不规则的设计方案。

建筑及其抗侧力结构的平面布置宜规则、对称,并应具有良好的整体性;建筑的立面和竖向剖面宜规则,结构的侧向刚度宜均匀变化,竖向抗侧力构件的截面尺寸和材料强度宜自下而上逐渐减小,避免抗侧力结构的侧向刚度和承载力突变。

当存在表 9.2 所列举的平面不规则类型或表 9.3 所列举的竖向不规则类型时,应按《建筑抗震设计规范》的有关规定,进行水平地震作用计算和内力调整,并应对薄弱部位采取有效的抗震构造措施。

表 9.2 平面不规则的类型

不规则类型	定　　义
扭转不规则	楼层的最大弹性水平位移(或层间位移),大于该楼层两端弹性水平位移(或层间位移)平均值的 1.2 倍
凹凸不规则	结构平面凹进的一侧尺寸,大于相应投影方向总尺寸的 30%
楼板局部不连续	楼板的尺寸和平面刚度急剧变化,例如,有效楼板宽度小于该层楼板典型宽度的 50%,或开洞面积大于该层楼面面积的 30%,或较大的楼层错层

表 9.3 竖向不规则的类型

不规则类型	定　　义
侧向刚度不规则	该层的侧向刚度小于相邻上一层的 70%,或小于其上相邻三个楼层侧向刚度平均值的 80%;除顶层外,局部收进的水平向尺寸大于相邻下一层的 25%
竖向抗侧力构件不连续	竖向抗侧力构件(柱、抗震墙、抗震支撑)的内力由水平转换构件(梁、桁架等)向下传递
楼层承载力突变	抗侧力结构的层间受剪承载力小于相邻上一楼层的 80%

不规则的建筑结构,应按下列要求进行水平地震作用计算和内力调整,并应对薄弱部位采取有效的抗震构造措施。

(1)平面不规则而竖向规则的建筑结构,应采用空间结构计算模型,并应符合下列几点要求。

①扭转不规则时,如图 9.1,应计算扭转影响,且楼层竖向构件最大的弹性水平位移和层间位移分别不宜大于楼层两端弹性水平位移和层间位移平均值的 1.5 倍;

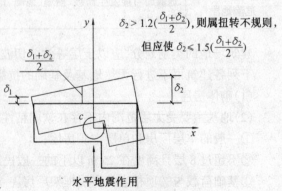

$\delta_2 > 1.2(\frac{\delta_1 + \delta_2}{2})$,则属扭转不规则,但应使 $\delta_2 \leqslant 1.5(\frac{\delta_1 + \delta_2}{2})$

图 9.1 建筑结构平面的扭转不规则示例

②凹凸不规则或楼板局部不连续时,如图 9.2、图 9.3,应采用符合楼板平面内实际刚度变化的计算模型,当平面不对称时尚应考虑扭转影响。

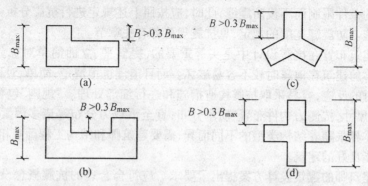

图 9.2　建筑结构平面的凹角或凸角不规则示例

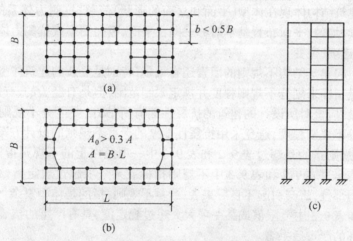

图 9.3　建筑结构平面的局部不连续示例

(2)平面规则而竖向不规则的建筑结构,应采用空间结构计算模型,其薄弱层的地震剪力应乘以 1.15 的增大系数,应按《建筑抗震设计规范》(GB 50011—2001)有关规定进行弹塑性变形分析,并应符合下列几点要求。

①竖向抗侧力构件不连续时,该构件传递给水平转换构件的地震内力应乘以 1.25～1.5 的增大系数;

②楼层承载力突变时,薄弱层抗侧力结构的受剪承载力不应小于相邻上一楼层的65%。

(3)平面不规则且竖向也不规则的建筑结构,应同时符合(1)、(2)条的要求。

砌体结构和单层工业厂房的平面不规则性和竖向不规则性,应分别符合《建筑抗震设计规范》有关章节的规定。

体型复杂、平立面特别不规则的建筑结构,可按实际需要在适当部位设置防震缝,形成多个较规则的抗侧力结构单元。

防震缝应根据抗震设防烈度、结构材料种类、结构类型、结构单元的高度和高差情况,留有足够的宽度,其两侧的上部结构应完全分开。当设置伸缩缝和沉降缝时,其宽度应符合防震缝的要求。

但是,体型复杂的建筑并不一概提倡设置防震缝,有些建筑结构,因建筑设计的需要或建筑场地的条件限制而不设防震缝,此时,应按照上述规定进行抗震分析并采取加强延性的构造措施。防震缝宽度的规定,见抗震规范各有关章节。

合理的建筑布置在抗震设计中是头等重要的,提倡平、立面简单对称。因为震害表明,简单、对称的建筑在地震时较不容易破坏。而且道理也很清楚,简单、对称的结构容易估计其地震时的反应,容易采取抗震构造措施和进行细部处理。"规则"包含了对建筑的平、立面外形尺寸,抗侧力构件布置、质量分布,直至承载力分布等诸多因素的综合要求。"规则"的具体界限随着结构类型的不同而异,需要建筑师和结构工程师互相配合,才能设计出抗震性能良好的建筑。

这就对建筑师的建筑设计方案提出了要求。应符合合理的抗震概念设计原则,宜采用规则的建筑设计方案,强调应避免采用严重不规则的设计方案。

规则的建筑结构体现在体型(平面和立面的形状)简单,抗侧力体系的刚度和承载力上下变化连续、均匀,平面布置基本对称。即在平面、竖向图形或抗侧力体系上,没有明显的、实质的不连续(突变)。

实际上引起建筑结构不规则的因素还有很多,特别是复杂的建筑体型,很难一一用若干简化的定量指标来划分不规则程度并规定限制范围,但是有经验的、有抗震知识素养的建筑设计人员,应该对所设计的建筑的抗震性能有所估计,要区分不规则、特别不规则和严重不规则等不规则程度,避免采用抗震性能差的严重不规则的设计方案,

这里,不规则指的是超过表9.2和表9.3中一项及以上的不规则指标;特别不规则,指的是多项均超过表9.2和表9.3中不规则指标或某一项超过规定指标较多,具有较明显的抗震薄弱部位,将会引起不良后果者;严重不规则,指的是体型复杂,多项不规则指标超过表9.2和表9.3中上限值或某一项大大超过规定值,具有严重的抗震薄弱环节,将会导致地震破坏的严重后果者。

建筑造型反映的是建筑各个部位的尺度和形状及其相互比例关系,在设计初期做出的建筑外型、平面布置、建筑的对称性以及结构的连续性在很大程度上决定了建筑的抗侧力能力。建筑造型结构体系的合理性与抗震验算相比是同等重要的。建筑师若在造型的安全性方面不够重视,将会损害建筑的抗震性能,对这种不利的造型,结构工程师也只能以较高的费用和复杂的结构措施进行一定的补救和改善。反之,如果从一个抗震良好的造型和合理的结构方案出发,即使是一个并不十分完善的结构也不会过多地损害建筑的最终抗震性能。即使在国外,地震区的建筑也很少采用复杂的平面或立面,片面强调造型的例子也不多。建筑师的贡献是设计出符合性能和美观要求,同时又能满足抗震安全的建筑。

9.5 建筑体型及尺寸

9.5.1 建筑高度

在水平方向地震作用的情况下,建筑的高度类似于重力作用下的悬臂梁的跨度。随

着建筑物高度的增加,它的自振周期一般也要加长,而周期的变化,意味着地震作用大小的变化。

我国抗震规范对多层砌体房屋、多层或高层钢筋混凝土房屋以及多层内框架砖房的总高度作了限制。砖石砌体是脆性材料,变形能力小,抗震潜力低,如果建筑总高度大,层数多,则震害也就重,所以,对高度的限制比较严;钢筋混凝土房屋有一定的延性,抗震潜力高,所以高度限值也就适当加宽;多层内框架砖房由于受四周砖墙的影响,使得其整体抗震性能不佳,《抗震规范》规定在 6 度地区,多层内框架砖房的最大高度为 16 m,层数为5 层。

9.5.2 平面尺寸

建筑物的高度直接关系地震倾覆力,它作为一个地震因素的重要性是显而易见的。大跨度、大面积对建筑抗震也有不利的影响,当平面尺寸特别大时,即使是对称或简单的外型,房屋作为一个单元,在地面运动中也会存在一些薄弱环节。

除非有许多内部抗侧力构件,否则平面尺寸大的建筑对大跨构件有严格要求。同时在抗震墙和抗侧力框架上会形成巨大的侧力。解决办法是增加一些抗震墙或框架,但这些措施可能在建筑使用上产生影响。

9.5.3 建筑的高宽比

在抗震设计中,建筑的比例可能比其绝对尺寸更有意义。高层建筑如同一根独立柱,其高宽比与建筑高度相比更显重要。另一方面,建筑物的自振周期与其高度成正比,与宽度成反比。即高度越大,自振周期越长,地震水平力越小;宽度或直径越大,自振周期越小,地震水平力越大。这与上述地震倾覆效应正好相反。

9.5.4 对称性

对称首先是指建筑造型的集合性质。

(1)房屋在平面上的对称有以下几种情况,如图 9.4 所示。

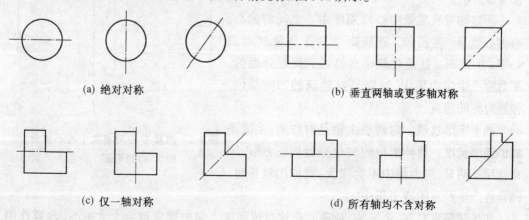

(a) 绝对对称　　　　　　　　　(b) 垂直两轴或更多轴对称

(c) 仅一轴对称　　　　　　　　(d) 所有轴均不含对称

图 9.4　房屋在平面上的对称情况

①对称于所有对称于中心的轴,如圆形。

②对称于相互垂直的轴、两轴或更多的轴的,如矩形、长方形、十字形、工字形。

③仅对称一个轴的。

④平面不规则,不对称于任何轴的。

(2)建筑沿高度的对称是指建筑立面上通过中央轴形成的对称,即各楼层的平面对称轴之间互相平行,而其中心在同一垂直线上,但竖向对称不如平面对称具有动力意义,如图9.5所示。实际上单从动力学来看,一座建筑不可能在立面上与下对称,因为它不是一个球体,而是基础固定在地基土内,另一端是自由的,振动正好从下边传来。

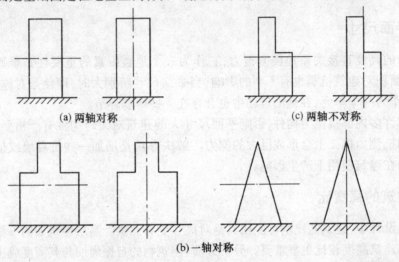

图 9.5

对称的核心问题是质量中心和刚度中心的重合,造型对称,而结构质量分布均匀,这时质量中心和刚度中心很有可能重合或基本重合。如果结构质量或刚度中心分布不均衡,二者就不能重合,如图9.6所示。

不对称导致质量中心与刚度中心之间的偏心。有偏心就会产生扭转。扭转矩 T 等于质量 M 与偏心矩 e 的乘积。这是建筑中经常遇到而难处理的。不对称产生应力集中,特别是在建筑的凹角部位,包括对称的建筑。

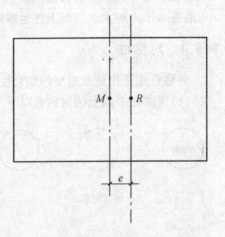

图9.6 质量中心与刚度中心不重合(间距为 e)的平面

如十字形建筑。对两根主轴是对称的,关键是翼的伸出长度。翼伸出很短时造型近似正方形,凹角作用不明显,应力集中不会很大;翼伸出较长时,凹角将产生严重的应力集中。

如果建筑更对称,更简洁,地震时建筑扭转和应力集中现象就会大大减少,地震作用的分析和预测就会更为简单。结果是抗震的安全性大大提高,设计施工更为经济。

对称性不仅指建筑外形,也包括结构细部,应力求建筑内部刚度和质量分布均匀。研究表明,即使细小的不对称,带来的地震反应也很敏锐。作为主要抵抗侧力的楼、电梯井就是这样的。

在外形对称的建筑内,不对称布置的楼梯间也会形成"不对称"。反之,虽然外形不对称,但只要将内部抗侧力构件设计成动力特性的对称状态,也能使扭转作用明显减小。这是外形不对称时正确的设计方法。

5.建筑物自重及其重心位置

建筑物所受地震荷载的大小和它的质量成正比。减轻建筑物质量是减少地震荷载最有效的途径,也是最经济的措施。要减轻建筑物的自重,就要在满足抗震强度情况下,尽量采用轻质材料来建造主体结构和围护结构。

在设计和使用时,应使房屋的重心尽量降低,以减小地震时房屋所承受的地震弯矩,这是一种具有实际意义的抗震措施。在房屋的使用安排上,如利用顶层当仓库或在顶层布置较重的设备等,使房屋头重脚轻,则对房屋抗震很不利。

9.6　建筑的结构体系、材料及施工

9.6.1　结构体系

结构体系应根据建筑的抗震设防类别、抗震设防烈度、建筑高度、场地条件、地基、结构材料和施工等因素,经技术、经济和使用条件综合比较确定。

1.结构体系应符合下列各项要求

(1)应具有明确的计算简图和合理的地震作用传递途径。

(2)应避免因部分结构或构件破坏而导致整个结构丧失抗震能力或对重力荷载的承载能力。

(3)应具备必要的抗震承载力,良好的变形能力和消耗地震能量的能力。

(4)对可能出现的薄弱部位,应采取措施提高抗震能力。

2.结构体系尚宜符合下列各项要求

(1)宜有多道抗震防线。

(2)宜具有合理的刚度和承载力分布,避免因局部削弱或突变形成薄弱部位,产生过大的应力集中或塑性变形集中。

(3)结构在两个主轴方向的动力特性宜相近。

3.结构构件应符合下列要求

(1)砌体结构应按规定设置钢筋混凝土圈梁和构造柱、芯柱或采用配筋砌体等。

(2)混凝土结构构件应合理地选择尺寸、配置纵向受力钢筋和箍筋,避免剪切破坏先于弯曲破坏、混凝土的压溃先于钢筋的屈服、钢筋的锚固粘结破坏先于构件破坏。

(3)预应力混凝上的抗侧力构件,应配有足够的非预应力钢筋。

(4)钢结构构件应合理控制尺寸,避免局部失稳或整个构件失稳。

4.结构各构件之间的连接,应符合下列要求

(1)构件节点的破坏,不应先于其连接的构件。

(2)预埋件的锚固破坏,不应先于连接件。

(3)装配式结构构件的连接,应能保证结构的整体性。

(4)预应力混凝土构件的预应力钢筋,宜在节点核心区以外锚固。

装配式单层厂房的各种抗震支撑系统,应保证地震时结构的稳定性。

9.6.2 结构材料与施工

建筑抗震结构对材料和施工质量的特别要求,应在设计文件上注明。

1.砌体结构

(1)烧结普通粘土砖和烧结多孔粘土砖的强度等级不应低于 MU10,其砌筑砂浆强度等级不应低于 M5。

(2)混凝土小型空心砌块的强度等级不应低于 MU7.5,其砌筑砂浆强度等级不应低于 M7.5。

2.混凝土结构

(1)框支梁、框支柱及抗震等级为一级的框架梁、柱、节点核芯区,混凝土的强度等级不应低于 C30;构造柱、芯柱、圈梁及其他各类构件不应低于 C20。

(2)抗震等级为一、二级的框架结构,其纵向受力钢筋采用普通钢筋时,钢筋的抗拉强度实测值与屈服强度实测值的比值不应小于 1.25;且钢筋的屈服强度实测值与强度标准值的比值不应大于 1.3。

3.钢结构

(1)钢材的抗拉强度实测值与屈服强度实测值的比值不应小于 1.2。

(2)钢材应有明显的屈服台阶,且伸长率应大于 20%。

(3)钢材应有良好的可焊性和合格的冲击韧性。

结构材料性能指标,尚宜符合下列要求。

(1)普通钢筋宜优先采用延性、韧性和可焊性较好的钢筋;普通钢筋的强度等级、纵向受力钢筋宜选用 HRB400 级和 HRB335 级热轧钢筋,箍筋宜选用 HRB335、HRB400 和 HPB235 级热轧钢筋。

注:钢筋的检验方法应符合现行国家标准《混凝土结构工程施工及验收规范》(GB 50204)的规定。

(2)混凝土结构的混凝土强度等级,9 度时不宜超过 C60,8 度时不宜超过 C70。

(3)钢结构的钢材宜采用 Q235 等级 B、C、D 的碳素结构钢及 Q345 等级 B、C、D、E 的低合金高强度结构钢;当有可靠依据时,尚可采用其他钢种和钢号。

9.7 非结构构件

非结构构件包括建筑非结构构件和建筑附属机电设备,自身及其与结构主体的连接,应进行抗震设计。建筑非结构构件一般指下列三类。

(1)附属结构构件,如女儿墙、高低跨封墙、雨篷等;

(2)装饰物,如贴面、顶棚、重物等;

(3)围护墙和隔墙。

处理好非结构构件和主体结构的关系,可防止附加灾害,减少损失。砌体填充墙与框架或单层厂房柱的连接,影响整个结构力性能和抗震能力。两者之间的连接处理不同时,影响也不同,故具体规定如下几方面。

(1)非结构构件的抗震设计,应由相关专业人员分别负责进行。附着于楼、屋面结构上的非结构构件,应与主体结构有可靠的连接或锚固,避免地震时倒塌伤人或砸坏重要设备。

(2)围护墙和隔墙应考虑对结构抗震的不利影响,避免不合理设置而导致主体结构的破坏。

(3)幕墙、装饰贴面与主体结构应有可靠连接,避免地震时脱落伤人。

(4)安装在建筑上的附属机械、电气设备系统的支座和连接,应符合地震时使用功能的要求,且不应导致相关部件的损坏。

思 考 题

1.按《建筑抗震设计规范》进行抗震设计的建筑,其抗震设防目标是什么?

2.建筑应根据哪些因素、分为几个抗震设防类别?

3.建筑抗震有利、不利和危险的地段各有什么特征?

4.建筑抗震对建筑设计和建筑结构的规则性有哪些要求?

5.建筑抗震设计中应如何减小建筑物自重并降低其重心位置,为什么?

6.建筑抗震设计中建筑非结构构件一般指哪些类型?

第 10 章　各种结构类型的建筑抗震设计要求

10.1　多层和高层钢筋混凝土房屋抗震设计

10.1.1　现浇钢筋混凝土房屋的结构类型和最大高度

现浇钢筋混凝土房屋的结构类型和最大高度应符合表 10.1 的要求。平面和竖向均不规则的结构或建造于Ⅳ类场地的结构,适用的最大高度应适当降低。

注:本章的"抗震墙"即国家标准《混凝土结构设计规范》(GB 50010—2002)中的剪力墙。

表 10.1　现浇钢筋混凝土房屋适用的最大高度　　　　单位:m

结构类型	烈　　　度			
	6	7	8	9
框　　架	60	55	45	25
框架 - 抗震墙	130	120	100	50
抗 震 墙	140	120	100	60
部分框支抗震墙	120	100	80	不应采用
框架 - 核心筒	150	130	100	70
筒中筒	180	150	120	80
板柱 - 抗震墙	40	35	30	不应采用

注:①房屋高度指室外地面到主要屋面板板顶的高度(不包括局部突出屋顶部分);

②框架 - 核心筒结构指周边稀柱框架与核心筒组成的结构;

③部分框支抗震墙结构指首层或底部两层框支抗震墙结构;

④乙类建筑可按本地区抗震设防烈度确定适用的最大高度;

⑤超过表内高度的房屋,应进行专门研究和论证,采取有效的加强措施。

10.1.2　钢筋混凝土房屋的抗震等级

钢筋混凝土房屋应根据烈度、结构类型和房屋高度采用不同的抗震等级,并应符合相应的计算和构造措施要求。丙类建筑的抗震等级应按表 10.2 确定。

表 10.2　现浇钢筋混凝土房屋的抗震等级

结　构　类　型		烈　　度						
		6		7		8		9
框架结构	高度/m	≤30	>30	≤30	>30	≤30	>30	≤25
	框架	四	三	三	二	二	一	一
	剧场、体育馆等大跨度公共建筑	三		二		一		
框架–抗震墙结构	高度/m	≤60	>60	≤60	>60	≤60	>60	≤50
	框　架	四	三	三	二	二	一	一
	抗震墙	三		二		一		一
抗震墙结构	高度/m	≤80	>80	≤80	>80	≤80	>80	≤60
	抗震墙	四	三	三	二	二	一	一
部分框支抗震墙结构	抗震墙	三	二	二	一	一	/	/
	框支层框架	二		二		一		
筒体结构	框架–核心筒　框架	三		二		一		
	核心筒	二		二		一		
	筒中筒　外　筒	三		二		一		
	内　筒	三		二		一		
板柱–抗震墙结构	板柱的柱	三		二		二		/
	抗震墙	二		二		二		

注:①建筑场地为 Ⅰ 类时,除 6 度外可按表内降低一度所对应的抗震等级采取抗震构造措施,但相应的计算要求不应降低;

②接近或等于高度分界时,应允许结合房屋不规则程度及场地、地基条件确定抗震等级;

③部分框支抗震墙结构中,抗震墙加强部位以上的一般部位,应允许按抗震墙结构确定其抗震等级。

钢筋混凝土房屋抗震等级的确定,尚应符合下列各项要求。

(1)框架–抗震墙结构,在基本振型地震作用下,若框架部分承受的地震倾覆力矩大于结构总地震倾覆力矩的 50％,其框架部分的抗震等级应按框架结构确定,最大适用高度可比框架结构适当增加。

(2)裙房与主楼相连,除应按裙房本身确定外,不应低于主楼的抗震等级;主楼结构在裙房顶层及相邻上下各一层应适当加强抗震构造措施。裙房与主楼分离时,应按裙房本身确定抗震等级。

(3)当地下室顶板作为上部结构的嵌固部位时,地下一层的抗震等级应与上部结构相同,地下一层以下的抗震等级可根据具体情况采用三级或更低等级。地下室中无上部结构的部分,可根据具体情况采用三级或更低等级。

(4)抗震设防类别为甲、乙、丁类的建筑,应按《建筑抗震设计规范》第 3.1.3 条规定和表 6.1.2 确定抗震等级;其中,8 度乙类建筑高度超过表 6.1.2 规定的范围时,应经专门研究采取比一级更有效的抗震措施。

注:本章"一、二、三、四级"即"抗震等级为一、二、三、四级"的简称。

10.1.3　防震缝

高层钢筋混凝土房屋宜避免采用《建筑抗震设计规范》第3.4节规定的不规则建筑结构方案,不设防震缝;当需要设置防震缝时,应符合下列规定。

(1)防震缝最小宽度应符合下列要求

①框架结构房屋的防震缝宽度,当高度不超过15 m时可采用70 mm;超过15 m时,6度、7度、8度、和9度相应每增加高度5 m、4 m、3 m和2 m,宜加宽20 mm。

②框架－抗震墙结构房屋的防震缝宽度可采用①项规定数值的70%,抗震墙结构房屋的防震缝宽度可采用①项规定数值的50%;且均不宜小于70 mm。

③防震缝两侧结构类型不同时,宜按需要较宽防震缝的结构类型和较低房屋高度确定缝宽。

(2)8、9度框架结构房屋防震缝两侧结构高度、刚度或层高相差较大时,可在缝两侧房屋的尽端沿全高设置垂直于防震缝的抗撞墙,每一侧抗撞墙的数量不应少于两道,宜分别对称布置,墙肢长度可不大于一个柱距,框架和抗撞墙的内力应按设置和不设置抗撞墙两种情况分别进行分析,并按不利情况取值。防震缝两侧抗撞墙的端柱和框架的边柱,箍筋应沿房屋全高加密。

10.1.4　结构布置

1.框架和抗震墙的设置

框架结构和框架－抗震墙结构中,框架和抗震墙均应双向设置,柱中线与抗震墙中线、梁中线与柱中线之间偏心距不宜大于柱宽的1/4。

2.抗震墙之间楼、屋盖的长宽比

框架－抗震墙和板柱－抗震墙结构中,抗震墙之间无大洞口的楼、屋盖的长宽比,不宜超过表10.3的规定;超过时,应计入楼盖平面内变形的影响。

表10.3　抗震墙之间楼、屋盖的长宽比

楼、屋盖类型	烈　　　　度			
	6	7	8	9
现浇、叠合梁板	4	4	3	2
装配式楼盖	3	3	2.5	不宜采用
框支层和板柱－抗震墙的现浇梁板	2.5	2.5	2	不应采用

采用装配式楼、屋盖时,应采取措施保证楼、屋盖的整体性及其与抗震墙的可靠连接。采用配筋现浇面层加强时,厚度不宜小于50 mm。

3.抗震墙设置

框架－抗震墙结构中的抗震墙设置,宜符合下列几点要求。

(1)抗震墙宜贯通房屋全高,且横向与纵向的抗震墙宜相连。

(2)抗震墙宜设置在墙面不需要开大洞口的位置。

(3)房屋较长时,刚度较大的纵向抗震墙不宜设置在房屋的端开间。

(4)抗震墙洞口宜上下对齐;洞边距端柱不宜小于 300 mm。

(5)一、二级抗震墙的洞口连梁,跨高比不宜大于 5,且梁截面高度不宜小于 400 mm。

抗震墙结构和部分框支抗震墙结构中的抗震墙设置,应符合下列几点要求。

(1)较长的抗震墙宜开设洞口,将一道抗震墙分成长度较均匀的若干墙段,洞口连梁的跨高比宜大于 6,各墙段的高宽比不应小于 2。

(2)墙肢的长度沿结构全高不宜有突变;抗震墙有较大洞口时,以及一、二级抗震墙的底部加强部位,洞口宜上下对齐。

(3)矩形平面的部分框支抗震墙结构,其框支层的楼层侧向刚度不应小于相邻非框支层楼层侧向刚度的 50%;框支层落地抗震墙间距不宜大于 24 m,框支层的平面布置尚宜对称,且宜设抗震筒体。

部分框支抗震墙结构的抗震墙,其底部加强部位的高度,可取框支层加框支层以上二层的高度及落地抗震墙总高度的 1/8 二者的较大值,且不大于 15 m;其他结构的抗震墙,其底部加强部位的高度可取墙肢总高度的 1/8 和底部二层二者的较大值,且不大于 15 m。

4.基础

框架单独柱基有下列情况之一时,宜沿两个主轴方向设置基础系梁。

(1)一级框架和 IV 类场地的二级框架。

(2)各柱基承受的重力荷载代表值差别较大。

(3)基础埋置较深,或各基础埋置深度差别较大。

(4)地基主要受力层范围内存在软弱粘性土层、液化土层和严重不均匀土层。

(5)桩基承台之间。

框架 - 抗震墙结构中的抗震墙基础和部分框支抗震墙结构的落地抗震墙基础,应有良好的整体性和抗转动的能力。

地下室顶板作为上部结构的嵌固部位时,应避免在地下室顶板开设大洞口,并应采用现浇梁板结构,其楼板厚度不宜小于 180 mm,混凝土强度等级不宜小于 C30,应采用双层双向配筋,且每层每个方向的配筋率不宜小于 0.25%;地下室结构的楼层侧向刚度不宜小于相邻上部楼层侧向刚度的 2 倍,地下室柱截面每侧的纵向钢筋面积,除应满足计算要求外,不应少于地上一层对应柱每侧纵筋面积的 1.1 倍。

10.2　多层砌体房屋和底部框架、内框架房屋抗震设计

本节内容适用于烧结普通粘土砖、烧结多孔粘土砖、混凝土小型空心砌块等砌体承重的多层房屋,底层或底部两层框架 - 抗震墙和多层的多排柱内框架砖砌体房屋。

10.2.1　层数和高度

(1)一般情况下,房屋的层数和总高度不应超过表 10.4 的规定。

(2)对医院、教学楼等及横墙较少的多层砌体房屋,总高度应比表 10.4 的规定降低 3 m,层数相应减少一层;各层横墙很少的多层砌体房屋,还应根据具体情况再适当降低总高度和减少层数。

注:横墙较少指同一楼层内开间大于 4.20 m 的房间占该层总面积的 40% 以上。

(3)横墙较少的多层砖砌体住宅楼,当按规定采取加强措施并满足抗震承载力要求时,其高度和层数应允许仍按表 10.4 的规定采用。

单位:m

表 10.4　房屋的层数和总高度限值

房屋类别		最小墙厚度/mm	烈　　度							
			6		7		8		9	
			高度	层数	高度	层数	高度	层数	高度	层数
多层砌体	普通砖	240	24	8	21	7	18	6	12	4
	多孔砖	240	21	7	21	7	18	6	12	4
	多孔砖	190	21	7	18	6	15	5	—	—
	小砌体	190	21	7	21	7	18	6		
底部框架 – 抗震墙		240	22	7	22	7	19	6	—	—
多排柱内框架		240	16	5	16	5	13	4		

注:①房屋的总高度指室外地面到主要屋面板板顶或檐口的高度,半地下室从地下室室内地面算起;全地下室和嵌固条件好的半地下室应允许从室外地面算起;对带阁楼的坡屋面应算到山尖墙的 1/2 高度处;

②室内外高差大于 0.6 m 时,房屋总高度应允许比表中数据适当增加,但不应多于 1 m;

③本表小砌块砌体房屋不包括配筋混凝土小型空心砌块砌体房屋;

④普通砖、多孔砖和小砌块砌体承重房屋的层高,不应超过 3.6 m;底部框架 – 抗震墙房屋的底部和内框架房屋的层高,不应超过 4.5 m。

砌体房屋的高度限制,是一个十分敏感,深受关注的规定。基于砌体材料的脆性性质和震害经验,限制其层数和高度是主要的抗震措施。

多层砖房的抗震能力,除依赖于横墙间距、砖和砂浆强度等级、结构的整体性和施工质量等因素外,还与房屋的总高度有直接的联系。历次地震的宏观调查资料说明:二、三层砖房在不同烈度区的震害,比四、五层砖房的震害轻得多,六层及六层以上的砖房在地震时震害明显加重。海城和唐山地震中,相邻的砖房,四、五层的比二、三层的破坏严重,倒塌的百分比亦高得多。

国外在地震区对砖结构房屋的高度限制较严。不少国家在 7 度及以上地震区不允许用无筋砖结构,前苏联等同对配筋和无筋砖结构的高度和层数作了相应的限制。结合我国具体情况,修订后的高度限制是指设置了构造柱的房屋高度。

对各层横墙间距均接近规范最大间距的砌体房屋应比医院、教学楼再适当降低。

现行规范对高度限制的主要变动有如下几点。

(1)调整了限制的规定。层数为整数,限制应严格谨守;总高度按有效数字取整控制,当室内外高差大于 0.6 m 时,限值有所松动。

(2)半地下室的计算高度按其嵌固条件区别对待,并增加斜屋面的计算高度按阁楼层设置情况区别对待的规定。

（3）按照国家关于墙体改革和控制粘土砖使用范围的政策，并考虑到居住建筑使用要求的发展趋势，采用烧结普通粘土砖的多层砖房的层数和高度，均不再增加。还需注意，按照国家关于办公建筑和住宅建筑的强制性标准的要求，超过规定的层数和高度时，必须设置电梯，采用砌体结构也必须遵守有关规定。

（4）烧结多孔粘土砖房屋的高度和层数。在行业标准 JGJ 68—90 规程的基础上，根据墙厚略为调整。

（5）混凝土小型空心砌块房屋作为墙体改革的方向之一，根据小砌块生产技术发展的情况。其高度和层数的限制，参照行业标准 JGJ/T 14—95 规程的规定，采取加强措施后，基本上可与烧结普通粘土砖房有同样的层数和高度。

（6）底层框架房屋的总高度和底框的层数，吸收了经过鉴定的主要研究成果，采取一系列措施后，底部框架可有两层。总层数和总高度，7、8 度时可与普通砌体房屋相当。注意到台湾 921 大地震中上刚下柔的房屋成片倒塌，对 9 度设防，《建筑抗震设计规范》规定部分框支的混凝土结构不应采用，底框砖房也需专门研究。

（7）明确了横墙较少的多层砌体房屋的定义，并专门提供了横墙较少的住宅不降低总层数和总高度时所需采取的计算方法和抗震措施。

10.2.2　房屋最大高宽比

多层砌体房屋总高度与总宽度的最大比值，宜符合表 10.5 的要求。

表 10.5　房屋最大高宽比

烈　　度	6	7	8	9
最大高宽比	2.5	2.5	2.0	1.5

注：①单面走廊房屋的总宽度不包括走廊宽度；
　　②建筑平面接近正方形时，其高宽比宜适当减小。

10.2.3　房屋抗震横墙的间距

房屋抗震横墙的间距，不应超过表 10.6 的要求。

表 10.6　房屋抗震墙最大间距　　　　　　　　单位：m

房　屋　类　别		烈　　度			
		6	7	8	9
多层砌体	现浇或装配整体式钢筋混凝土楼、楼盖	18	18	15	11
	装配式钢筋混凝土楼、楼盖	15	15	11	7
	木楼、屋盖	11	11	7	4
底部框架－抗震墙	上部各层	同多层砌体房屋			—
	底层或底部两层	21	18	15	—
多排柱内框架		25	21	18	—

注：①多层砌体房屋的顶层，最大横墙间距应允许适当放宽；
　　②表中木楼、屋盖的规定，不适用于小砌块砌体房屋。

10.2.4 房屋中砌体墙段的局部尺寸限值

房屋中砌体墙段的局部尺寸限值,宜符合表 10.7 的要求。

表 10.7 房屋的局部尺寸限值 单位:m

部 位	烈 度			
	6	7	8	9
承重窗间墙最小宽度	1.0	1.0	1.2	1.5
承重外墙尽端至门、窗、洞边的最小距离	1.0	1.0	1.2	1.5
非承重外墙尽端至门、窗、洞边的最小距离	1.0	1.0	1.0	1.0
内墙阳角至门、窗、洞边的最小距离	1.0	1.0	1.5	2.0
无锚固女儿墙(非出入口处)的最大高度	0.5	0.5	0.5	0.0

注:①局部尺寸不足时应采取局部加强措施弥补;
②出入口处的女儿墙应有锚固;
③多层多排柱内框架房屋的纵向窗间墙宽度,不应小于 1.5 m。

砌体房屋局部尺寸的限制,在于防止因这些部位的失效而造成整栋结构的破坏甚至倒塌,这个要求是根据地震区的宏观调查资料分析规定的,如采用另增设构造柱等措施,可适当放宽。

10.2.5 多层砌体房屋的结构体系

(1)应优先采用横墙承重或纵、横墙共同承重的结构体系。

(2)纵横墙的布置宜均匀对称,沿平面内宜对齐,沿竖向应上下连续;同一轴线上的窗间墙宽度宜均匀。

(3)房屋有下列情况之一时宜设置防震缝,缝两侧均应设置墙体,缝宽应根据烈度和房屋高度确定,可采用 50 ~ 100 mm。

①房屋立面高差在 6 m 以上。

②房屋有错层,且楼板高差较大。

③各部分结构刚度、质量截然不同。

(4)楼梯间不宜设置在房屋的尽端和转角处。

(5)烟道、风道、垃圾道等不应削弱墙体,当墙体被削弱时,应对墙体采取加强措施,不宜采用无竖向配筋的附墙烟囱及出屋面的烟囱。

(6)不应采用无锚固的钢筋混凝土预制挑檐。

10.2.6 底部框架 – 抗震墙房屋的结构布置

底部框架 – 抗震墙房屋的结构布置,应符合下列几点要求。

(1)上部的砌体抗震墙与底部的框架梁或抗震墙应对齐或基本对齐。

(2)房屋的底部应沿纵横两方向设置一定数量的抗震墙,并应均匀对称布置或基本均匀对称布置。6、7度且总层数不超过五层的底层框架－抗震墙房屋,应允许采用嵌砌于框架之间的砌体抗震墙,但应计入砌体墙对框架的附加轴力和附加剪力;其余情况应采用钢筋混凝土抗震墙。

(3)底层框架－抗震墙房屋的纵横两个方向,第二层与底层侧向刚度的比值,6、7度时不应大于2.5,8度时不应大于2.0,且均不应小于1.0。

(4)底部两层框架－抗震墙房屋的纵横两个方向,底层与底部第二层侧向刚度应接近,第三层与底部第二层侧向刚度的比值,6、7度时不应大于2.0,8度时不应大于1.5,且均不应小于1.0。

(5)底部框架－抗震墙房屋的抗震墙应设置条形基础、筏式基础或桩基。

现行规范允许底部框架房屋的总层数和高度与普通的多层砌体房屋相当。相应的要求为,严格控制相邻层侧移刚度,合理布置上下楼层的墙体;加强托墙梁和过渡楼层的墙体并提高了底部框架的抗震等级;对底部的抗震墙,一般要求采用钢筋混凝土墙,缩小了6、7度时采用砖抗震墙的范围,并规定底层砖抗震墙的专门构造。

10.2.7　多层多排柱内框架房屋的结构布置

多层多排柱内框架房屋的结构布置,应符合下列几点要求。

(1)房屋宜采用矩形平面,且立面宜规则;楼梯间横墙宜贯通房屋全宽。

(2)7度时横墙间距大于18 m或8度时横墙间距大于15 m,外纵墙的窗间墙宜设置组合柱。

(3)多排柱内框架房屋的抗震墙应设置条形基础、筏式基础或桩基。

10.2.8　钢筋混凝土结构部分的抗震等级

底部框架抗震墙房屋和多层多排柱内框架房屋的钢筋混凝土结构部分,除应符合本章规定外,尚应符合《建筑抗震设计规范》第6章的有关要求;此时,底部框架－抗震墙房屋的框架和抗震墙的抗震等级,6、7、8度可分别按三、二、一级采用;多排柱内框架的抗震等级6、7、8度可分别按四、三、二级采用。

10.3　多层粘土砖房抗震构造措施

10.3.1　钢筋混凝土构造柱

多层普通砖、多孔砖房,应按下列要求设置现浇钢筋混凝土构造柱(以下简称构造柱)。

(1)构造柱设置部位,一般情况下应符合表10.8的要求。

(2)外廊式和单面走廊式的多层房屋,应根据房屋增加一层后的层数,按表10.8的要求设置构造柱,且单面走廊两侧的纵墙均应按外墙处理。

(3)教学楼、医院等横墙较少的房屋,应根据房屋增加一层后的层数,按表10.8的要求设置构造柱,当教学楼、医院等横墙较少的房屋为外廊式或单面走廊式时,应按(2)款要求设置构造柱,但6度不超过四层、7度不超过三层和8度不超过二层时,应按增加二层后的层数对待。

表 10.8　砖房构造柱设置要求

房屋层数				设置部位	
6度	7度	8度	9度		
四、五	三、四	二、三		外墙四角,错层部位横墙与外纵墙交接处,大房间内外墙交接处,较大洞口两侧	7、8度时,楼、电梯间的四角;隔15m或单元横墙与外纵墙交接处
六、七	五	四	二		隔开间横墙(轴线)与外墙交接处,山墙与内纵墙交接处;7～9度时,楼、电梯间的四角
八	六、七	五、六	三、四		内墙(轴线)与外墙交接处,内墙的局部较小墙垛处;7～9度时,楼、电梯间的四角;9度时内纵墙与横墙(轴线)交接处

多层普通砖、多孔砖房屋的构造柱应符合下列要求。

(1)构造柱最小截面可采用240 mm×180 mm,纵向钢筋宜采用4φ12,箍筋间距不宜大于250 mm,且在柱上下端宜适当加密,7度时超过六层、8度时超过五层和9度时,构造柱纵向钢筋宜采用4φ14,箍筋间距不应大于200 mm;房屋四角的构造柱可适当加大截面及配筋。

(2)构造柱与墙连接处应砌成马牙槎,并应沿墙高每隔500 mm设2φ6拉结钢筋,每边伸入墙内不宜小于1 m。

(3)构造柱与圈梁连接处,构造柱的纵筋应穿过圈梁,保证构造柱纵筋上下贯通。

(4)构造柱可不单独设置基础,但应伸入室外地面下500 mm,或与埋深小于500 mm的基础圈梁相连。

(5)房屋高度和层数接近表10.4的限值时,纵、横墙内构造柱间距尚应符合下列要求。

①横墙内的构造柱间距不宜大于层高的二倍;下部1/3楼层的构造柱间距适当减小;

②当外纵墙开间大于3.9 m时,应另设加强措施。内纵墙的构造柱间距不宜大于4.2 m。

钢筋混凝土构造柱在多层砖砌体结构中的应用,根据唐山地震的经验和大量试验研究,得到了如下比较一致的结论。

①构造柱能够提高砌体的受剪承载力10%～30%左右,提高幅度与墙体高宽比、竖向压力和开洞情况有关;

②构造柱主要是对砌体起约束作用,使之有较高的变形能力;

③构造柱应当设置在震害较重、连接构造比较薄弱和易于应力集中的部位。

现行规范继续保持89规范的规定,根据房屋的用途、结构部位、烈度和承担地震作用的大小来设置构造柱。并增加了内外墙交接处间距15m(大致是单元式住宅楼的分隔墙与外墙交接处)设置构造柱的要求;调整了6度设防时八层砖房的构造柱设置要求;当房屋高度接近表10.4的总高度和层数限值时,增加了纵、横墙中构造柱间距的要求。对较长的纵、横墙需有构造柱来加强墙体的约束和抗倒塌能力。

由于钢筋混凝土构造柱的作用主要在于对墙体的约束,构造上截面不必很大,但须与各层纵、横墙的圈梁或现浇楼板连接,才能发挥约束作用。

为保证钢筋混凝土构造柱的施工质量,构造柱须有外露面,一般利用马牙槎外露即可。

10.3.2 钢筋混凝土圈梁设置

多层普通砖、多孔砖房屋的现浇钢筋混凝土圈梁设置应符合下列几点要求。

(1)装配式钢筋混凝土楼、屋盖或木楼、屋盖的砖房,横墙承重时应按表10.9的要求设置圈梁;纵墙承重时每层均应设置圈梁,且抗震横墙上的圈梁间距应比表内要求适当加密。

(2)现浇或装配整体式钢筋混凝土楼、屋盖与墙体有可靠连接的房屋,应允许不另设圈梁,但楼板沿墙体周边应加强配筋并应与相应的构造柱钢筋可靠连接。

表10.9 砖房现浇钢筋混凝土圈梁设置要求

墙 类	烈 度		
	6、7	8	9
外墙和内纵墙	屋盖处及每层楼盖处	屋盖处及每层楼盖处	屋盖处及每层楼盖处
内横墙	同上;屋盖处间距不应大于7 m;楼盖处间距不应大于15 m;构造柱对应部位	同上;屋盖处沿所有横墙,且间距不应大于7 m;楼盖处间距不应大于7 m;构造柱对应部位	同上;各层所有横梁

10.3.3 钢筋混凝土圈梁构造

多层普通砖、多孔砖房屋的现浇钢筋混凝土圈梁构造应符合下列几点要求。

(1)圈梁应闭合,遇有洞口圈梁应上下搭接,圈梁宜与预制板设在同一标高处或圈梁紧靠板底;

(2)圈梁在所要求的间距内无横墙时,应利用梁或板缝中配筋替代圈梁;

(3)圈梁的截面高度不应小于120 mm,配筋应符合现行《抗震规范》中表7.3.4的要求,本书9.3节3款要求增设的基础圈梁,截面高度不应小于180 mm,配筋不应少于$4\varphi12$。

圈梁能增强房屋的整体性,提高房屋的抗震能力,是抗震的有效措施,现行规范取消了89规范对砖配筋圈梁的有关规定,6、7度时,圈梁由隔层设置改为每层设置。

现浇楼板允许不设圈梁,楼板内须有足够的钢筋(沿墙体周边加强配筋)伸入构造柱内并满足锚固要求。

10.3.4　多层普通砖、多孔砖房屋的楼、屋盖的连接构造

(1)现浇钢筋混凝土楼板或屋面板伸进纵、横墙内的长度,均不应小于120 mm。

(2)装配式钢筋混凝土楼板或屋面板,当圈梁未设在板的同一标高时,板端伸进外墙的长度不应小于120 mm,进内墙的长度不应小于100 mm,梁上不应小于80 mm。

(3)当板的跨度大于4.8 m并与外墙平行时,靠外墙的预制板侧边应与墙或圈梁拉结。

(4)房屋端部大房间的楼盖,8度时房屋的屋盖和9度时房屋的楼、屋盖,当圈梁设在板底时,钢筋混凝土预制板应相互拉结,并应与梁、墙或圈梁拉结。

(5)楼、屋盖的钢筋混凝土梁或屋架应与墙、柱(包括构造柱)或圈梁可靠连接,梁与砖柱的连接不应削弱柱截面各层独立砖柱顶部应在两个方向均有可靠连接。

(6)7度时长度大于7.2 m的大房间,及8度和9度时,外墙转角及内外墙交接处,应沿墙高每隔500 mm配置$2\varphi6$拉结钢筋并每边伸入墙内不宜小于1 m。

(7)坡屋顶房屋的屋架应与顶层圈梁可靠连接,檩条或屋面板应与墙及屋架可靠连接,房屋出入口处的檐口瓦应与屋面构件锚固;8度和9度时,顶层内纵墙顶宜增砌支承山墙的踏步式墙垛。

坡屋顶与平屋顶相比,震害有明显差别。硬山搁檩的做法不利于抗震。屋架的支撑应保证屋架的纵向稳定,出入口处要加强屋盖构件的连接和锚固,以防脱落伤人。

(8)门窗洞处不应采用无筋砖过梁;过梁支承长度6~8度时不应小于240 mm,9度时不应小于360 mm。砌体结构中的过梁应采用钢筋混凝土过梁,条件不具备时至少采用配筋过梁,不得采用无筋过梁。

(9)预制阳台应与圈梁和楼板的现浇板带可靠连接。预制的悬挑构件,特别是较大跨度时,需要加强与现浇构件的连接,以增强稳定性。

(10)后砌的非承重砌体隔墙应符合现行《建筑抗震设计规范》第13.3节的有关规定。

(11)同一结构单元的基础(或桩承台),宜采用同一类型的基础,底面宜埋置在同一标高上,否则应增设基础圈梁并应按1:2的台阶逐步放坡。

房屋的同一独立单元中,基础底面最好处于同一标高,否则易因地面运动传递到基础不同标高处而造成震害。如有困难时,则应设基础圈梁并放坡逐步过渡,不宜有高差上的过大突变。

对于软弱地基上的房屋,按现行规范第3章的原则,应在外墙及所有承重墙下设置基础圈梁,以增强抵抗不均匀沉陷和加强房屋基础部分的整体性。

10.3.5　楼梯间的要求

(1)8度和9度时,顶层楼梯间横墙和外墙应沿墙高每隔500 mm设$2\varphi6$通长钢筋;9度时其他各层楼梯间墙体应在休息平台或楼层半高处设置60 mm厚的钢筋混凝土带或配筋砖带,其砂浆强度等级不应低于M7.5,纵向钢筋不应少于$2\varphi10$。

(2)8度和9度时,楼梯间及门厅内墙阳角处的大梁支承长度不应小于500 mm,并应与圈梁连接。

（3）装配式楼梯段应与平台板的梁可靠连接；不应采用墙中悬挑式踏步或踏步竖肋插入墙体的楼梯，不应采用无筋砖砌栏板。

（4）突出屋顶的楼、电梯间，构造柱应伸到顶部，并与顶部圈梁连接，内外墙交接处应沿墙高每隔 500 mm 设 $2\varphi6$ 拉结钢筋，且每边伸入墙内不应小于 1 m。

历次地震震害表明，楼梯间由于比较空旷常常破坏严重，必须采取一系列有效措施，本条的规定也基本上保持了旧规范的要求。

突出屋顶的楼、电梯间，地震中受到较大的地震作用，因此，在构造措施上也应当特别加强。

10.3.6　加强措施

横墙较少的多层普通砖多孔砖住宅楼的总高度和层数接近或达到表 10.4 规定限值，应采取下列加强措施。

（1）房屋的最大开间尺寸不宜大于 6.6 m。

（2）同一结构单元内横墙错位数量不宜超过横墙总数的 1/3，且连续错位不宜多于两道；错位的墙体交接处均应增设构造柱，且楼、屋面板应采用现浇钢筋混凝土板。

（3）横墙和内纵墙上洞口的宽度不宜大于 1.5 m；外纵墙上洞口的宽度不宜大于 2.1 m 或开间尺寸的一半；且内外墙上洞口位置不应影响内外纵墙与横墙的整体连接。

（4）所有纵、横墙均应在楼、屋盖标高处设置加强的现浇钢筋混凝土圈梁。圈梁的截面高度不宜小于 150 mm，上下纵筋各不应少于 $3\varphi10$，箍筋不小于 $\varphi6$，间距不大于 300 mm。

（5）所有纵、横墙交接处及横墙的中部，均应增设满足下列要求的构造柱，在横墙内的柱距不宜大于层高，在纵墙内的柱距不宜大于 4.2 m，最小截面尺寸不宜小于 240 mm × 240 mm。

这是现行规范新增加的条文。对于横墙间距大于 4.2 m 的房间超过楼层总面积 40% 且房屋总高度和层数接近表 10.4 规定限值的粘土砖住宅，其抗震设计方法大致包括以下几方面。

（1）墙体的布置和开洞大小不妨碍纵横墙的整体连接的要求；

（2）楼、屋盖结构采用现浇钢筋混凝土板等加强整体性的构造要求；

（3）增设满足截面和配筋要求的钢筋混凝土构造柱并控制其间距，在房屋底层和顶层沿楼层半高处设置现浇钢筋混凝土带，并增大配筋数量，以形成约束砌体墙段的要求。

10.4　多层砌块房屋抗震构造措施

10.4.1　小砌块房屋钢筋混凝土芯柱的设置要求

小砌块房屋应按表 10.10 的要求设置钢筋混凝土芯柱，对医院、教学楼等横墙较少的房屋，应根据房屋增加一层后的层数，按表 10.10 的要求设置芯柱。

表 10.10 小砌块房屋芯柱设置要求

房屋层数			设 置 部 位	设 置 数 量
6度	7度	8度		
四、五	三、四	二、三	外墙转角,楼梯间四角;大房间内外墙交接处;隔15 m或单元横墙与外纵墙交接处	外墙转角,灌实3个孔;内外墙交接处,灌实4个孔
六	五	四	外墙转角,楼梯间四角,大房间内外墙交接处,山墙与内纵墙交接处,隔开间横墙(轴线)与外纵墙交接处	
七	六	五	外墙转角,楼梯间四角;各内墙(轴线)与外纵墙交接处;8、9度时,内纵墙与横墙(轴线)交接处和洞口两侧	外墙转角,灌实5个孔;内外墙交接处,灌实4个孔;内墙交接处,灌实4~5个孔;洞口两侧各灌实1个孔
	七	六	同上横墙内芯柱间距不宜大于2 m	外墙转角,灌实7个孔;内外墙交接处,灌实5个孔;内墙交接处,灌实4~5个孔;洞口两侧各灌实1个孔

注:外墙转角、内外墙交接处、楼电梯间四角等部位,应允许采用钢筋混凝土构造柱替代部分芯柱。

小砌块房屋的芯柱应符合下列构造要求。

(1)小砌块房屋芯柱,截面不宜小于 120 mm × 120 mm。

(2)芯柱混凝土强度等级,不应低于 C20。

(3)芯柱的竖向插筋应贯通墙身且与圈梁连接;插筋不应小于 $1\varphi12$,7 度时超过五层,8 度时超过四层和 9 度时,插筋不应小于 $1\varphi14$。

(4)芯柱应伸入室外地面下 500 mm 或与埋深小于 500 mm 的基础圈梁相连。

(5)为提高墙体抗震受剪承载力而设置的芯柱,宜在墙体内均匀布置,最大净距不宜大于 2.0 m。

小砌块房屋中替代芯柱的钢筋混凝土构造柱,应符合下列构造要求。

(1)构造柱最小截面可采用 190 mm × 190 mm,纵向钢筋宜采用 $4\varphi12$ 箍筋间距不宜大于 250 mm,且在柱上下端宜适当加密;7 度时超过五层,8 度时超过四层和 9 度时,构造柱纵向钢筋宜采用 $4\varphi14$,箍筋间距不应大于 200 mm;外墙转角的构造柱可适当加大截面及配筋。

(2)构造柱与砌块墙连接处应砌成马牙槎,与构造柱相邻的砌块孔洞,6 度时宜填实,7 度时应填实,8 度时应填实并插筋;沿墙高每隔 600 mm 应设拉结钢筋网片,每边伸入墙内不宜小于 1 m。

(3)构造柱与圈梁连接处,构造柱的纵筋应穿过圈梁,保证构造柱纵筋上下贯通。

(4)构造柱可不单独设置基础,但应伸入室外地面下 500 mm 或与埋深小于 500 mm 的基础圈梁相连。

10.4.2 钢筋混凝土圈梁的设置

小砌块房屋的现浇钢筋混凝土圈梁应按表 10.11 的要求设置,圈梁宽度不应小于

190 mm,配筋不应少于 $4\varphi12$,箍筋间距不应大于 200 mm。

表 10.11　小砌块房屋现浇钢筋混凝土圈梁设置要求

墙　　类	设　置　部　位	设　置　数　量
外墙和内纵墙	屋盖处及每层楼盖处	屋盖处及每层楼盖处
内横墙	同上;屋盖处沿所有横墙; 楼盖处间距不应大于 7 m; 构造柱对应部位	同上;各层所有横墙

10.4.3　其他要求

小砌块房屋墙体交接处或芯柱与墙体连接处应设置拉结钢筋网片网片,可采用直径 4 mm 的钢筋点焊而成,沿墙高每隔 600 mm 设置,每边伸入墙内不宜小于 1 m。

小砌块房屋的层数,6 度时七层、7 度时超过五层、8 度时超过四层,在底层和顶层的窗台标高处,沿纵横墙应设置通长的水平现浇钢筋混凝土带;其截面高度不小于 60 mm,纵筋不少于 $2\varphi10$,并应有分布拉结钢筋;其混凝土强度等级不应低于 C20。

10.5　底部框架–抗震墙房屋抗震构造措施

底部框架–抗震墙房屋的上部应设置钢筋混凝土构造柱,并应符合下列几点要求。

(1)钢筋混凝土构造柱的设置部位,应根据房屋的总层数按本章 10.3.1 的规定设置。过渡层尚应在底部框架柱对应位置处设置构造柱。

(2)构造柱的截面不宜小于 240 mm × 240 mm。

(3)构造柱的纵向钢筋不宜少于 $4\varphi14$,箍筋间距不宜大于 200 mm。

(4)过渡层构造柱的纵向钢筋,7 度时不宜少于 $4\varphi16$,8 度时不宜少于 $6\varphi16$。

一般情况下,纵向钢筋应锚入下部的框架柱内;当纵向钢筋锚固在框架梁内时,框架梁的相应位置应加强。

(5)构造柱应与每层圈梁连接,或与现浇楼板可靠拉结。

上部抗震墙的中心线宜同底部的框架梁、抗震墙的轴线相重合;构造柱宜与框架柱上下贯通。

底部框架–抗震墙房屋的楼盖应符合下列几点要求。

(1)过渡层的底板应采用现浇钢筋混凝土板,板厚不应小于 120 mm;并应少开洞、开小洞,当洞口尺寸大于 800 mm 时,洞口周边应设置边梁;

(2)其他楼层,采用装配式钢筋混凝土楼板时均应设现浇圈梁,采用现浇钢筋混凝土楼板时应允许不另设圈梁,但楼板沿墙体周边应加强配筋并应与相应的构造柱可靠连接。

底部框架–抗震墙房屋的钢筋混凝土托墙梁,其截面和构造应符合下列几点要求。

(1)梁的截面宽度不应小于 300 mm,梁的截面高度不应小于跨度的 1/10。

(2)箍筋的直径不应小于 8 mm,间距不应大于 200 mm;梁端在 1.5 倍梁高且不小于

1/5梁净跨范围内,以及上部墙体的洞口处和洞口两侧各 500 mm 且不小于梁高的范围内箍筋间距不应大于 100 mm。

(3)沿梁高应设腰筋数量不应少于 2φ14,间距不应大于 200 mm。

(4)梁的主筋和腰筋应按受拉钢筋的要求锚固在柱内。且支座上部的纵向钢筋在柱内的锚固长度应符合钢筋混凝土框支梁的有关要求。

底部的钢筋混凝土抗震墙其截面和构造应符合下列几点要求。

(1)抗震墙周边应设置梁(或暗梁)和边框柱(或框架柱)组成的边框;梁的截面宽度不宜小于墙板厚度的 1.5 倍,截面高度不宜小于墙板厚度的 2.5 倍;边框柱的截面高度不宜小于墙板厚度的 2 倍。

(2)抗震墙墙板的厚度不宜小于 160 mm,且不应小于墙板净高的 1/20;抗震墙宜开设洞口形成若干墙段,各墙段的高宽比不宜小于 2。

(3)抗震墙的竖向和横向分布钢筋配筋率均不应小于 0.25%,并应采用双排布置;双排分布钢筋间拉筋的间距不应大于 600 mm,直径不应小于 6 mm。

(4)抗震墙的边缘构件可按《建筑抗震设计规范》第 6.4 节关于一般部位的规定设置。

底层框架 - 抗震墙房屋的底层采用普通砖抗震墙时,其构造应符合下列几点要求。

(1)墙厚不应小于 240 mm,砌筑砂浆强度等级不应低于 M10,应先砌墙后浇框架。

(2)沿框架柱每隔 500 mm 配置 2φ6 拉结钢筋,并沿砖墙全长设置;在墙体半高处尚应设置与框架柱相连的钢筋混凝土水平系梁。

(3)墙长大于 5 m 时,应在墙内增设钢筋混凝土构造柱。

底部框架 - 抗震墙房屋的材料强度等级,应符合下列要求。

(1)框架柱、抗震墙和托墙梁的混凝土强度等级,不应低于 C30。

(2)过渡层墙体的砌筑砂浆强度等级,不应低于 M7.5。

10.6 多排柱内框架房屋抗震构造措施

多层、多排柱内框架房屋的钢筋混凝土构造柱设置,应符合下列几点要求。

(1)下列部位应设置钢筋混凝土构造柱。

①外墙四角和楼、电梯间,四角楼梯休息,平台梁的支承部位;

②抗震墙两端及未设置组合柱的外纵墙、外横墙上对应于中间柱列轴线的部位。

(2)构造柱的截面,不宜小于 240 mm×240 mm。

(3)构造柱的纵向钢筋不宜少于 4φ14,箍筋间距不宜大于 200 mm。

(4)构造柱应与每层圈梁连接,或与现浇楼板可靠拉结。

多层、多排柱内框架房屋的楼、屋盖,应采用现浇或装配整体式钢筋混凝土板。

采用现浇钢筋混凝土楼板时应允许不设圈梁,但楼板沿墙体周边应加强配筋并应与相应的构造柱可靠连接。

多排柱内框架梁在外纵、墙外横墙上的搁置长度不应小于 300 mm,且梁端应与圈梁或组合柱构造柱连接。

多排柱内框架房屋的其他抗震构造措施应符合规范对多层普通砖、多孔砖房屋的相关要求。

10.7　多层和高层钢结构房屋

钢结构民用房屋的结构类型和最大高度应符合表 10.12 的规定。平面和竖向均不规则或建造于Ⅳ类场地的钢结构,适用的最大高度可适当降低。

表 10.12　钢结构房屋适用的最大高度　　　　　　　　　　单位:m

结　构　类　型	烈　　度		
	6、7	8	9
框　架	110	90	50
框架 – 支撑(抗震墙板)	220	200	140
筒体(框筒,筒中筒,桁架筒,束筒)和巨型框架	300	260	180

注:①房屋高度指室外地面到主要屋面板板顶的高度(不包括局部突出屋顶部分);
　　②超过表内高度的房屋,应进行专门研究和论证,采取有效的加强措施。

钢结构民用房屋的最大高宽比不宜超过表 10.13 的规定。

表 10.13　钢结构民用房屋适用的最大高宽比

烈　　度	6、7	8	9
最大高宽比	6.5	6.0	5.5

注:计算高宽比的高度从室外地面算起。

钢结构房屋宜避免采用《建筑抗震设计规范》第 3.4 节规定的不规则建筑结构方案,不设防震缝;需要设置防震缝时,缝宽应不小于相应钢筋混凝土结构房屋的 1.5 倍。

钢结构的楼盖宜采用压型钢板现浇钢筋混凝土组合楼板或非组合楼板。对不超过 12 层的钢结构可采用装配整体式钢筋混凝土楼板,亦可采用装配式楼板或其他轻型楼盖;对超过 12 层的钢结构,必要时可设置水平支撑。

采用压型钢板钢筋混凝土组合楼板和现浇钢筋混凝土楼板时,应与钢梁有可靠连接。采用装配式、装配整体式或轻型楼板时,应将楼板预埋件与钢梁焊接,或采取其他保证楼盖整体性的措施。

超过 12 层的钢结构应设置地下室。其基础埋置深度,当采用天然地基时不宜小于房屋总高度的 1/15;当采用桩基时,桩承台埋深不宜小于房屋总高度的 1/20。

10.8　非结构构件

非结构构件包括持久性的建筑非结构构件和支承于建筑结构的附属机电设备。建筑非结构构件指建筑中除承重骨架体系以外的固定构件和部件,主要包括非承重墙体,附着于楼面和屋面结构的构件、装饰构件和部件、固定于楼面的大型储物架等。

建筑附属机电设备指为现代建筑使用功能服务的附属机械、电气构件、部件和系统,主要包括电梯、照明和应急电源、通信设备,管道系统,采暖和空气调节系统,烟火监测和消防系统,公用天线等。当计算和抗震措施要求不同的两个非结构构件连接在一起时,应按较高的要求进行抗震设计。非结构构件连接损坏时,应不致引起与之相连接的有较高要求的非结构构件失效。

10.8.1 建筑非结构构件的基本抗震措施

(1)建筑结构中,设置连接幕墙、围护墙、隔墙、女儿墙、雨篷、商标、广告牌、顶篷支架、大型储物架等建筑非结构构件的预埋件、锚固件的部位,应采取加强措施,以承受建筑非结构构件传给主体结构的地震作用。

(2)非承重墙体的材料、选型和布置,应根据烈度、房屋高度、建筑体型、结构层间变形、墙体自身抗侧力性能的利用等因素,经综合分析后确定。

①墙体材料的选用应符合下列几点要求。

a.混凝土结构和钢结构的非承重墙体应优先采用轻质墙体材料。

b.单层钢筋混凝土柱厂房的围护墙宜采用轻质墙板,或钢筋混凝土大型墙板外侧柱距为 12m 时应采用轻质墙板或钢筋混凝土大型墙板;不等高厂房的高跨封墙和纵横向厂房交接处的悬墙宜采用轻质墙板 8、9 度时应采用轻质墙板。

c.钢结构厂房的围护墙,7、8 度时宜采用轻质墙板或与柱柔性连接的钢筋混凝土墙板,不应采用嵌砌砌体墙;9 度时宜采用轻质墙板。

②刚性非承重墙体的布置,应避免使结构形成刚度和强度分布上的突变。单层钢筋混凝土柱厂房的刚性围护墙沿纵向宜均匀对称布置。

③墙体与主体结构应有可靠的拉结,应能适应主体结构不同方向的层间位移;8、9 度时应具有满足层间变位的变形能力,与悬挑构件相连接时,尚应具有满足节点转动引起的竖向变形的能力。

④外墙板的连接件应具有足够的延性和适当的转动能力,宜满足在设防烈度下主体结构层间变形的要求。

(3)砌体墙应采取措施减少对主体结构的不利影响,并应设置拉结筋水平系梁、圈、梁构造柱等与主体结构可靠拉结。

①多层砌体结构中,后砌的非承重隔墙应沿墙高每隔 500 mm 配置 2φ6 拉结钢筋与承重墙或柱拉结,每边伸入墙内不应少于 500 mm;8 度和 9 度时,长度大于 5 m 的后砌隔墙,墙顶尚应与楼板或梁拉结。

②钢筋混凝土结构中的砌体填充墙,宜与柱脱开或采用柔性连接,并应符合下列几点要求。

a.填充墙在平面和竖向的布置,宜均匀对称,宜避免形成薄弱层或短柱。

b.砌体的砂浆强度等级不应低于 M5,墙顶应与框架梁密切结合。

c.填充墙应沿框架柱全高每隔 500 mm 设 2φ6 拉筋伸入墙内的长度,6、7 度时不应小于墙长的 1/5 且不小于 700 mm，8、9 度时宜沿墙全长贯通。

　　d.墙长大于 5 m 时，墙顶与梁宜有拉结；墙长超过层高 2 倍时宜设置钢筋混凝土构造柱；墙高超过 4 m 时，墙体半高宜设置与柱连接且沿墙全长贯通的钢筋混凝土水平系梁。

　　③单层钢筋混凝土柱厂房的砌体隔墙和围护墙应符合下列几点要求。

　　a.砌体隔墙与柱宜脱开或柔性连接，并应采取措施使墙体稳定，隔墙顶部应设现浇钢筋混凝土压顶梁。

　　b.厂房的砌体围护墙宜采用外贴式并与柱可靠拉结；不等高厂房的高跨封墙和纵横向厂房交接处的悬墙采用砌体时，不应直接砌在低跨屋盖上。

　　c.砌体围护墙在下列部位应设置现浇钢筋混凝土圈梁。

　　——梯形屋架端部上弦和柱顶的标高处应各设一道，但屋架端部高度不大于 900mm 时可合并设置；

　　——8 度和 9 度时，应按上密下稀的原则每隔 4 m 左右在窗顶增设一道圈梁，不等高厂房的高低跨封墙和纵墙跨交接处的悬墙，圈梁的竖向间距不应大于 3 m；

　　——山墙沿屋面应设钢筋混凝土卧梁并应与屋架端部上弦标高处的圈梁连接。

　　d.圈梁的构造应符合下列几点规定。

　　——圈梁宜闭合圈梁截面宽度宜与墙厚相同截面高度不应小于 180 mm；圈梁的纵筋，6~8 度时不应少于 $4\varphi12$，9 度时不应少于 $4\varphi14$；

　　——厂房转角处柱顶圈梁在端开间范围内的纵筋，6~8 度时不宜少于 $4\varphi14$，9 度时不宜少于 $4\varphi16$，转角两侧各 1 m 范围内的箍筋直径不宜小于 $\varphi8$，间距不宜大于 100 mm；圈梁转角处应增设不少于三根且直径与纵筋相同的水平斜筋；

　　——圈梁应与柱或屋架牢固连接，山墙卧梁应与屋面板拉结，顶部圈梁与柱或屋架连接的锚拉钢筋不宜少于 $4\varphi12$，且锚固长度不宜少于 35 倍钢筋直径，防震缝处圈梁与柱或屋架的拉结宜加强。

　　e.8 度 Ⅲ、Ⅳ 类场地和 9 度时，砖围护墙下的预制基础梁应采用现浇接头；当另设条形基础时，在柱基础顶面标高处应设置连续的现浇钢筋混凝土圈梁，其配筋不应少于 $4\varphi12$。

　　f.墙梁宜采用现浇，当采用预制墙梁时，梁底应与砖墙顶面牢固拉结并应与柱锚拉；厂房转角处相邻的墙梁，应相互可靠连接。

　　④单层钢结构厂房的砌体围护墙不应采用嵌砌式，8 度时尚应采取措施使墙体不妨碍厂房柱列沿纵向的水平位移。

　　⑤砌体女儿墙在人流出入口应与主体结构锚固；防震缝处应留有足够的宽度，缝两侧的自由端应予以加强。

　　(4)各类顶棚的构件与楼板的连接件，应能承受顶棚、悬挂重物和有关机电设施的自重和地震附加作用；其锚固的承载力应大于连接件的承载力。

　　(5)悬挑雨篷或一端由柱支承的雨篷，应与主体结构可靠连接。

　　(6)玻璃幕墙、预制墙板、附属于楼屋面的悬臂构件和大型储物架的抗震构造，应符合相关专门标准的规定。

10.8.2　隔震和消能减震设计

为提高建筑的抗震性能,可以在建筑上部结构与基础之间设置隔震层以隔离地震能量的房屋隔震设计,以及在抗侧力结构中设置消能器吸收与消耗地震能量的房屋消能减震设计。

隔震设计指在房屋底部设置的由橡胶隔震支座和阻尼器等部件组成的隔震层,以延长整个结构体系的自振周期、增大阻尼,减少输入上部结构的地震能量,达到预期防震要求。

消能减震设计指在房屋结构中设置消能装置,通过其局部变形提供附加阻尼,以消耗输入上部结构的地震能量,达到预期防震要求。

建筑结构采用隔震和消能减震设计是一种新技术,应考虑使用功能的要求、隔震与消能减震的效果、长期工作性能及经济性等问题。现阶段,这种新技术主要用于对使用功能有特别要求和高烈度地区的建筑,即用于投资方愿意通过增加投资来提高安全要求的建筑。

建筑结构进行隔震设计,还不能做到在设防烈度下,使上部结构不受损坏或主体结构处于弹性工作阶段的要求,但与非隔震或非消能减震建筑相比,应有所提高,大体上是,当遭受多遇地震影响时,将基本不受损坏和影响使用功能;当遭受设防烈度的地震影响时,不需修理仍可继续使用;遭受高于本地设防烈度的罕遇地震影响时,将不发生危及生命安全和丧失使用功能的破坏。

隔震体系通过延长结构的自振周期能够减少结构的水平地震作用,已被国外强震记录所证实。国内外的大量试验和工程经验表明,隔震一般可使结构的水平地震加速度反应降低60%左右,从而消除或有效地减轻结构和非结构的地震损坏,提高建筑物及其内部设施和人员的地震安全性,增加了震后建筑物继续使用的可能。

采用消能减震的方案,通过消能器增加结构阻尼来减少结构在风作用下的位移是公认的事实,对减少结构水平和竖向的地震反应也是有效的。

适应我国经济发展的需要,有条件地利用隔震和消能减震来减轻建筑结构的地震灾害,是完全可能的。目前主要吸收国内外研究成果中较成熟的内容,仅列入橡胶隔震支座的隔震技术和关于消能减震设计的基本要求。

建筑结构的隔震设计和消能减震设计,应根据建筑抗震设防类别、抗震设防烈度、场地条件、建筑结构方案和建筑使用要求,与采用抗震设计的设计方案进行技术、经济可行性的对比分析后,确定其设计方案。

隔震技术和消能减震技术的主要使用范围,是可增加投资来提高抗震安全的建筑,除了重要机关、医院等地震时不能中断使用的建筑外,一般建筑经方案比较和论证后,也可采用。进行方案比较时,需对建筑的抗震设防分类、抗震设防烈度、场地条件、使用功能及建筑、结构的方案,从安全和经济两方面进行综合分析对比,论证其合理性和可行性。

需要减少地震作用的多层砌体和钢筋混凝土框架等结构类型的房屋,采用隔震设计时应符合下列各项要求。

(1)结构体型基本规则,不隔震时可在两个主轴方向分别采用《建筑抗震设计规范》第5.1.2条规定的底部剪力法进行计算且结构基本周期小于1.0 s;体型复杂结构采用隔震设计,宜通过模型试验后确定。

(2)建筑场地宜为Ⅰ、Ⅱ、Ⅲ类,并应选用稳定性较好的基础类型。

（3）风荷载和其他非地震作用的水平荷载标准值产生的总水平力不宜超过结构总重力的 10%。

（4）隔震层应提供必要的竖向承载力、侧向刚度和阻尼；穿过隔震层的设备配管、配线，应采用柔性连接或其他有效措施适应隔震层的罕遇地震水平位移。

现阶段对隔震技术的采用，按照积极稳妥推广的方针，首先在使用有特殊要求和 8、9 度地区的多层砌体、混凝土框架和抗震墙房屋中运用。

需要减少地震水平位移的钢和钢筋混凝土等结构类型的房屋宜采用消能减震设计。

消能部件应对结构提供足够的附加阻尼外，尚应根据其结构类型分别符合《建筑抗震设计规范》相应章节的设计要求。

隔震和消能减震设计时，隔震部件和消能减震部件应符合下列几点要求。

（1）隔震部件和消能减震部件的耐久性和设计参数应由试验确定；

（2）设置隔震部件和消能减震部件的部位，除按计算确定外，应采取便于检查和替换的措施；

（3）设计文件上应注明对隔震部件和消能减震部件性能要求，安装前应对工程中所用的各种类型和规格的原型部件进行抽样检测，每种类型和每一规格的数量不应少于三个，抽样检测的合格率应为 100%。

房屋隔震设计要点如下。

（1）隔震设计应根据预期的水平向减震系数和位移控制要求，选择适当的隔震支座（含阻尼器）及为抵抗地基微震动与风荷载提供初刚度的部件组成结构的隔震层。

（2）隔震支座应进行竖向承载力的验算和罕遇地震下水平位移的验算。

（3）隔震层以上结构的水平地震作用应根据水平向减震系数确定；其竖向地震作用标准值 8 度和 9 度时分别不应小于隔震层以上结构总重力荷载代表值的 20% 和 40%。

房屋消能减震设计要点如下。

（1）消能减震设计时应根据罕遇地震下的预期结构位移控制要求，设置适当的消能部件。消能部件可由消能器及斜撑、墙体、梁或节点等支承（撑）构件组成。消能器可采用速度相关型、位移相关型或其他类型。速度相关型消能器指粘滞消能器和粘弹性消能器等；位移相关型消能器指金属屈服消能器和摩擦消能器等。

（2）消能部件可根据需要沿结构的两个主轴方向分别设置。消能部件宜设置在层间变形较大的位置，其数量和分布应通过综合分析合理确定，并有利于提高整个结构的消能减震能力，形成均匀合理的受力体系。

思　考　题

1. 框架－抗震墙结构中的抗震墙设置，宜符合哪些要求？

2. 现浇钢筋混凝土的框架结构、框架－抗震墙和框架－核心筒建筑在 6～8 度设防时的最大高度各是多少？

3. 多层砌体房屋总高度与总宽度的最大比值有哪些具体规定？

4. 多层普通砖、多孔砖房屋的现浇钢筋混凝土圈梁设置应符合哪些要求？

5. 多层普通砖、多孔砖房屋的构造柱应符合哪些要求？

6. 《建筑抗震设计规范》对钢结构民用房屋的结构类型和最大高度有哪些规定？

附 录

附录 1

高层民用建筑设计防火规范

Code for fire protection design of tall buildings

GB 50045—95

（2001 年修订版）

主编部门：中华人民共和国公安部

批准部门：中华人民共和国建设部

施行日期：1995 年 11 月 1 日

注：有＊符号的部分是根据中华人民共和国建设部 1999 年 3 月 8 日第 20 号工程建设
国家标准局部修订公告修订的部分。

目次

1 总则

1.0.1 为了防止和减少高层民用建筑(以下简称高层建筑)火灾的危害,保护人身和财产的安全,制定本规范。

　1.0.2 高层建筑的防火设计,必须遵循"预防为主,防消结合"的消防工作方针,针对高层建筑发生火灾的特点,立足自防自救,采用可靠的防火措施,做到安全适用、技术先进、经济合理。

　1.0.3 本规范适用于下列新建、扩建和改建的高层建筑及其裙房:

　1.0.3.1 十层及十层以上的居住建筑(包括首层设置商业服务网点的住宅);

　1.0.3.2 建筑高度超过 24 m 的公共建筑。

　1.0.4 本规范不适用于单层主体建筑高度超过 24 m 的体育馆、会堂、剧院等公共建筑以及高层建筑中的人民防空地下室。

　1.0.5 当高层建筑的建筑高度超过 250 m 时,建筑设计采取的特殊的防火措施,应提交国家消防主管部门组织专题研究、论证。

　1.0.6 高层建筑的防火设计,除执行本规范的规定外,尚应符合现行的有关国家标准的规定。

2 术语

2.0.1 裙房 skirt building
与高层建筑相连的建筑高度不超过 24 m 的附属建筑。

2.0.2 建筑高度 building altitude
建筑物室外地面到其檐口或屋面面层的高度,屋顶上的水箱间、电梯机房、排烟机房和楼梯出口小间等不计入建筑高度。

2.0.3 耐火极限 duration of fire resistance
建筑构件按时间—温度标准曲线进行耐火试验,从受到火的作用时起,到失去支持能力或完整性被破坏或失去隔火作用时止的这段时间,用小时表示。

2.0.4 不燃烧体 non-combustible component
用不燃烧材料做成的建筑构件。

2.0.5 难燃烧体 hard-combustible component
用难燃烧材料做成的建筑构件或用燃烧材料做成而用不燃烧材料做保护层的建筑构件。

2.0.6 燃烧体 combustible component
用燃烧材料做成的建筑构件。

2.0.7 综合楼 multiple-use building
由两种及两种以上用途的楼层组成的公共建筑。

2.0.8 商住楼 business-living building
底部商业营业厅与住宅组成的高层建筑。

2.0.9 网局级电力调度楼 large-scale power dispatcher's building
可调度若干个省(区)电力业务的工作楼。

2.0.10 高级旅馆 high-grade hotel
具备星级条件的且设有空气调节系统的旅馆。

2.0.11 高级住宅 high-grade residence
建筑装修标准高和设有空气调节系统的住宅。

2.0.12 重要的办公楼、科研楼、档案楼 important office building、laboratory、archive
性质重要,建筑装修标准高,设备、资料贵重,火灾危险性大、发生火灾后损失大、影响大的办公楼、科研楼、档案楼。

2.0.13 半地下室 semi-basement
房间地平面低于室外地平面的高度超过该房间净高 1/3,且不超过 1/2 者。

2.0.14 地下室 basement
房间地平面低于室外地平面的高度超过该房间净高一半者。

2.0.15 安全出口 safety exit
保证人员安全疏散的楼梯或直通室外地平面的出口。

2.0.16 挡烟垂壁 hang wall
用不燃烧材料制成,从顶棚下垂不小于 500 mm 的固定或活动的挡烟设施。活动挡烟垂壁系指火灾时因感温、感烟或其他控制设备的作用,自动下垂的挡烟垂壁。

3 建筑分类和耐火等级

3.0.1 高层建筑应根据其使用性质、火灾危险性、疏散和补救难度等进行分类。并宜符合表3.0.1的规定。

表3.0.1　建筑分类

名　称	一　类	二　类
居住建筑	高级住宅 十九层及十九层以上的普通住宅	十层至十八层的普通住宅
公 共 建 筑	1.医院 2.高级旅馆 3.建筑高度超过50 m或每层建筑面积超过1 000 m² 的商业楼、展览楼、综合楼、电信楼、财贸金融楼 4.建筑高度超过50 m或每层建筑面积超过1 500 m² 的商住楼 5.中央级和省级(含计划单列市)广播电视楼 6.网局级和省级(含计划单列市)电力调度楼 7.省级(含计划单列市)邮政楼、防灾指挥调度楼 8.藏书超过100万册的图书馆、书库 9.重要的办公楼、科研楼、档案楼 10.建筑高度超过50 m的教学楼和普通的旅馆、办公楼、科研楼、档案楼等	1.除一类建筑以外商业楼、展览楼、综合楼、电信楼、财贸金融楼、商住楼、图书馆、书库 2.省级以下的邮政楼、防灾指挥调度楼、广播电视楼、电力调度楼 3.建筑高度不超过50 m的教学楼和普通的旅馆、办公楼、科研楼、档案楼等

3.0.2 高层建筑的耐火等级应分为一、二两级,其建筑构件的燃烧性能和耐火极限不应低于表3.0.2的规定。各类建筑构件的燃烧性能和耐火极限可按附录A确定。

表3.0.2　建筑构件的燃烧性能和耐火极限

构件名称		一　级	二　级
墙	防火墙	不燃烧体3.00	不燃烧体3.00
	承重墙、楼梯间、电梯井和住宅单元之间的墙	不燃烧体2.00	不燃烧体2.00
	非承重外墙、疏散走道两侧的隔墙	不燃烧体1.00	不燃烧体1.00
	房间隔墙	不燃烧体0.75	不燃烧体0.50
柱		不燃烧体3.00	不燃烧体2.50
梁		不燃烧体2.00	不燃烧体1.50
楼板、疏散楼梯、屋顶承重构件		不燃烧体1.50	不燃烧体1.00
吊顶		不燃烧体0.25	难燃烧体0.25

3.0.3 预制钢筋混凝土构件的节点缝隙或金属承重构件节点的外露部位,必须加设防火保护层,其耐火极限不应低于本规范表3.0.2相应建筑构件的耐火极限。

3.0.4 一类高层建筑的耐火等级应为一级,二类高层建筑的耐火等级不应低于二级。

裙房的耐火等级不应低于二级。高层建筑地下室的耐火等级应为一级。

3.0.5 二级耐火等级的高层建筑中,面积不超过 100 m² 的房间隔墙,可采用耐火极限不低于 0.50 h 的难燃烧体或耐火极限不低于 0.30 h 的不燃烧体。

3.0.6 二级耐火等级高层建筑的裙房,当屋顶不上人时,屋顶的承重构件可采用耐火极限不低于 0.50 h 的不燃烧体。

3.0.7 高层建筑内存放可燃物的平均重量超过 200 kg/m² 的房间,当不设自动灭火系统时,其柱、梁、楼板和墙的耐火极限应按本规范第 3.0.2 条的规定提高 0.50 h。

3.0.8 玻璃幕墙的设置应符合下列规定:

3.0.8.1 窗间墙、窗槛墙的填充材料应采用不燃烧材料。当其外墙面采用耐火极限不低于 1.00 h 的不燃烧体时,其墙内填充材料可采用难燃烧材料。

3.0.8.2 无窗间墙和窗槛墙的玻璃幕墙,应在每层楼板外沿设置耐火极限不低于 1.00 h、高度不低于 0.80 m 的不燃烧实体裙墙。

3.0.8.3 玻璃幕墙与每层楼板、隔墙处的缝隙,应采用不燃烧材料严密填实。

3.0.9 高层建筑的室内装修,应按现行国家标准《建筑内部装修设计防火规范》的有关规定执行。

4 总平面布局和平面布置
4.1 一般规定

4.1.1 在进行总平面设计时,应根据城市规划,合理确定高层建筑的位置、防火间距、消防车道和消防水源等。

高层建筑不宜布置在火灾危险性为甲、乙类厂(库)房,甲、乙、丙类液体和可燃气体储罐以及可燃材料堆场附近。

注:厂房、库房的火灾危险性分类和甲、乙、丙类液体的划分,应按现行的国家标准《建筑设计防火规范》的有关规定执行。

4.1.2 燃油、燃气的锅炉,可燃油油浸电力变压器,充有可燃油的高压电容器和多油开关等宜设置在高层建筑外的专用房间内。

除液化石油气作燃料的锅炉外,当上述设备受条件限制必须布置在高层建筑或裙房内时,其锅炉的总蒸发量不应超过 6.00 t/h,且单台锅炉蒸发量不应超过 2.00 t/h;可燃油油浸电力变压器总容量不应超过 1 260 kVA,单台容量不应超过 630 kVA,并应符合下列规定:

4.1.2.1 不应布置在人员密集场所的上一层、下一层或贴邻,并采用无门窗洞口的耐火极限不低于 2.00 h 的隔墙和 1.50 h 的楼板与其他部位隔开。当必须开门时,应设甲级防火门。

4.1.2.2 锅炉房、变压器室,应布置在首层或地下一层靠外墙部位,并应设直接对外的安全出口。外墙开口部位的上方,应设置宽度不小于 1.00 m 不燃烧体的防火挑檐。

4.1.2.3 变压器下面应有储存变压器全部油量的事故储油设施;变压器、多油开关室、高压电容器室、应设置防止油品流散的设施。

4.1.2.4 应设置火灾自动报警系统和自动灭火系统。

4.1.3 柴油发电机房可布置在高层建筑、裙房的首层或地下一层,并应符合下列规定：

4.1.3.1 柴油发电机房应采用耐火极限不低于 2.00 h 的隔墙和 1.50 h 的楼板与其他部位隔开。

4.1.3.2 柴油发电机房内应设置储油间，其总储存量不应超过 8.00 h 的需要量，储油间应采用防火墙与发电机间隔开；当必须在防火墙上开门时，应设置能自行关闭的甲级防火门。

4.1.3.3 应设置火灾自动报警系统和自动灭火系统。

4.1.4 消防控制室宜设在高层建筑的首层或地下一层，且应采用耐火极限不低于 2.00 h 的隔墙和 1.50 h 的楼板与其他部位隔开，并应设直通室外的安全出口。

*4.1.5 高层建筑内的观众厅、会议厅、多功能厅等人员密集场所，应设在首层或二、三层；当必须设在其他楼层时，除本规范另有规定外，尚应符合下列规定：

4.1.5.1 一个厅、室的建筑面积不宜超过 400 m²。

4.1.5.2 一个厅、室的安全出口不应少于两个。

4.1.5.3 必须设置火灾自动报警系统和自动喷水灭火系统。

4.1.5.4 幕布和窗帘应采用经阻燃处理的织物。

4.1.5A 高层建筑内的歌舞厅、卡拉 OK 厅（含具有卡拉 OK 功能的餐厅）、夜总会、录像厅、放映厅、桑拿浴室（除洗浴部分外）、游艺厅（含电子游艺厅）、网吧等歌舞娱乐放映游艺场所（以下简称歌舞娱乐放映游艺场所），应在首层或二、三层；宜靠外墙设置，不应布置在袋形走道的两侧和尽端，其最大容纳人数按录像厅、放映厅为 1.0 人/m²、其他场所为 0.5 人/m² 计算，面积按厅室建筑面积计算；并应采用耐火极限不低于 2.00 h 的隔墙和 1.00 h 的楼板与其他场所隔开，当墙上必须开门时应设置不低于乙级的防火门。

当必须设置在其他楼层时，尚应符合下列规定：

*4.1.5A.1 不应设置在地下二层及二层以下，设置在地下一层时，地下一层地面与室外出入口地坪的高差不应大于 10 m；

*4.1.5A.2 一个厅、室的建筑面积不应超过 200 m²；

*4.1.5A.3 一个厅、室的出口不应少于两个，当一个厅、室的建筑面积小于 50 m²，可设置一个出口；

*4.1.5A.4 应设置火灾自动报警系统和自动喷水灭火系统。

*4.1.5A.5 应设置防烟、排烟设施，并应符合本规范有关规定。

*4.1.5A.6 疏散走道和其他主要疏散路线的地面或靠近地面的墙上应设置发光疏散指示标志。

*4.1.5B 地下商店应符合下列规定：

*4.1.5B.1 营业厅不宜设在地下三层及三层以下；

*4.1.5B.2 不应经营和储存火灾危险性为甲、乙类储存物品属性的商品；

*4.1.5B.3 应设火灾自动报警系统和自动喷水灭火系统；

*4.1.5B.4 当商店总建筑面积大于 20 000 m² 时，应采用防火墙进行分隔，且防火墙上不得开设门窗洞口；

*4.1.5B.5 应设防烟、排烟设施，并应符合本规范有关规定；

*4.1.5B.6 疏散走道和其他主要疏散路线的地面或靠近地面的墙面上应设置发光疏散指示标志。

*4.1.6 托儿所、幼儿园、游乐厅等儿童活动场所不应设置在高层建筑内,当必须设在高层建筑内时,应设置在建筑物的首层或二、三层,并应设置单独出入口。

4.1.7 高层建筑的底边至少有一个长边或周边长度的 1/4 且小于一个长边长度,不应布置高度大于 5.00 m、进深大于 4.00 m 的裙房,且在此范围内必须设有直通室外的楼梯或直通楼梯间的出口。

4.1.8 设在高层建筑内的汽车停车库,其设计应符合现行国家标准《汽车库设计防火规范》的规定。

4.1.9 高层建筑内使用可燃气体作燃料时,应采用管道供气。使用可燃气体的房间或部位宜靠外墙设置。

4.1.10 高层建筑使用丙类液体作燃料时,应符合下列规定:

4.1.10.1 液体储罐总储量不应超过 15 m³,当直埋于高层建筑或裙房附近,面向油罐一面 4.00 m 范围内的建筑物外墙为防火墙时,其防火间距可不限。

4.1.10.2 中间罐的容积不应大于 1.00 m³,并应设在耐火等级不低于二级的单独房间内,该房间的门应采用甲级防火门。

4.1.11 当高层建筑采用瓶装液化石油气作燃料时,应设集中瓶装液化石油气间,并应符合下列规定:

4.1.11.1 液化石油气总储量不超过 1.00 m³ 的瓶装液化石油气间,可与裙房贴邻建造。

4.1.11.2 总储量超过 1.00 m³、而不超过 3.00 m³ 的瓶装液化石油气间,应独立建造,且与高层建筑和裙房的防火间距不应小于 10 m。

4.1.11.3 在总进气管道、总出气管道上应设有紧急事故自动切断阀。

4.1.11.4 应设有可燃气体浓度报警装置。

4.1.11.5 电气设计应按现行的国家标准《爆炸和火灾危险环境电力装置设计规范》的有关规定执行。

4.1.11.6 其他要求应按现行的国家标准《建筑设计防火规范》的有关规定执行。

4.2 防火间距

4.2.1 高层建筑之间及高层建筑与其他民用建筑之间的防火间距,不应小于表 4.2.1 的规定。

表 4.2.1　高层建筑之间及高层建筑与其他民用建筑之间的防火间距　　单位:m

建筑类别	高层建筑	裙　房	其他民用建筑		
			耐火等级		
			一、二级	三级	四级
高层建筑	13	9	9	11	14
裙　房	9	6	6	7	9

注:防火间距应按相邻建筑外墙的最近距离计算;当外墙有突出可燃构件时,应从其突出的部分外缘算起。

4.2.2 两座高层建筑相邻较高一面外墙为防火墙或比相邻较低一座建筑屋面高 15 m 及以下范围内的墙为不开设门、窗洞口的防火墙时,其防火间距可不限。

4.2.3 相邻的两座高层建筑,较低一座的屋顶不设天窗、屋顶承重构件的耐火极限不低于 1.00 h,且相邻较低一面外墙为防火墙时,其防火间距可适当减少,但不宜小于 4.00 m。

4.2.4 相邻的两座高层建筑,当相邻较高一面外墙耐火极限不低于 2.00 h,墙上开口部位设有甲级防火门、窗或防火卷帘时,其防火间距可适当减小,但不宜小于 4.00 m。

4.2.5 高层建筑与小型甲、乙、丙类液体储罐、可燃气体储罐和化学易燃物品库房的防火间距,不应小于表 4.2.5 的规定。

表 4.2.5　高层建筑与小型甲、乙、丙类液体储罐、可燃
气体储罐和化学易燃物品库房的防火间距

名称和储量		防火间距/m	
		高层建筑	裙　房
小型甲、乙类 液体储罐	< 30 m³	35	30
	30 ~ 60 m³	40	35
小型丙类 液体储罐	< 150 m³	35	30
	150 ~ 200 m³	40	35
可燃气体 储罐	< 100 m³	30	25
	100 ~ 500 m³	35	30
化学易燃 物品库房	< 1 t	30	25
	1 ~ 5 t	35	30

注:①储罐的防火间距应从距建筑物最近的储罐外壁算起;
　　②当甲、乙、丙类液体储罐直埋时,本表的防火间距可减少 50%。

4.2.6 高层医院等的液氧储罐总容量不超过 3.00 m³ 时,储罐间可一面贴邻所属高层建筑外墙建造,但应采用防火墙隔开,并应设直通室外的出口。

4.2.7 高层建筑与厂(库)房、煤气调压站、液化石油气气化站、混气站和城市液化石油气供应站瓶库的防火间距,不应小于表 4.2.7 的规定,且液化石油气气化站、混气站储罐的单罐容积不宜超过 10 m³。

表 4.2.7　高层建筑与厂(库)房、煤气调压站等的防火间距

名　　称		防火间距/m	一　类		二　类	
			高层建筑	裙　房	高层建筑	裙　房
丙类 厂(库)房	耐火等级	一、二级	20	15	15	13
		三、四级	25	20	20	15
丁、戊类 厂(库)房	耐火等级	一、二级	15	10	13	10
		三、四级	18	12	15	10

续表 4.2.7

名　　　称	防火间距／m		一　类		二　类	
			高层建筑	裙　房	高层建筑	裙　房
煤气调压站	进口压力 /MPa	0.005 ~ < 0.15	20	15	15	13
		0.15 ~ ≤ 0.30	25	20	20	15
煤气调压箱	进口压力 /MPa	0.005 ~ < 0.15	15	13	13	6
		0.15 ~ ≤ 0.30	20	15	15	13
液化石油气气化站、混气站	总储量 /m³	< 30	45	40	40	35
		30 ~ 50	50	45	45	40
城市液化石油气供应站瓶库		≤ 15	30	25	25	20
		≤ 10	25	20	20	15

4.3 消防车道

4.3.1 高层建筑的周围,应设环形消防车道。当设环形车道有困难时,可沿高层建筑的两个长边设置消防车道。当高层建筑的沿街长度超过 150 m 或总长度超过 220 m 时,应在适中位置设置穿过高层建筑的消防车道。

高层建筑应设有连通街道和内院的人行通道,通道之间的距离不宜超过 80 m。

4.3.2 高层建筑的内院或天井,当其短边长度超过 24 m 时,宜设有进入内院或天井的消防车道。

4.3.3 供消防车取水的天然水源和消防水池,应设消防车道。

4.3.4 消防车道的宽度不应小于 4.00 m。消防车道距高层建筑外墙宜大于 5.00 m,消防车道上空 4.00 m 以下范围内不应有障碍物。

4.3.5 尽头式消防车道应设有回车道或回车场,回车场不宜小于 15 m × 15 m。大型消防车的回车场不宜小于 18 m × 18 m。

消防车道下的管道和暗沟等,应能承受消防车辆的压力。

4.3.6 穿过高层建筑的消防车道,其净宽和净空高度均不应小于 4.00 m。

4.3.7 消防车道与高层建筑之间,不应设置妨碍登高消防车操作的树木、架空管线等。

5 防火、防烟分区和建筑构造

5.1 防火和防烟分区

5.1.1 高层建筑内应采用防火墙等划分防火分区,每个防火分区允许最大建筑面积,不应超过表 5.1.1 的规定。

表 5.1.1　每个防火分区的允许最大建筑面积

建筑类别	每个防火分区建筑面积/m²
一类建筑	1 000
二类建筑	1 500
地下室	500

注:①设有自动灭火系统的防火分区,其允许最大建筑面积可按本表增加 1.00 倍;当局部设置自动灭火系统时,增加面积可按该局部面积的 1.00 倍计算;

②一类建筑的电信楼,其防火分区允许最大建筑面积可按本表增加 50%。

5.1.2 高层建筑内的商业营业厅、展览厅等，当设有火灾自动报警系统和自动灭火系统，且采用不燃烧或难燃烧材料装修时，地上部分防火分区的允许最大建筑面积为4 000 m²；地下部分防火分区的允许最大建筑面积为 2 000 m²。

5.1.3 当高层建筑与其裙房之间设有防火墙等防火分隔设施时，其裙房的防火分区允许最大建筑面积不应大于 2 500 m²，当设有自动喷水灭火系统时，防火分区允许最大建筑面积可增加 1.00 倍。

5.1.4 高层建筑内设有上下层相连通的走廊、敞开楼梯、自动扶梯、传送带等开口部位时，应按上下连通层作为一个防火分区，其允许最大建筑面积之和不应超过本规范第 5.1.1 条的规定。当上下开口部位设有耐火极限大于 3.00 h 的防火卷帘或水幕等分隔设施时，其面积可不叠加计算。

5.1.5 高层建筑中庭防火分区面积应按上、下层连通的面积叠加计算，当超过一个防火分区面积时，应符合下列规定：

5.1.5.1 房间与中庭回廊相通的门、窗、应设自行关闭的乙级防火门、窗。

5.1.5.2 与中庭相通的过厅、通道等，应设乙级防火门或耐火极限大于 3.00 h 的防火卷帘分隔。

5.1.5.3 中庭每层回廊应设有自动喷水灭火系统。

5.1.5.4 中庭每层回廊应设火灾自动报警系统。

5.1.6 设置排烟设施的走道、净高不超过 6.00 m 的房间，应采用挡烟垂壁、隔墙或从顶棚下突出不小于 0.50 m 的梁划分防烟分区。

每个防烟分区的建筑面积不宜超过 500 m²，且防烟分区不应跨越防火分区。

5.2 防火墙、隔墙和楼板

5.2.1 防火墙不宜设在 U、L 形等高层建筑的内转角处。当设在转角附近时，内转角两侧墙上的门、窗、洞口之间最近边缘的水平距离不应小于 4.00 m；当相邻一侧装有固定乙级防火窗时，距离可不限。

5.2.2 紧靠防火墙两侧的门、窗、洞口之间最近边缘的水平距离不应小于 2.00 m；当水平间距小于 2.00 m 时，应设置固定乙级防火门、窗。

5.2.3 防火墙上不应开设门、窗、洞口，当必须开设时，应设置能自行关闭的甲级防火门、窗。

5.2.4 输送可燃气体和甲、乙、丙类液体的管道，严禁穿过防火墙。其他管道不宜穿过防火墙，当必须穿过时，应采用不燃烧材料将其周围的空隙堵塞密实。

穿过防火墙处的管道保温材料，应采用不燃烧材料。

5.2.5 管道穿过隔墙、楼板时，应采用不燃烧材料将其周围的缝隙填塞密实。

5.2.6 高层建筑内的隔墙应砌至梁板底部，且不宜留有缝隙。

＊5.2.7 设在高层建筑内的自动灭火系统的设备室、通风、空调机房，应采用耐火极限不低于 2.00 h 的隔墙，1.50 h 的楼板和甲级防火门与其他部位隔开。

5.2.8 地下室内存放可燃物平均重量超过 30 kg/m² 的房间隔墙，其耐火极限不应低于 2.00 h，房间的门应采用甲级防火门。

5.3 电梯井和管道井

5.3.1 电梯井应独立设置，井内严禁敷设可燃气体和甲、乙、丙类液体管道，并不应敷设与电梯无关的电缆、电线等。电梯井井壁除开设电梯门洞和通气孔洞外，不应开设其他洞口。电梯门不应采用栅栏门。

5.3.2 电缆井、管道井、排烟道、排气道、垃圾道等竖向管道井，应分别独立设置；其井壁应为耐火极限不低于1.00 h的不燃烧体；井壁上的检查门应采用丙级防火门。

5.3.3 建筑高度不超过100 m的高层建筑，其电缆井、管道井应每隔2～3层在楼板处用相当于地楼板耐火极限的不燃烧体作防火分隔；建筑高度超过100 m的高层建筑，应在每层楼板处用相当于楼板耐火极限的不燃烧体作防火分隔。

电缆井、管道井与房间、走道等相连通的孔洞，其空隙应采用不燃烧材料填塞密实。

5.3.4 垃圾道宜靠外墙设置，不应设在楼梯间内。垃圾道的排气口应直接开向室外。垃圾斗宜设在垃圾道前室内，该前室应采用丙级防火门。垃圾斗应采用不燃烧材料制作，并能自行关闭。

5.4 防火门、防火窗和防火卷帘

5.4.1 防火门、防火窗应划分为甲、乙、丙三级，其耐火极限：甲级应为1.20 h；乙级应为0.90 h；丙级应为0.60 h。

5.4.2 防火门应为向疏散方向开启的平开门，并在关闭后应能从任何一侧手动开启。

用于疏散的走道、楼梯间和前室的防火门，应具有自行关闭的功能。双扇和多扇防火门，还应具有按顺序关闭的功能。

常开的防火门，当发生火灾时，应具有自行关闭和信号反馈的功能。

5.4.3 设在变形缝处附近的防火门，应设在楼层数较多的一侧，且门开启后不应跨越变形缝。

*5.4.4 在设置防火墙确有困难的场所，可采用防火卷帘作防火分区分隔。当采用包括背火面温升作耐火极限判定条件的防火卷帘时，其耐火极限不低于3.00 h；当采用不包括背火面温升作耐火极限判定条件的防火卷帘时，其卷帘两侧应设独立的闭式自动喷水系统保护，系统喷水延续时间不应小于3.00 h。

5.4.5 设在疏散走道上的防火卷帘应在卷帘的两侧设置启闭装置，并应具有自动、手动和机械控制的功能。

5.5 屋顶金属承重构件和变形缝

5.5.1 屋顶采用金属承重结构时，其吊顶、望板、保温材料等均应采用不燃烧材料，屋顶金属承重构件应采用外包敷不燃烧材料或喷涂防火涂料等措施，并应符合本规范第3.0.2条规定的耐火极限，或设置自动喷水灭火系统。

5.5.2 高层建筑的中庭屋顶承重构件采用金属结构时，应采取外包敷不燃烧材料、喷涂防火涂料等措施，其耐火极限不应小于1.00 h，或设置自动喷水灭火系统。

5.5.3 变形缝构造基层应采用不燃烧材料。

电缆、可燃气体管道和甲、乙、丙类液体管道，不应敷设在变形缝内。当其穿过变形缝时，应在穿过处加设不燃烧材料套管，并应采用不燃烧材料将套管空隙填塞密实。

6 安全疏散和消防电梯

6.1 一般规定

6.1.1 高层建筑每个防火分区的安全出口不应少于两个。但符合下列条件之一的，可设一个安全出口：

6.1.1.1 十八层及十八层以下，每层不超过8户、建筑面积不超过650 m²，且设有一座防烟楼梯间和消防电梯的塔式住宅。

6.1.1.2 每个单元设有一座通向屋顶的疏散楼梯，且从第十层起每层相邻单元设有连通阳台或凹廊的单元式住宅。

6.1.1.3 除地下室外的相邻两个防火分区，当防火墙上有防火门连通，且两个防火分区的建筑面积之和不超过本规范第5.1.1条规定的一个防火分区面积的1.40倍的公共建筑。

6.1.2 塔式高层建筑，两座疏散楼梯宜独立设置，当确有困难时，可设置剪刀楼梯，并应符合下列规定：

6.1.2.1 剪刀楼梯间应为防烟楼梯间。

6.1.2.2 剪刀楼梯的梯段之间，应设置耐火极限不低于1.00 h的实体墙分隔。

6.1.2.3 剪刀楼梯应分别设置前室。塔式住宅确有困难时可设置一个前室，但两座楼梯应分别设加压送风系统。

6.1.3 高层居住建筑的户门不应直接开向前室，当确有困难时，部分开向前室的户门均应为乙级防火门。

*6.1.3A 商住楼中住宅的疏散楼梯应独立设置。

6.1.4 高层公共建筑的大空间设计，必须符合双向疏散或袋形走道的规定。

6.1.5 高层建筑的安全出口应分散布置，两个安全出口之间的距离不应小于5.00 m。安全疏散距离应符合表6.1.5的规定。

表6.1.5 安全疏散距离　　　单位:m

高层建筑		房间门或住宅户门至最近的外部出口或楼梯间的最大距离/m	
		位于两个安全出口之间的房间	位于袋形走道两侧或尽端的房间
医院	病房部分	24	12
	其他部分	30	15
旅馆、展览楼、教学楼		30	15
其他		40	20

6.1.6 跃廊式住宅的安全疏散距离，应从户门算起，小楼梯的一段距离按其1.50倍水平投影计算。

6.1.7 高层建筑内的观众厅、展览厅、多功能厅、餐厅、营业厅和阅览室等，其室内任何一点至最近的疏散出口的直线距离，不宜超过30 m；其他房间内最远一点至房门的直线距离不宜超过15 m。

6.1.8 位于两个安全出口之间的房间，当面积不超过60 m²时，可设置一个门，门的净宽不应小于 0.90 m。位于走道尽端的房间,当面积不超过 75 m² 时,可设置一个门,门的净宽不应小于 1.40 m。

6.1.9 高层建筑内走道的净宽,应按通过人数每 100 人不小于 1.00 m 计算;高层建筑首层疏散外门的总宽度,应按人数最多的一层每 100 个不小于 1.00 m 计算。首层疏散外门和走道的净宽不应小于表 6.1.9 的规定。

表 6.1.9   首层疏散外门和走道的净宽   单位:m

高层建筑	每个外门的净宽	走 道 净 宽	
		单面布房	双面布房
医　　院	1.30	1.40	1.50
居住建筑	1.10	1.20	1.30
其　　他	1.20	1.30	1.40

6.1.10 疏散楼梯间及其前室的门的净宽应按通过人数每 100 人不小于 1.00 m 计算,但最小净宽不应小于 0.90 m。单面布置房间的住宅,其走道出垛处的最小净宽不应小于 0.90 m。

6.1.11 高层建筑内设有固定座位的观众厅、会议厅等人员密集场所,其疏散走道、出口等应符合下列规定:

6.1.11.1 厅内的疏散走道的净宽应按通过人数每 100 人不小于 0.80 m 计算,且不宜小于 1.00 m;边走道的最小净宽不宜小于 0.80 m。

6.1.11.2 厅的疏散出口和厅外疏散走道的总宽度,平坡地面应分别按通过人数每 100 人不小于 0.65 m 计算,阶梯地面应分别按通过人数每 100 人不小于 0.80 m 计算。疏散出口和疏散走道的最小净宽均不应小于 1.40 m。

6.1.11.3 疏散出口的门内、门外 1.40 m 范围内不应设踏步,且门必须向外开,并不应设置门槛。

6.1.11.4 观众厅座位的布置,横走道之间的排数不宜超过 20 排,纵走道之间每排座位不宜超过 22 个;当前后排座位的排距不小于 0.90 m 时,每排座位可为 44 个;只一侧有纵走道时,其座位数应减半。

6.1.11.5 观众厅每个疏散出口的平均疏散人数不应超过 250 人。

6.1.11.6 观众厅的疏散外门,宜采用推门式外开门。

6.1.12 高层建筑地下室、半地下室的安全疏散应符合下列规定:

6.1.12.1 每个防火分区的安全出口不应少于两个。当有两个或两个以上防火分区,且相邻防火分区之间的防火墙上设有防火门时,每个防火分区可分别设一个直通室外的安全出口。

6.1.12.2 房间面积不超过 50 m²,且经常停留人数不超过 15 人的房间,可设一个门。

6.1.12.3 人员密集的厅、室疏散出口总宽度,应按其通过人数每 100 人不小于 1.00 m 计算。

6.1.13 建筑高度超过 100 m 的公共建筑,应设置避难层(间),并应符合下列规定:

6.1.13.1 避难层的设置,自高层建筑首层至第一个避难层或两个避难层之间,不宜超过15层。

6.1.13.2 通向避难层的防烟楼梯应在避难层分隔、同层错位或上下层断开,但人员均必须经避难层方能上下。

6.1.13.3 避难层的净面积应能满足设计避难人员避难的要求,并宜按 5.00 人/m² 计算。

6.1.13.4 避难层可兼作设备层,但设备管道宜集中布置。

6.1.13.5 避难层应设消防电梯出口。

6.1.13.6 避难层应设消防专线电话,并应设有消火栓和消防卷盘。

6.1.13.7 封闭式避难层应设独立的防烟设施。

6.1.13.8 避难层应设有应急广播和应急照明,其供电时间不应小于 1.00 h,照度不应低于 1.00 lx。

6.1.14 建筑高度超过 100 m,且标准层建筑面积超过 1 000 m² 的公共建筑,宜设置屋顶直升机停机坪或供直升机救助的设施,并应符合下列规定:

6.1.14.1 设在屋顶平台上的停机坪,距设备机房、电梯机房、水箱间、共用天线等突出物的距离,不应小于 5.00 m。

6.1.14.2 出口不应少于两个,每个出口宽度不宜小于 0.90 m。

6.1.14.3 在停机坪的适当位置应设置消火栓。

6.1.14.4 停机坪四周应设置航空障碍灯,并应设置应急照明。

6.1.15 除设有排烟设施和紧急照明者外,高层建筑内的走道长度超过 20 m 时,应设置直接天然采光和自然通风的设施。

6.1.16 高层建筑的公共疏散门均应向疏散方向开启,且不应采用侧拉门、吊门和转门。自动启闭的门应有手动开启装置。

6.1.17 建筑物直通室外的安全出口上方,应设置宽度不小于 1.00 m 的防火挑檐。

6.2 疏散楼梯间和楼梯

6.2.1 一类建筑和除单元式和通廊式住宅外的建筑高度超过32 m的二类建筑以及塔式住宅,均应设防烟楼梯间。防烟楼梯间的设置应符合下列规定:

6.2.1.1 楼梯间入口处应设前室、阳台或凹廊。

6.2.1.2 前室的面积,公共建筑不应小于 6.00 m²,居住建筑不应小于 4.50 m²。

6.2.1.3 前室和楼梯间的门均应为乙级防火门,并应向疏散方向开启。

6.2.2 裙房和除单元式和通廊式住宅外的建筑高度不超过32 m的二类建筑应设封闭楼梯间。封闭楼梯间的设置应符合下列规定:

6.2.2.1 楼梯间应靠外墙,并应直接天然采光和自然通风,当不能直接天然采光和自然通风时,应按防烟楼梯间规定设置。

6.2.2.2 楼梯间应设乙级防火门,并应向疏散方向开启。

6.2.2.3 楼梯间的首层紧接主要出口时,可将走道和门厅等包括在楼梯间内,形成扩大的封闭楼梯间,但应采用乙级防火门等防火措施与其他走道和房间隔开。

6.2.3 单元式住宅每个单元的疏散楼梯均应通至屋顶,其疏散楼梯间的设置应符合

下列规定:

6.2.3.1 十一层及十一层以下的单元式住宅可不设封闭楼梯间,但开向楼梯间的户门应为乙级防火门,且楼梯间应靠外墙,并应直接天然采光和自然通风。

6.2.3.2 十二层及十八层的单元式住宅应设封闭楼梯间。

6.2.3.3 十九层及十九层以上的单元式住宅应设防烟楼梯间。

6.2.4 十一层及十一层以下的通廊式住宅应设封闭楼梯间;超过十一层的通廊式住宅应设防烟楼梯间。

6.2.5 楼梯间及防烟楼梯间前室应符合下列规定:

6.2.5.1 楼梯间及防烟楼梯间前室的内墙上,除开设通向公共走道的疏散门和本规范第6.1.3条规定的户门外,不应开设其他门、窗、洞口。

6.2.5.2 楼梯间及防烟楼梯间前室内不应敷设可燃气体管道和甲、乙、丙类液体管道,并不应有影响疏散的突出物。

6.2.5.3 居住建筑内的煤气管道不应穿过楼梯间,当必须局部水平穿过楼梯间时,应穿钢套管保护,并应符合现行国家标准《城镇燃气设计规范》的有关规定。

6.2.6 除通向避难层错位的楼梯外,疏散楼梯间在各层的位置不应改变,首层应有直通室外的出口。

疏散楼梯和走道上的阶梯不应采用螺旋楼梯和扇形踏步,但踏步上下两级所形成的平面角不超过100,且每级离扶手0.25 m处的踏步宽度超过0.22 m时,可不受此限。

6.2.7 除本规范第6.1.1.条第6.1.1.1款的规定以及顶层为外通廊式住宅外的高层建筑,通向屋顶的疏散楼梯不宜少于两座,且不应穿越其他房间,通向屋顶的门应向屋顶方向开启。

*6.2.8 地下室、半地下室的楼梯间,在首层应采用耐火极限不低于2.00 h的隔墙与其他部位隔开并应直通室外,当必须在隔墙上开门时,应采用不低于乙级的防火门。

地下室或半地下室与地上层不应共用楼梯间,当必须共用楼梯间时,应在首层与地下或半地下层的出入口处,设置耐火极限不低于2.00 h的隔墙和乙级的防火门隔开,并应有明显标志。

地下室或半地下室与地上层不宜共用楼梯间,当必须共用楼梯间时,宜在首层与地下或半地下屋的入口处,设置耐火极限不低于2.00 h的隔墙和乙级防火门隔开,并应有明显标志。

6.2.9 每层疏散楼梯总宽度应按其通过人数每100人不小于1.00 m计算,各层人数不相等时,其总宽度可分段计算,下层疏散楼梯总宽度应按其上层人数最多的一层计算。疏散楼梯的最小净宽不应小于表6.2.9的规定。

表 6.2.9 疏散楼梯的最小净宽度 单位:m

高层建筑	疏散楼梯的最小净宽度
医院病房楼	1.30
居住建筑	1.10
其他建筑	1.20

6.2.10 室外楼梯可作为辅助的防烟楼梯,其最小净宽不应小于 0.90 m。当倾斜角度不大于 450,栏杆扶手的高度不小于 1.10 m 时,室外楼梯宽度可计入疏散楼梯总宽度内。

室外楼梯和每层出口处平台,应采用不燃材料制作。平台的耐火极限不应低于 1.00 h。在楼梯周围 2.00 m 内的墙面上,除设疏散门外,不应开设其他门、窗、洞口。疏散门应采用乙级防火门,且不应正对梯段。

6.2.11 公共建筑内袋形走道尽端的阳台、凹廊,宜设上下层连通的辅助疏散设施。

<h3 style="text-align:center">6.3 消防电梯</h3>

6.3.1 下列高层建筑应设消防电梯:

6.3.1.1 一类公共建筑。

6.3.1.2 塔式住宅。

6.3.1.3 十二层及十二层以上的单元式住宅或通廊式住宅。

6.3.1.4 高度超过 32 m 的其他二类公共建筑。

6.3.2 高层建筑消防电梯的设置数量应符合下列规定:

6.3.2.1 当每层建筑面积不大于 1 500 m² 时,应设 1 台。

6.3.2.2 当大于 1 500 m² 但不大于 4 500 m² 时,应设 2 台。

6.3.2.3 当大于 4 500 m² 时,应设 3 台。

6.3.2.4 消防电梯可与客梯或工作电梯兼用,但应符合消防电梯的要求。

6.3.3 消防电梯的设置应符合下列规定:

6.3.3.1 消防电梯宜分别设在不同的防火分区内。

6.3.3.2 消防电梯间应设前室,其面积:居住建筑不应小于 4.50 m²;公共建筑不应小于 6.00 m²。当与防烟楼梯间合用前室时,其面积:居住建筑不应小于 6.00 m²;公共建筑不应小于 10 m²。

6.3.3.3 消防电梯间前室宜靠外墙设置,在首层应设直通室外的出口或经过长度不超过 30 m 的通道通向室外。

6.3.3.4 消防电梯间前室的门,应采用乙级防火门或具有停滞功能的防火卷帘。

6.3.3.5 消防电梯的载重量不应小于 800 kg。

6.3.3.6 消防电梯井、机房与相邻其他电梯井、机房之间,应采用耐火极限不低于 2.00 h的隔墙隔开,当在隔墙上开门时,应设甲级防火门。

6.3.3.7 消防电梯的行驶速度,应按从首层到顶层的运行时间不超过 60 s 计算确定。

6.3.3.8 消防电梯轿厢的内装修应采用不燃烧材料。

6.3.3.9 动力与控制电缆、电线应采取防水措施。

6.3.3.10 消防电梯轿厢内应设专用电话;并应在首层设供消防队员专用的操作按钮。

6.3.3.11 消防电梯间前室门口宜设挡水设施。

消防电梯的井底应设排水设施,排水井容量不应小于 2.00 m³,排水泵的排水量不应小于 10 L/s。

<h2 style="text-align:center">7 消防给水和灭火设备</h2>

<h3 style="text-align:center">7.1 一般规定</h3>

7.1.1 高层建筑必须设置室内、室外消火栓给水系统。

7.1.2 消防用水可由给水管网、消防水池或天然水源供给。利用天然水源应确保枯水期最低水位时的消防用水量,并应设置可靠的取水设施。

7.1.3 室内消防给水应采用高压或临时高压给水系统。当室内消防用水量达到最大时,其水压应满足室内最不利点灭火设施的要求。

室外低压给水管道的水压,当生活、生产和消防用水量达到最大时,不应小于 0.10 MPa(从室外地面算起)。

注:生活、生产用水量应按最大小时流量计算,消防用水量应按最大秒流量计算。

7.2 消防用水量

7.2.1 高层建筑的消防用水总量应按室内、外消防用水量之和计算。

高层建筑内设有消火栓、自动喷水、水幕、泡沫等灭火系统时,其室内消防用水量应按需要同时开启的灭火系统用水量之和计算。

7.2.2 高层建筑室内、外消火栓给水系统的用水量,不应小于表 7.2.2 的规定。

表 7.2.2　消火栓给水系统的用水量

高层建筑类别	建筑高度/m	消火栓用水量/(L·s⁻¹) 室外	消火栓用水量/(L·s⁻¹) 室内	每根竖管最小流量/(L·s⁻¹)	每支水枪最小流量/(L·s⁻¹)
普通住宅	≤50	15	10	10	5
普通住宅	>50	15	20	10	5
1. 高级住宅 2. 医院 3. 二类建筑的商业楼、展览楼、综合楼、财贸金融楼、电信楼、商住楼、图书馆、书库 4. 省级以下的邮政楼、防灾指挥调度楼、广播电视楼、电力调度楼 5. 建筑高度不超过 50 m 的教学楼和普通的旅馆、办公楼、科研楼、档案楼等	≤50	20	20	10	5
	>50	20	30	15	5
1. 高级旅馆 2. 建筑高度超过 50 m 或每层建筑面积超过 1 000 ㎡ 的商业楼、展览楼、综合楼、财贸金融楼、电信楼 3. 建筑高度超过 50 m 或每层建筑面积超过 1 500 ㎡ 的商住楼 4. 中央和省级(含计划单列市)广播电视楼 5. 网局级和省级(含计划单列市)电力调度楼 6. 省级(含计划单列市)邮政楼、防灾指挥调度楼 7. 藏书超过 100 万册的图书馆、书库 8. 重要的办公楼、科研楼、档案楼 9. 建筑高度超过 50 m 的教学楼和普通的旅馆、办公楼、科研楼、档案楼等	≤50	30	30	15	5
	>50	30	40	15	5

注:建筑高度不超过 50 m,室内消火栓用水量超过 20 L/s,且设有自动喷水灭火系统的建筑物,其室内、外消防用水量可按本表减少 5 L/s。

7.2.3 高层建筑室内自动喷水灭火系统的用水量,应按现行的国家标准《自动喷水灭火系统设计规范》的规定执行。

7.2.4 高级旅馆、重要的办公楼、一类建筑的商业楼、展览楼、综合楼等和建筑高度超过100 m的其他高层建筑,应设消防卷盘,其用水量可不计入消防用水总量。

7.3 室外消防给水管道、消防水池和室外消火栓

7.3.1 室外消防给水管道应布置成环状,其进水管不宜少于两条,并宜从两条市政给水管道引入,当其中一条进水管发生故障时,其余进水管应仍能保证全部用水量。

7.3.2 符合下列条件之一时,高层建筑应设消防水池:

7.3.2.1 市政给水管道和进水管或天然水源不能满足消防用水量。

7.3.2.2 市政给水管道为枝状或只有一条进水管(二类居住建筑除外)。

7.3.3 当室外给水管网能保证室外消防用水量时,消防水池的有效容量应满足在火灾延续时间内室内消防用水量的要求;当室外给水管网不能保证室外消防用水量时,消防水池的有效容量应满足火灾延续时间内室内消防用水量和室外消防用水量不足部分之和的要求。

消防水池的补水时间不宜超过48 h。

商业楼、展览楼、综合楼、一类建筑的财贸金融楼、图书馆、书库,重要的档案楼、科研楼和高级旅馆的火灾延续时间应按3.00 h计算,其他高层建筑可按2.00计算。自动喷水灭火系统可按火灾延续时间1.00 h计算。

消防水池的总容量超过500 m³时,应分成两个能独立使用的消防水池。

7.3.4 供消防车取水的消防水池应设取水口或取水井,其水深应保证消防车的消防水泵吸水高度不超过6.00 m。取水口或取水井与被保护高层建筑的外墙距离不宜小于5.00 m,并不宜大于100 m。

消防用水与其他用水共用的水池,应采取确保消防用水量不作他用的技术措施。

寒冷地区的消防水池应采取防冻措施。

7.3.5 高层建筑群可共用消防水池和消防泵房。消防水池的容量应按消防用水量最大的一幢高层建筑计算。

7.3.6 室外消火栓的数量应按本规范第7.2.2条规定的室外消火栓用水量经计算确定,每个消火栓的用水量应为10~15 L/s。

室外消火栓应沿高层建筑均匀布置,消火栓距高层建筑外墙的距离不宜小于5.00 m,并不宜大于40 m;距路边的距离不宜大于2.00 m。在该范围内的市政消火栓可计入室外消火栓的数量。

7.3.7 室外消火栓宜采用地上式,当采用地下式消火栓时,应有明显标志。

7.4 室内消防给水管道、室内消火栓和消防水箱

7.4.1 室内消防给水系统应与生活、生产给水系统分开独立设置。室内消防给水管道应布置成环状。室内消防给水环状管网的进水管和区域高压或临时高压给水系统的引入管不应少于两根,当其中一根发生故障时,其余的进水管或引入管应能保证消防用水量和水压的要求。

7.4.2 消防竖管的布置,应保证同层相邻两个消火栓的水枪的充实水柱同时达到被

保护范围内的任何部位。每根消防竖管的直径应按通过的流量经计算确定,但不应小于 100 mm。

18 层及 18 层以下,每层不超过 8 户、建筑面积不超过 650 m² 的塔式住宅,当设两根消防竖管有困难时,可设一根竖管,但必须采用双阀双出口型消火栓。

7.4.3 室内消火栓给水系统应与自动喷水灭火系统分开设置,有困难时,可合用消防泵,但在自动喷水灭火系统的报警阀前(沿水流方向)必须分开设置。

7.4.4 室内消防给水管道应采用阀门分成若干独立段。阀门的布置,应保证检修管道时关闭停用的竖管不超过一根。当竖管超过 4 根时,可关闭不相邻的两根。

裙房内消防给水管道的阀门布置可按现行的国家标准《建筑设计防火规范》的有关规定执行。

阀门应有明显的启闭标志。

7.4.5 室内消火栓给水系统和自动喷水灭火系统应设水泵接合器,并应符合下列规定:

7.4.5.1 水泵接合器的数量应按室内消防用水量经计算确定。每个水泵接合器的流量应按 10 ~ 15 L/s 计算。

7.4.5.2 消防给水为竖向分区供水时,在消防车供水压力范围内的分区,应分别设置水泵接合器。

7.4.5.3 水泵接合器应设在室外便于消防车使用的地点,距室外消火栓或消防水池的距离宜为 15 ~ 40 m。

7.4.5.4 水泵接合器宜采用地上式;当采用地下式水泵接合器时,应有明显标志。

7.4.6 除无可燃物的设备层外,高层建筑和裙房的各层均应设室内消火栓,并应符合下列规定:

7.4.6.1 消火栓应设在走道、楼梯附近等明显易于取用的地点,消火栓的间距应保证同层任何部位有两个消火栓的水枪充实水柱同时到达。

7.4.6.2 消火栓的水枪充实水柱应通过水力计算确定,且建筑高度不超过 100m 的高层建筑不应小于 10 m;建筑高度超过 100 m 的高层建筑不应小于 13 m。

7.4.6.3 消火栓的间距应由计算确定,且高层建筑不应大于 30 m,裙房不应大于 50 m。

7.4.6.4 消火栓栓口离地面高度宜为 1.10 m,栓口出水方向宜向下或与设置消火栓的墙面相垂直。

7.4.6.5 消火栓栓口的静水压力不应大于 0.80 MPa,当大于 0.80 MPa 时,应采取分区给水系统。消火栓栓口的出水压力大于 0.50 MPa 时,消火栓处应设减压装置。

7.4.6.6 消火栓应采用同一型号规格。消火栓的栓口直径应为 65 mm,水带长度不应超过 25 m,水枪喷嘴口径不应小于 19 mm。

7.4.6.7 临时高压给水系统的每个消火栓处应设直接启动消防水泵的按钮,并应设有保护按钮的设施。

7.4.6.8 消防电梯间前室应设消火栓。

7.4.6.9 高层建筑的屋顶应设一个装有压力显示装置的检查用的消火栓,采暖地区可设在顶层出口处或水箱间内。

7.4.7 采用高压给水系统时,可不设高位消防水箱。当采用临时高压给水系统时,应设高位消防水箱,并应符合下列规定:

7.4.7.1 高位消防水箱的消防储水量,一类公共建筑不应小于 18 m^3;二类公共建筑和一类居住建筑不应小于 12 m^3;二类居住建筑不应小于 6.00 m^3。

7.4.7.2 高位消防水箱的设置高度应保证最不利点消火栓静水压力。当建筑高度不超过 100 m 时,高层建筑最不利点消火栓静水压力不应低于 0.07 MPa;当建筑高度超过 100 m 时,高层建筑最不利点消火栓静水压力不应低于 0.15 MPa。当高位消防水箱不能满足上述静压要求时,应设增压设施。

7.4.7.3 并联给水方式的分区消防水箱容量应与高位消防水箱相同。

7.4.7.4 消防用水与其他用水合用的水箱,应采取确保消防用水不作他用的技术措施。

7.4.7.5 除串联消防给水系统外,发生火灾时由消防水泵供给的消防用水不应进入高位消防水箱。

7.4.8 设有高位消防水箱的消防给水系统,其增压设施应符合下列规定:

7.4.8.1 增压水泵的出水量,对消火栓给水系统不应大于 5 L/s;对自动喷水灭火系统不应大于 1 L/s。

7.4.8.2 气压水罐的调节水容量宜为 450 L。

7.4.9 消防卷盘的间距应保证有一股水流能到达室内地面任何部位,消防卷盘的安装高度应便于取用。

注:消防卷盘的栓口直径宜为 25 mm;配备的胶带内径不小于 19 mm;消防卷盘喷嘴口径不小于 6.00 mm。

7.5 消防水泵房和消防水泵

7.5.1 独立设置的消防水泵房,其耐火等级不应低于二级。在高层建筑内设置消防水泵房时,应采用耐火极限不低于 2.00 h 的隔墙和 1.50 h 的楼板与其他部位隔开,并应设甲级防火门。

7.5.2 当消防水泵房设在首层时,其出口宜直通室外。当设在地下室或其他楼层时,其出口应直通安全出口。

7.5.3 消防给水系统应设置备用消防水泵,其工作能力不应小于其中最大一台消防工作泵。

7.5.4 一组消防水泵,吸水管不应少于两条,当其中一条损坏或检修时,其余吸水管应仍能通过全部水量。

消防水泵房应设不少于两条的供水管与环状管网连接。

消防水泵应采用自灌式吸水,其吸水管应设阀门。供水管上应装设试验和检查用压力表和 65 mm 的放水阀门。

7.5.5 当市政给水环形干管允许直接吸水时,消防水泵应直接从室外给水管网吸水。直接吸水时,水泵扬程计算应考虑室外给水管网的最低水压,并以室外给水管网的最高水压校核水泵的工作情况。

7.5.6 高层建筑消防给水系统应采取防超压措施。

7.6 灭火设备

7.6.1 建筑高度超过100 m的高层建筑,除面积小于5.00 m²的卫生间、厕所和不宜用水扑救的部位外,均应设自动喷水灭火系统。

7.6.2 建筑高度不超过100 m的一类高层建筑及其裙房的下列部位,除普通住宅和高层建筑中不宜用水扑救的部位外,应设自动喷水灭火系统:

7.6.2.1 公共活动用房。

7.6.2.2 走道、办公室和旅馆的客房。

7.6.2.3 可燃物品库房。

7.6.2.4 高级住宅的居住用房。

7.6.2.5 自动扶梯底部和垃圾道顶部。

7.6.3 二类高层建筑中的商业营业厅、展览厅等公共活动用房和建筑面积超过200 m²的可燃物品库房,应设自动喷水灭火系统。

*7.6.4 高层建筑中经常有人停留或可燃物较多的地下室房间、歌舞娱乐放映游艺场所等,应设自动喷水灭火系统。

7.6.5 超过800个座位的剧院、礼堂的舞台口宜设防火幕或水幕分隔。

7.6.6 高层建筑内的下列房间应设置水喷雾灭火系统:

7.6.6.1 燃油、燃气的锅炉房;

7.6.6.2 可燃油油浸电力变压器室;

7.6.6.3 充可燃油的高压电容器和多油开关室;

7.6.6.4 自备发电机房。

7.6.7 高层建筑的下列房间,应设置气体灭火系统:

7.6.7.1 主机房建筑面积不小于140 m²的电子计算机房中的主机房和基本工作间的已记录磁、纸介质库;

7.6.7.2 省级或超过100万人口的城市,其广播电视发射塔楼内的微波机房、分米波机房、米波机房、变、配电室和不间断电源(UPS)室;

7.6.7.3 国际电信局、大区中心、省中心和一万路以上的地区中心的长途通讯机房、控制室和信令转接点室;

7.6.7.4 二万线以上的市话汇接局和六万门以上的市话端局程控交换机房、控制室和信令转接点室;

7.6.7.5 中央及省级治安、防灾和网、局级及以上的电力等调度指挥中心的通信机房和控制室;

7.6.7.6 其他特殊重要设备室。

注:当有备用主机和备用已记录磁、纸介质且设置在不同建筑中,或同一建筑中的不同防火分区内时,7.6.7.1条中指定的房间内可采用预作用自动喷水灭火系统。

7.6.8 高层建筑的下列房间应设置气体灭火系统,但不得采用卤代烷1211、1301灭火系统:

7.6.8.1 国家、省级或藏书量超过100万册的图书馆的特藏库;

7.6.8.2 中央和省级档案馆中的珍藏库和非纸质档案库;

7.6.8.3 大、中型博物馆中的珍品库房;

7.6.8.4 一级纸、绢质文物的陈列室;

7.6.8.5 中央和省级广播电视中心内,面积不小于 120 m² 的音、像制品库房。

7.6.9 高层建筑的灭火器配置应按现行国家标准《建筑灭火器配置设计规范》的有关规定执行。

8 防烟、排烟和通风、空气调节
8.1 一般规定

8.1.1 高层建筑的防烟设施应分为机械加压送风的防烟设施和可开启外窗的自然排烟设施。

8.1.2 高层建筑的排烟设施应分为机械排烟设施和可开启外窗的自然排烟设施。

8.1.3 一类高层建筑和建筑高度超过 32 m 的二类高层建筑的下列部位应设排烟设施:

8.1.3.1 长度超过 20 m 的内走道。

8.1.3.2 面积超过 100 m²,且经常有人停留或可燃物较多的房间。

8.1.3.3 高层建筑的中庭和经常有人停留或可燃物较多的地下室。

8.1.4 通风、空气调节系统应采取防火、防烟措施。

8.1.5 机械加压送风和机械排烟的风速,应符合下列规定:

8.1.5.1 采用金属风道时,不应大于 20 m/s。

8.1.5.2 采用内表面光滑的混凝土等非金属材料风道时,不应大于 15 m/s。

8.1.5.3 送风口的风速不宜大于 7 m/s;排烟口的风速不宜大于 10 m/s。

8.2 自然排烟

8.2.1 除建筑高度超过 50 m 的一类公共建筑和建筑高度超过 100 m 的居住建筑外,靠外墙的防烟楼梯间及其前室、消防电梯间前室和合用前室,宜采用自然排烟方式。

8.2.2 采用自然排烟的开窗面积应符合下列规定:

8.2.2.1 防烟楼梯间前室、消防电梯间前室可开启外窗面积不应小于 2.00 m²,合用前室不应小于 3.00 m²。

8.2.2.2 靠外墙的防烟楼梯间每五层内可开启外窗总面积之和不应小于 2.00 m²。

8.2.2.3 长度不超过 60 m 的内走道可开启外窗面积不应小于走道面积的 2%。

8.2.2.4 需要排烟的房间可开启外窗面积不应小于该房间面积的 2%。

8.2.2.5 净空高度小于 12m 的中庭可开启的天窗或高侧窗的面积不应小于该中庭地面积的 5%。

8.2.3 防烟楼梯间前室或合用前室,利用敞开的阳台、凹廊或前室内有不同朝向的可开启外窗自然排烟时,该楼梯间可不设防烟设施。

8.2.4 排烟窗宜设置在上方,并应有方便开启的装置。

8.3 机械防烟

8.3.1 下列部位应设置独立的机械加压送风的防烟设施:

8.3.1.1 不具备自然排烟条件的防烟楼梯间、消防电梯间前室或合用前室。

8.3.1.2 采用自然排烟措施的防烟楼梯间,其不具备自然排烟条件的前室。

8.3.1.3 封闭避难层(间)。

8.3.2 高层建筑防烟楼梯间及其前室、合用前室和消防电梯间前室的机械加压送风量应由计算确定,或按表 8.3.2－1 至表 8.3.2－4 的规定确定。当计算值和本表不一致时,应按两者中较大值确定。

表 8.3.2－1 防烟楼梯间(前室不送风)的加压送风量

系统负担层数	加压送风量/(m³·h⁻¹)
< 20 层	25 000 ~ 30 000
20 层 ~ 32 层	35 000 ~ 40 000

表 8.3.2－2 防烟楼梯间及其合用前室的分别加压送风量

系统负担层数	送风部位	加压送风量/(m³·h⁻¹)
< 20 层	防烟楼梯间	16 000 ~ 20 000
	合用前室	12 000 ~ 16 000
20 层 ~ 32 层	防烟楼梯间	20 000 ~ 25 000
	合用前室	18 000 ~ 22 000

表 8.3.2－3 消防电梯间前室的加压送风量

系统负担层数	加压送风量/(m³·h⁻¹)
< 20 层	15 000 ~ 20 000
20 层 ~ 32 层	22 000 ~ 27 000

表 8.3.2－4 防烟楼梯间采用自然排烟,前室或合用前室不具备自然排烟条件时的送风量

系统负担层数	加压送风量/(m³·h⁻¹)
< 20 层	22 000 ~ 27 000
20 层 ~ 32 层	28 000 ~ 32 000

注:①表 8.3.2－1 至表 8.3.2－4 的风量按开启 2.00 m×1.60 m 的双扇门确定。当采用单扇门时,其风量可乘以 0.75 系数计算;当有两个或两个以上出入口时,其风量应乘以 1.50 ~ 1.75 系数计算。开启门时,通过门的风速不宜小于 0.70 m/s。
②风量上下限选取应按层数、风道材料、防火门漏风量等因素综合比较确定。

8.3.3 层数超过三十二层的高层建筑,其送风系统及送风量应分段设计。

8.3.4 剪刀楼梯间可合用一个风道,其风量应按两个楼梯间风量计算,送风口应分别设置。

8.3.5 封闭避难层(间)的机械加压送风量应按避难层净面积每平方米不小于 30 m³/h 计算。

8.3.6 机械加压送风的防烟楼梯间和合用前室,宜分别独立设置送风系统,当必须共用一个系统时,应在通向合用前室的支风管上设置压差自动调节装置。

*8.3.7 机械加压送风机的全压,除计算最不利环管道压头损失外,尚应有余压。其

余压值应符合下列要求：

8.3.7.1 防烟楼梯间为 40 Pa 至 50 Pa。

8.3.7.2 前室、合用前室、消防电梯间前室、封闭避难层(间)为 25 Pa 至 30 Pa。

8.3.8 楼梯间宜每隔二至三层设一个加压送风口；前室的加压送风口应每层设一个。

8.3.9 机械加压送风机可采用轴流风机或中、低压离心风机，风机位置应根据供电条件、风量分配均衡、新风入口不受火、烟威胁等因素确定。

8.4 机械排烟

8.4.1 一类高层建筑和建筑高度超过 32 m 的二类高层建筑的下列部位，应设置机械排烟设施：

8.4.1.1 无直接自然通风，且长度超过 20 m 的内走道或虽有直接自然通风，但长度超过 60 m 的内走道。

8.4.1.2 面积超过 100 m^2，且经常有人停留或可燃物较多的地上无窗房间或设固定窗的房间。

8.4.1.3 不具备自然排烟条件或净空高度超过 12 m 的中庭。

8.4.1.4 除利用窗井等开窗进行自然排烟的房间外，各房间总面积超过 200 m^2 或一个房间面积超过 50 m^2，且经常有人停留或可燃物较多的地下室。

8.4.2 设置机械排烟设施的部位，其排烟风机的风量应符合下列规定：

8.4.2.1 担负一个防烟分区排烟或净空高度大于 6.00 m 的不划防烟分区的房间时，应按每平方米面积不小于 60 m^3/h 计算(单台风机最小排烟量不应小于 7 200 m^3/h)。

8.4.2.2 担负两个或两个以上防烟分区排烟时，应按最大防烟分区面积每平方米不小于 120 m^3/h 计算。

8.4.2.3 中庭体积小于 17 000 m^3 时，其排烟量按其体积的 6 次/h 换气计算；中庭体积大于 17 000 m^3 时，其排烟量按其体积的 4 次/h 换气计算；但最小排烟量不应小于 102 000 m^3/h。

*8.4.3 带裙房的高层建筑防烟楼梯间及其前室，消防电梯间前室或合用前室，当裙房以上部分利用可开启外窗进行自然排烟，裙房部分不具备自然排烟条件时，其前室或合用前室应设置局部正压送风系统，正压值应符合 8.3.7 条的规定。

*8.4.4 排烟口应设在顶棚上或靠近顶棚的墙面上，且与附近安全出口沿走道方向相邻边缘之间的最小水平距离不应小于 1.50 m。设在顶棚上的排烟口，距可燃构件或可燃物的距离不应小于 1.00 m。排烟口平时应关闭，并应设有手动和自动开启装置。

8.4.5 防烟分区内的排烟口距最远点的水平距离不应超过 30 m。在排烟支管上应设有当烟气温度超过 280℃ 时能自行关闭的排烟防火阀。

8.4.6 走道的机械排烟系统宜竖向设置；房间的机械排烟系统宜按防烟分区设置。

8.4.7 排烟风机可采用离心风机或采用排烟轴流风机，并应在其机房入口处设有当烟气温度超过 280℃ 时能自动关闭的排烟防火阀。排烟风机应保证在 280℃ 时连续工作 30 min。

8.4.8 机械排烟系统中，当任一排烟口或排烟阀开启时，排烟风机应能自行启动。

8.4.9 排烟管道必须采用不燃材料制作。安装在吊顶内的排烟管道，其隔热层应采用不燃烧材料制作,并应与可燃物保持不小于 150 mm 的距离。

8.4.10 机械排烟系统与通风、空气调节系统宜分开设置。若合用时,必须采取可靠的防火安全措施,并应符合排烟系统要求。

8.4.11 设置机械排烟的地下室,应同时设置送风系统,且送风量不宜小于排烟量的 50%。

8.4.12 排烟风机的全压应按排烟系统最不利环管道进行计算,其排烟量应增加漏风系数。

8.5 通风和空气调节

8.5.1 空气中含有易燃、易爆物质的房间,其送、排风系统应采用相应的防爆型通风设备;当送风机设在单独隔开的通风机房内且送风干管上设有止回阀时,可采用普通型通风设备,其空气不应循环使用。

8.5.2 通风、空气调节系统,横向应按每个防火分区设置,竖向不宜超过五层,当排风管道设有防止回流设施且各层设有自动喷水灭火系统时,其进风和排风管道可不受此限制。垂直风管应设在管井内。

8.5.3 下列情况之一的通风、空气调节系统的风管道应设防火阀:

＊8.5.3.1 管道穿越防火分区处。

8.5.3.2 穿越通风、空气调节机房及重要的或火灾危险性大的房间隔墙和楼板处。

8.5.3.3 垂直风管与每层水平风管交接处的水平管段上。

8.5.3.4 穿越变形缝处的两侧。

8.5.4 防火阀的动作温度宜为 70℃。

8.5.5 厨房、浴室、厕所等的垂直排风管道,应采取防止回流的措施或在支管上设置防火阀。

8.5.6 通风、空气调节系统的管道等,应采用不燃烧材料制作,但接触腐蚀性介质的风管和柔性接头,可采用难燃烧材料制作。

8.5.7 管道和设备的保温材料、消声材料和粘结剂应为不燃烧材料或难燃烧材料。穿过防火墙和变形缝的风管两侧各 2.00 m 范围内应采用不燃烧材料及其粘结剂。

8.5.8 风管内设有电加热器时,风机应与电加热器联锁。电加热器前后各 800 mm 范围内的风管和穿过设有火源等容易起火部位的管道,均必须采用不燃保温材料。

9 电气

9.1 消防电源及其配电

9.1.1 高层建筑的消防控制室、消防水泵、消防电梯、防烟排烟设施、火灾自动报警、自动灭火系统、应急照明、疏散指示标志和电动的防火门、窗、卷帘、阀门等消防用电,应按现行的国家标准《工业与民用供电系统设计规范》的规定进行设计,一类高层建筑应按一级负荷要求供电,二类高层建筑应按二级负荷要求供电。

9.1.2 高层建筑的消防控制室、消防水泵、消防电梯、防烟排烟风机等的供电,应在最末一级配电箱处设置自动切换装置。

一类高层建筑自备发电设备,应设有自动启动装置,并能在 30 s 内供电。二类高层建筑自备发电设备,当采用自动启动有困难时,可采用手动启动装置。

9.1.3 消防用电设备应采用专用的供电回路,其配电设备应设有明显标志。其配电线路和控制回路宜按防火分区划分。

9.1.4 消防用电设备的配电线路应符合下列规定:

9.1.4.1 当采用暗敷设时,应敷设在不燃烧体结构内,且保护层厚度不宜小于 30 mm。

9.1.4.2 当采用明敷设时,应采用金属管或金属线槽上涂防火涂料保护。

9.1.4.3 当采用绝缘和护套为不延燃材料的电缆时,可不穿金属管保护,但应敷设在电缆井内。

9.2 火灾应急照明和疏散指示标志

9.2.1 高层建筑的下列部位应设置应急照明:

9.2.1.1 楼梯间、防烟楼梯间前室、消防电梯间及其前室、合用前室和避难层(间)。

9.2.1.2 配电室、消防控制室、消防水泵房、防烟排烟机房、供消防用电的蓄电池室、自备发电机房、电话总机房以及发生火灾时仍需坚持工作的其他房间。

9.2.1.3 观众厅、展览厅、多功能厅、餐厅和商业营业厅等人员密集的场所。

9.2.1.4 公共建筑内的疏散走道和居住建筑内走道长度超过 20 m 的内走道。

9.2.2 疏散用的应急照明,其地面最低照度不应低于 0.5 lx。

消防控制室、消防水泵房、防烟排烟机房、配电室和自备发电机房、电话总机房以及发生火灾时仍需坚持工作的其他房间的应急照明,仍应保证正常照明的照度。

9.2.3 除二类居住建筑外,高层建筑的疏散走道和安全出口处应设灯光疏散指示标志。

9.2.4 疏散应急照明灯宜设在墙面上或顶棚上。安全出口标志宜设在出口的顶部;疏散走道的指示标志宜设在疏散走道及其转角处距地面 1.00 m 以下的墙面上。走道疏散标志灯的间距不应大于 20 m。

9.2.5 应急照明灯和灯光疏散指示标志,应设玻璃或其他不燃烧材料制作的保护罩。

9.2.6 应急照明和疏散指示标志,可采用蓄电池作备用电源,且连续供电时间不应少于 20 min;高度超过 100 m 的高层建筑连续供电时间不应少于 30 min。

9.3 灯具

9.3.1 开关、插座和照明器靠近可燃物时,应采取隔热、散热等保护措施。

卤钨灯和超过 100 W 的白炽灯泡的吸顶灯、槽灯、嵌入式灯的引入线应采取保护措施。

9.3.2 白炽灯、卤钨灯、荧光高压汞灯、镇流器等不应直接设置在可燃装修材料或可燃构件上。

可燃物品库房不应设置卤钨灯等高温照明灯具。

9.4 火灾自动报警系统、火灾应急广播和消防控制室

9.4.1 建筑高度超过 100 m 的高层建筑,除面积小于 5.00 m² 的厕所、卫生间外,均应设火灾自动报警系统。

9.4.2 除普通住宅外,建筑高度不超过 100 m 的一类高层建筑的下列部位应设置火灾自动报警系统:

9.4.2.1 医院病房楼的病房、贵重医疗设备室、病历档案室、药品库。

9.4.2.2 高级旅馆的客房和公共活动用房。

9.4.2.3 商业楼、商住楼的营业厅,展览楼的展览厅。

9.4.2.4 电信楼、邮政楼的重要机房和重要房间。

9.4.2.5 财贸金融楼的办公室、营业厅、票证库。

9.4.2.6 广播电视楼的演播室、播音室、录音室、节目播出技术用房、道具布景。

9.4.2.7 电力调度楼、防灾指挥调度楼等的微波机房、计算机房、控制机房、动力机房。

9.4.2.8 图书馆的阅览室、办公室、书库。

9.4.2.9 档案楼的档案库、阅览室、办公室。

9.4.2.10 办公楼的办公室、会议室、档案室。

9.4.2.11 走道、门厅、可燃物品库房、空调机房、配电室、自备发电机房。

9.4.2.12 净高超过 2.60 m 且可燃物较多的技术夹层。

9.4.2.13 贵重设备间和火灾危险性较大的房间。

9.4.2.14 经常有人停留或可燃物较多的地下室。

9.4.2.15 电子计算机房的主机房、控制室、纸库、磁带库。

9.4.3 二类高层建筑的下列部位应设火灾自动报警系统:

9.4.3.1 财贸金融楼的办公室、营业厅、票证库。

9.4.3.2 电子计算机房的主机房、控制室、纸库、磁带库。

9.4.3.3 面积大于 50 m² 的可燃物品库房。

9.4.3.4 面积大于 500 m² 的营业厅。

9.4.3.5 经常有人停留或可燃物较多的地下室。

9.4.3.6 性质重要或有贵重物品的房间。

注:旅馆、办公楼、综合楼的门厅、观众厅,设有自动喷水灭火系统时,可不设火灾自动报警系统。

9.4.4 应急广播的设计应按现行的国家标准《火灾自动报警系统设计规范》的有关规定执行。

9.4.5 设有火灾自动报警系统和自动灭火系统或设有火灾自动报警系统和机械防烟、排烟设施的高层建筑,应按现行国家标准《火灾自动报警系统设计规范》的要求设置消防控制室。

附录 A 各类建筑构件的燃烧性能和耐火极限

构 件 名 称	结构厚度或截面最小尺寸/cm	耐火极限/h	燃烧性能
承重墙			
加气混凝土砌块墙	10	2.00	不燃烧体
普通粘土砖、混凝土、钢筋混凝土实体墙	12	2.50	不燃烧体
	18	3.50	不燃烧体
	24	5.50	不燃烧体
	37	10.50	不燃烧体

续附录 A

构 件 名 称	结构厚度或截面最小尺寸/cm	耐火极限/h	燃烧性能
轻质混凝土砌块墙	12	1.50	不燃烧体
	24	3.50	不燃烧体
	37	5.50	不燃烧体
非承重墙			
普通粘土砖墙	6	1.50	不燃烧体
（不包括双面抹灰厚）	12	3.00	不燃烧体
普通粘土砖墙	15	4.50	不燃烧体
（包括双面抹灰 1.5 cm 厚）	18	5.00	不燃烧体
	24	8.00	不燃烧体
七孔粘土砖墙（不包括墙中空 12 cm 厚）	12	8.00	不燃烧体
双面抹灰七孔粘土砖墙（不包括墙中空 12 cm 厚）	14	9.00	不燃烧体
粉煤灰硅酸盐砌块砖	20	4.00	不燃烧体
加气混凝土构件（未抹灰粉刷）			
（1）砌块墙	7.5	2.50	不燃烧体
	10	3.75	不燃烧体
	15	5.75	不燃烧体
	20	8.00	不燃烧体
（2）隔板墙	7.5	2.00	不燃烧体
（3）垂直墙板	15	3.00	不燃烧体
（4）水平墙板	15	5.00	不燃烧体
粉煤灰加气混凝土砌块墙（粉煤灰、水泥、石灰）	10	3.40	不燃烧体
充分混凝土砌块墙	15	7.00	不燃烧体
碳化石灰圆孔板隔墙	9	1.75	不燃烧体
木龙骨两面钉下列材料：			
（1）钢丝网抹灰，其构造、厚度(cm)为 1.5 + 5(空) + 1.5		0.85	难燃烧体
（2）石膏板，其构造、厚度(cm)为 1.2 + 5(空) + 1.2		0.30	难燃烧体
（3）板条抹灰，其构造、厚度(cm)为 1.5 + 5(空) + 1.5		0.85	难燃烧体
（4）水泥刨花板，其构造厚度(cm)为 1.5 + 5(空) + 1.5		0.30	难燃烧体
（5）板条抹 1:4 石棉水泥、隔热灰浆，其构造、厚度(cm)为 2 + 5(空) + 2		1.25	难燃烧体
（1）木龙骨纸面玻璃纤维石膏板隔墙，其构造、厚度(cm)为 1.0 + 5.5(空) + 1.0		0.60	难燃烧体
（2）木龙骨纸面纤维石膏板隔墙，其构造、厚度(cm)为 1.0 + 5.5(空) + 1.0		1.60	难燃烧体

续附录 A

构 件 名 称	结构厚度或截面最小尺寸/cm	耐火极限/h	燃烧性能
石膏空心条板隔墙:			
(1)石膏珍珠岩空心条板(膨胀珍珠岩容量 50～80 kg/m³)	6.0	1.50	不燃烧体
(2)石膏珍珠岩空心条板(膨胀珍珠岩 60～120 kg/m³)	6.0	1.20	不燃烧体
(3)石膏硅酸盐空心条板	6.0	1.50	不燃烧体
(4)石膏珍珠岩塑料网空心条板(膨胀珍珠岩 60～120 kg/m³)	6.0	1.30	不燃烧体
(5)石膏粉煤灰空心条板	9.0	2.25	不燃烧体
(6)石膏珍珠岩双层空心条板,其构造、厚度(cm)为			
6.0+5(空)+6.0(膨胀珍珠岩 50～80 kg/m³)	—	3.75	不燃烧体
6.0+5(空)+6.0(膨胀珍珠岩 60～120 kg/m³)	—	3.25	不燃烧体
石膏龙骨两面钉下列材料:			
(1)纤维石膏板,其构造厚度(cm)为			
0.85+10.3(填矿棉)+0.85	—	1.00	不燃烧体
1.0+6.4(空)+1.0	—	1.35	不燃烧体
1.0+9(填矿棉)+1.0	—	1.00	不燃烧体
(2)纸面石膏板,其构造厚度(cm)为			
1.1+6.8(填矿棉)+1.1	—	0.75	不燃烧体
1.1+2.8(空)+1.1+6.5(空)+1.1+2.8(空)+1.1	—	1.50	不燃烧体
0.9+1.2+12.8(空)+1.2+0.9	—	1.20	不燃烧体
2.5+13.4(空)+1.2+0.9	—	1.50	不燃烧体
1.2+8(空)+1.2+1.2+8(空)+1.2	—	1.00	不燃烧体
1.2+8(空)+1.2	—	0.33	不燃烧体
钢龙骨两面钉下列材料:			
(1)水泥刨花板,其构造、厚度(cm)为 1.2+7.6(空)+1.2	—	0.45	难燃烧体
(2)纸面石膏板,其构造、厚度(cm)为			
1.2+4.6(空)+1.2	—	0.33	不燃烧体
2×1.2+7(空)+3×1.2	—	1.25	不燃烧体
2×1.2+7(填矿棉)+2×1.2	—	1.20	不燃烧体
(3)双层普通石膏板,板内掺纸纤维,其构造、厚度(cm)为			
2×1.2+7.5(空)+2×1.2	—	1.10	不燃烧体
(4)双层防火石膏板,板内掺玻璃纤维,其构造、厚度(cm)为			
2×1.2+7.5(空)+2×1.2	—	1.35	不燃烧体
2×1.2+7.5(岩棉厚 4 cm)+2×1.2	—	1.60	不燃烧体

续附录 A

构　件　名　称	结构厚度或截面最小尺寸/cm	耐火极限/h	燃烧性能
(5)复合纸面石膏板,其构造、厚度(cm)为			
1.5+7.5(空)+0.15+0.95(双层板受火)	—	1.10	不燃烧体
(6)双层石膏板,其构造、厚度(cm)为			
2×1.2+7.5(填岩棉)+2×1.2	—	2.10	不燃烧体
2×1.2+7.5(空)+2×1.2	—	1.35	不燃烧体
(7)单层石膏板,其构造、厚度(cm)为			
1.2+7.5(填5 cm厚岩棉)+1.2	—	1.20	不燃烧体
1.2+7.5(空)+1.2	—	0.50	不燃烧体
碳化石灰圆孔空心条板隔墙	9	1.75	不燃烧体
菱苦土珍珠岩圆孔空心条板隔墙	8	1.30	不燃烧体
钢筋混凝土大板墙(200#混凝土)	6.00	1.00	不燃烧体
	12.00	2.60	不燃烧体
钢框架间用墙、混凝土砌筑的墙,当钢框架为			
(1)金属网抹灰的厚度为2.5 cm	—	0.75	不燃烧体
(2)用砖砌面或混凝土保护,其厚度为			
6 cm	—	2.00	不燃烧体
12 cm	—	4.00	不燃烧体
柱			
	20×20	1.40	不燃烧体
	20×30	2.50	不燃烧体
	20×40	2.70	不燃烧体
钢筋混凝土柱	20×50	3.00	不燃烧体
	24×24	2.00	不燃烧体
	30×30	3.00	不燃烧体
	30×50	3.50	不燃烧体
	37×37	5.00	不燃烧体
钢筋混凝土圆柱	直径30	3.00	不燃烧体
	直径45	4.00	不燃烧体
无保护层的钢柱	—	0.25	不燃烧体
有保护层的钢柱:			
(1)用普通粘土砖做保护层,其厚度为1.2 cm		2.85	不燃烧体
(2)用陶粒混凝土做保护层,其厚度为10 cm		3.00	不燃烧体
(3)用200#混凝土做保护层,其厚度为			
10 cm		2.85	不燃烧体

续附录 A

构 件 名 称	结构厚度或截面 最小尺寸/cm	耐火极限 /h	燃烧性能
5 cm	—	2.00	不燃烧体
2.5 cm	—	0.80	不燃烧体
(4)用加气混凝土做保护层,其厚度为			
4 cm	—	1.00	不燃烧体
5 cm	—	1.40	不燃烧体
7 cm	—	2.00	不燃烧体
8 cm	—	2.30	不燃烧体
(5)用金属网抹 50# 砂浆做保护层其厚度为			
2.5 cm	—	0.80	不燃烧体
5 cm	—	1.30	不燃烧体
(6)用薄涂型钢结构防火涂料做保护层,厚度为			
0.55 cm	—	1.00	不燃烧体
0.70 cm	—	1.50	不燃烧体
(7)用厚涂型钢结构防火涂料做保护层,厚度为			
1.5 cm	—	1.00	不燃烧体
2 cm	—	1.50	不燃烧体
3 cm	—	2.00	不燃烧体
4 cm	—	2.50	不燃烧体
5 cm	—	3.00	不燃烧体
梁			
简支的钢筋混凝土梁:			
(1)非预应力钢筋,保护层厚度为			
1 cm	—	1.20	不燃烧体
2 cm	—	1.75	不燃烧体
2.5 cm	—	2.00	不燃烧体
3 cm	—	2.30	不燃烧体
4 cm	—	2.90	不燃烧体
5 cm	—	3.50	不燃烧体
(2)预应力钢筋或高强度钢丝,保护层厚度为			
2.5 cm	—	1.00	不燃烧体
3.0 cm	—	1.20	不燃烧体
4 cm	—	1.50	不燃烧体
5 cm	—	2.00	不燃烧体

续附录 A

构 件 名 称	结构厚度或截面最小尺寸/cm	耐火极限/h	燃烧性能
无保护层的钢梁、楼梯	—	0.25	不燃烧体
(1)用厚涂型钢结构防火涂料保护钢梁,其保护层厚度为			
1.5 cm	—	1.00	不燃烧体
2 cm	—	1.50	不燃烧体
3 cm	—	2.00	不燃烧体
4 cm	—	2.50	不燃烧体
5 cm	—	3.00	不燃烧体
(2)用薄涂型钢结构防火涂料保护的钢梁,其保护层厚度为			
0.55 cm	—	1.00	不燃烧体
0.70 cm	—	1.50	不燃烧体
楼板和屋顶承重构件			
简支的钢筋混凝土楼板:			
(1)非预应力钢筋,保护层厚度为			
1 cm	—	1.00	不燃烧体
2 cm	—	1.25	不燃烧体
3 cm	—	1.50	不燃烧体
(2)预应力钢筋或高强度钢丝,保护层厚度为			
1 cm	—	0.50	不燃烧体
2 cm	—	0.75	不燃烧体
3 cm	—	1.00	不燃烧体
四边简支的钢筋混凝土楼板,保护层厚度为			
1 cm	7	1.40	不燃烧体
1.5 cm	8	1.45	不燃烧体
2 cm	8	1.50	不燃烧体
3 cm	9	1.80	不燃烧体
现浇的整体式梁板,保护层厚度为			
1 cm	8	1.40	不燃烧体
1.5 cm	8	1.45	不燃烧体
2 cm	8	1.50	不燃烧体
1 cm	9	1.75	不燃烧体
2 cm	9	1.85	不燃烧体
1 cm	10	2.00	不燃烧体
1.5 cm	10	2.00	不燃烧体
2 cm	10	2.10	不燃烧体
3 cm	10	2.15	不燃烧体
1 cm	11	2.25	不燃烧体
1.5 cm	11	2.30	不燃烧体
2 cm	11	2.30	不燃烧体

续附录 A

构 件 名 称	结构厚度或截面最小尺寸/cm	耐火极限/h	燃烧性能
3 cm	11	2.40	不燃烧体
1 cm	12	2.50	不燃烧体
2 cm	12	2.65	不燃烧体
简支钢筋混凝土圆孔空心楼板:			
(1)非预应力钢筋,保护层厚度为			
1 cm	—	0.90	不燃烧体
2 cm	—	1.25	不燃烧体
3 cm	—	1.50	不燃烧体
(2)预应力钢筋混凝土圆孔楼板加保护层,其厚度为			
1 cm	—	0.40	不燃烧体
2 cm	—	0.70	不燃烧体
3 cm	—	0.85	不燃烧体
钢梁上铺不燃烧体楼板与屋面板时,梁、桁架无保护层	—	0.25	不燃烧体
钢梁上铺不燃烧体楼板与屋面板时,梁、桁架用混凝土保护层,其厚度为			
2 cm	—	2.00	不燃烧体
3 cm	—	3.00	不燃烧体
梁、桁架用钢丝抹灰粉刷做保护层,其厚度为			
1 cm	—	0.50	不燃烧体
2 cm	—	1.00	不燃烧体
3 cm	—	1.25	不燃烧体
屋面板:			
(1)加气钢筋混凝土屋面板,保护层厚度为 1.5 cm		1.25	不燃烧体
(2)充气钢筋混凝土屋面板,保护层厚度为 1 cm		1.60	不燃烧体
(3)钢筋混凝土方孔屋面板,保护层厚度为 1 cm		1.20	不燃烧体
(4)预应力钢筋混凝土槽形屋面板,保护层厚度为 1 cm		0.50	不燃烧体
(5)预应力钢筋混凝土槽瓦,保护层厚度为 1 cm		0.50	不燃烧体
(6)轻型纤维石膏屋面板		0.60	不燃烧体
木吊顶搁栅:			
(1)钢丝网抹灰(厚 1.5 cm)		0.25	难燃烧体
(2)板条抹灰(厚 1.5 cm)		0.25	难燃烧体
(3)钢丝网抹灰(1:4 水泥石棉灰浆,厚 2 cm)		0.50	难燃烧体
(4)板条抹灰(1:4 水泥石棉灰浆,厚 2 cm)		0.50	难燃烧体
(5)钉氧化镁锯末复合板(厚 1.3 cm)		0.25	难燃烧体
(6)钉石膏装饰板(厚 1 cm)		0.25	难燃烧体
(7)钉平面石膏板(厚 1.2 cm)		0.30	难燃烧体
(8)钉纸面石膏板(厚 0.95 cm)		0.25	难燃烧体

续附录 A

构　件　名　称	结构厚度或截面最小尺寸/cm	耐火极限/h	燃烧性能
(9)钉双面石膏板(各厚0.8 cm)	—	0.45	难燃烧体
(10)钉珍珠岩复合石膏板(穿孔板和吸音板各厚1.5 cm)	—	0.30	难燃烧体
(11)钉矿棉吸音板(厚2 cm)	—	0.15	难燃烧体
(12)钉硬质木屑板(厚1 cm)	—	0.20	难燃烧体
钢吊顶搁栅:			
(1)钢丝网(板)抹灰(厚1.5 cm)	—	0.25	不燃烧体
(2)钉石棉板(厚1 cm)	—	0.85	不燃烧体
(3)钉双面石膏板(厚1 cm)	—	0.30	不燃烧体
(4)挂石棉型硅酸钙板(厚1 cm)	—	0.30	不燃烧体
(5)挂薄钢板(内填陶瓷棉复合板),其构造、厚度为0.05+3.9(陶瓷棉)+0.05	—	0.40	不燃烧体

注:①本表耐火极限数据必须符合相应建筑构、配件通用技术条件;
　　②确定墙的耐火极限不考虑墙上有无洞孔;
　　③墙的总厚度包括抹灰粉刷层;
　　④中间尺寸的构件,其耐火极限可按插入法计算;
　　⑤计算保护层时,应包括抹灰粉刷层在内;
　　⑥现浇的无梁楼板按简支板数据采用;
　　⑦人孔盖板的耐火极限可按防火门确定。

附录 B　本规范用词说明

B.0.1 为便于在执行本规范条文时区别对待,对要求严格程度不同的用词说明如下:

(1)表示很严格,非这样做不可的:

正面词采用"必须";

反面词采用"严禁"。

(2)表示严格,在正常情况下均应这样作的:

正面词采用"应";

反面词采用"不应"或"不得"。

(3)表示允许稍有选择,在条件许可时,首先应这样作的:

正面词采用"宜"或"可";

反面词采用"不宜"。

B.0.2 条文中指定应按其他有关标准、规范执行时,写法为"应符合……的规定"或"应符合……要求(或规定)"。

附加说明　本规范主编单位、参加单位和主要起草人名单

主编单位:中华人民共和国公安部消防局

参加单位:中国建筑科学研究院

北京市建筑设计研究院

上海市民用建筑设计院

天津市建筑设计院

中国建筑东北设计院

华东建筑设计院

北京市消防局

公安部天津消防科学研究所

公安部四川消防科学研究所

主要起草人:蒋永琨、马恒、吴礼龙、李贵文、孙东远、姜文源、潘渊清、房家声、贺新年、黄天德、马玉杰、饶文德、纪祥安、黄德祥、李春镐

附录 2

中华人民共和国国家标准

建筑内部装修设计防火规范

Code for Fire Prevention in Design of Interior Decoration of Buildings

GB 50222—95

主编部门:中华人民共和国公安部

批准部门:中华人民共和国建设部

施行日期:1995 年 10 月 1 日

国家标准《建筑内部装修设计防火规范》(GB 50222—95)由中国建筑科学研究院会同有关单位进行了局部修订,已经有关部门会审,现批准局部修订的条文,自 1999 年 6 月 1 日起施行,该规范中相应条文的规定同时废止。

中华人民共和国建设部

1999 年 4 月 13 日

目次

附录 C　本标准用词说明
附加说明

1 总则

1.0.1 为保障建筑内部装修的消防安全,贯彻"预防为主,防消结合"的消防工作方针,防止和减少建筑物火灾的危害,特制定本规范。

1.0.2 本规范适用于民用建筑和工业厂房的内部装修设计。本规范不适用于古建筑和木结构建筑的内部装修设计。

1.0.3 建筑内部装修设计应妥善处理装修效果和使用安全的矛盾,积极采用不燃性材料和难燃性材料,尽量避免采用在燃烧时产生大量浓烟或有毒气体的材料,做到安全适用,技术先进,经济合理。

1.0.4 本规范规定的建筑内部装修设计,在民用建筑中包括顶棚、墙面、地面、隔断的装修,以及固定家具、窗帘、帷幕、床罩、家具包布、固定饰物等;在工业厂房中包括顶棚、墙面、地面和隔断的装修。

注:(1)隔断系指不到顶的隔断。到顶的固定隔断装修应与墙面规定相同。

(2)柱面的装修应与墙面的规定相同。

(3)兼有空间分隔功能的到顶橱柜应认定为固定家具。

1.0.5 建筑内部装修设计,除执行本规范的规定外,尚应符合现行的有关国家标准、规范的规定。

2 装修材料的分类和分级

2.0.1 装修材料按其使用部位和功能,可划分为顶棚装修材料、墙面装修材料、地面装修材料、隔断装修材料、固定家具、装饰织物、其他装饰材料七类。

注:(1)装饰织物系指窗帘、帷幕、床罩、家具包布等;

(2)其他装饰材料系指楼梯扶手、挂镜线、踢脚板、窗帘盒、暖气罩等。

2.0.2 装修材料按其燃烧性能应划分为四级,并应符合表 2.0.2 的规定:

表 2.0.2　装修材料燃烧性能等级

等　　级	装修材料燃烧性能
A	不燃性
B_1	难燃性
B_2	可燃性
B_3	易燃性

2.0.3 装修材料的燃烧性能等级,应按本规范附录 A 的规定,由专业检测机构检测确定。B_3 级装修材料可不进行检测。

2.0.4 安装在钢龙骨上燃烧性能达到 B_1 级的纸面石膏板、矿棉吸声板,可作为 A 级装修材料使用。

2.0.5 当胶合板表面涂覆一级饰面型防火涂料时,可作为 B_1 级装修材料使用。当胶合板用于顶棚和墙面装修并且不内含电器、电线等物体时,宜仅在胶合板外表面涂覆防火涂料;当胶合板用于顶棚和墙面装修并且内含有电器、电线等物体时,胶合板的内、外表面以及相应的木龙骨应涂覆防火涂料,或采用阻燃浸渍处理达到 B_1 级。

2.0.6 单位重量小于 300 g/m^2 的纸质、布质壁纸,当直接粘贴在 A 级基材上时,可作为 B_1 级装修材料使用。

2.0.7 施涂于 A 级基材上的无机装饰涂料,可作为 A 级装修材料使用;施涂于 A 级基材上,湿涂覆比小于 1.5 kg/m^2 的有机装饰涂料。可作为 B_1 级装修材料使用。涂料施涂于 B_1、B_2 级基材上时,应将涂料连同基材一起按本规范附录 A 的规定确定其燃烧性能等级。

2.0.8 当采用不同装修材料进行分层装修时,各层装修材料的燃烧性能等级均应符合本规范的规定。复合型装修材料应由专业检测机构进行整体测试并划分其燃烧性能等级。

2.0.9 常用建筑内部装修材料燃烧性能等级划分,可按本规范附录 B 的举例确定。

3 民用建筑

3.1 一般规定

3.1.1 当顶棚或墙面表面局部采用多孔或泡沫状塑料时,其厚度不应大于 15 mm,且面积不得超过该房间顶棚或墙面积的 10%。

3.1.2 除地下建筑外,无窗房间的内部装修材料的燃烧性能等级,除 A 级外,应在本章规定的基础上提高一级。

3.1.3 图书室、资料室、档案室和存放文物的房间,其顶棚、墙面应采用 A 级装修材料,地面应采用不低于 B_1 级的装修材料。

3.1.4 大中型电子计算机房、中央控制室、电话总机房等放置特殊贵重设备的房间,其顶棚和墙面应采用 A 级装修材料,地面及其他装修应采用不低于 B_1 级的装修材料。

3.1.5 消防水泵房、排烟机房、固定灭火系统钢瓶间、配电室、变压器室、通风和空调机房等,其内部所有装修均应采用 A 级装修材料。

3.1.6 无自然采光楼梯间、封闭楼梯间、防烟楼梯间及其前室的顶棚、墙面和地面均应采用 A 级装修材料。

3.1.7 建筑物内设有上下层相连通的中庭、走马廊、开敞楼梯、自动扶梯时,其连通部位的顶棚、墙面应采用 A 级装修材料,其他部位应采用不低于 B_1 级的装修材料。

3.1.8 防烟分区的挡烟垂壁,其装修材料应采用 A 级装修材料。

3.1.9 建筑内部的变形缝(包括沉降缝、伸缩缝、抗震缝)两侧的基层应采用 A 级材料,表面装修应采用不低于 B_1 级的装修材料。

3.1.10 建筑内部的配电箱不应直接安装在低于 B_1 级的装修材料上。

3.1.11 照明灯具的高温部位,当靠近非 A 级装修材料时,应采取隔热、散热等防火保护措施。灯饰所用材料的燃烧性能等级不应低于 B_1 级。

3.1.12 公共建筑内部不宜设置采用 B_3 级装饰材料制成的壁挂、雕塑、模型、标本,当需要设置时,不应靠近火源或热源。

3.1.13 地上建筑的水平疏散走道和安全出口的门厅,其顶棚装饰材料应采用 A 级装修材料,其他部位应采用不低于 B₁ 级的装修材料。

3.1.14 建筑内部消火栓的门不应被装饰物遮掩,消火栓门四周的装修材料颜色应与消火栓门的颜色有明显区别。

3.1.15 建筑内部装修不应遮挡消防设施、疏散指示标志及安全出口,并且不应妨碍消防设施和疏散走道的正常使用。因特殊要求做改动时,应符合国家有关消防规范和法规的规定。

3.1.16 建筑物内的厨房,其顶棚、墙面、地面均应采用 A 级装修材料。

3.1.17 经常使用明火器具的餐厅、科研试验室,装修材料的燃烧性能等级,除 A 级外,应在本章规定的基础上提高一级。

3.2 单层、多层民用建筑

3.2.1 单层、多层民用建筑内部各部位装修材料的燃烧性能等级,不应低于表 3.2.1 的规定。

3.2.2 单层、多层民用建筑内面积小于 100 m² 的房间,当采用防火墙和甲级防火门窗与其他部位分隔时,其装修材料的燃烧性能等级可在表 3.2.1 的基础上降低一级。

3.2.3 当单层、多层民用建筑需做内部装修的空间内装有自动灭火系统时,除顶棚外,其内部装修材料的燃烧性能等级可在表 3.2.1 规定的基础上降低一级;当同时装有火灾自动报警装置和自动灭火系统时,其顶棚装修材料的燃烧性能等级可在表 3.2.1 规定的基础上降低一级,其他装修材料的燃烧性能等级可不限制。

表 3.2.1　单层、多层民用建筑内部各部位装修材料的燃烧性能等级

建筑物及场所	建筑规模、性质	装修材料燃烧性能等级							
		顶棚	墙面	地面	隔断	固定家具	装饰织物		其他装饰材料
							窗帘	帷幕	
候机楼的候机大厅、商店、餐厅、贵宾候机室、售票厅等	建筑面积 > 10 000 m² 的候机楼	A	A	B₁	B₁	B₁	B₁		B₁
	建筑面积 ≤ 10 000 m² 的候机楼	A	B₁	B₁	B₁	B₂	B₂		B₂
汽车站、火车站、轮船客运站的候车(船)室、餐厅、商场等	建筑面积 > 10 000 m² 的车站、码头	A	A	B₁	B₁	B₂	B₂		B₂
	建筑面积 ≤ 10 000 m² 的车站、码头	B₁	B₁	B₁	B₂	B₂	B₂		B₂
影院、会堂、礼堂、剧院、音乐厅	> 800 座位	A	A	B₁	B₁	B₁	B₁	B₁	B₁
	≤ 800 座位	A	B₁	B₁	B₁	B₂	B₁	B₁	B₂
体育馆	> 3 000 座位	A	A	B₁	B₁	B₁	B₂	B₁	B₁
	≤ 3 000 座位	A	B₁	B₁	B₁	B₂	B₂	B₁	B₂

续表 3.2.1

建筑物及场所	建筑规模、性质	装修材料燃烧性能等级							
		顶棚	墙面	地面	隔断	固定家具	装饰织物		其他装饰材料
							窗帘	帷幕	
商场营业厅	每层建筑面积 > 3 000 m² 或总建筑面积 > 9 000 m² 的营业厅	A	B_1	A	A	B_1	B_1		B_2
	每层建筑面积 1 000 ~ 3 000 m² 或总建筑面积 为 3 000 ~ 9 000 m² 的 营业厅	A	B_1	B_1	B_1	B_2	B_1		
	每层建筑面积 < 1 000 m² 或总建筑面积 < 3 000 m² 的营业厅	B_1	B_1	B_1	B_2	B_2	B_2		
饭店、旅馆的客房及 公共活动用房等	设有中央空调系统的 饭店、旅馆	A	B_1	B_1	B_1	B_2	B_2		B_2
	其他饭店、旅馆	B_1	B_1	B_2	B_2	B_2	B_2		
歌舞厅、餐馆等娱乐 餐饮建筑	营业面积 > 100 m²	A	B_1	B_1	B_1	B_2	B_1		B_2
	营业面积 ≤ 100 m²	B_1	B_1	B_1	B_2	B_2	B_2		B_2
幼儿园、托儿所、 中、小学、医院病 房楼、疗养院、养 老院		A	B_1	B_2	B_1	B_2	B_1		B_2
纪念馆、展览馆、 博物馆、图书馆、 档案馆、资料馆	国家级、省级	A	B_1	B_1	B_1	B_2	B_1		B_2
	省级以下	B_1	B_1	B_2	B_2	B_2	B_2		B_2
办公楼、综合楼	设有中央空调系统的 办公楼、综合楼	A	B_1	B_1	B_1	B_2	B_2		B_2
	其他办公楼、综合楼	B_1	B_1	B_2	B_2	B_2			
住宅	高级住宅	B_1	B_1	B_1	B_1	B_2	B_2		B_2
	普通住宅	B_1	B_2	B_2	B_2	B_2			

3.3 高层民用建筑

3.3.1 高层民用建筑内部各部位装修材料的燃烧性能等级,不应低于表 3.3.1 的规定。

3.3.2 除 100 m 以上的高层民用建筑及大于 800 座位的观众厅、会议厅,顶层餐厅外,当设有火灾自动报警装置和自动灭火系统时,除顶棚外,其内部装修材料的燃烧性能等级可在表 3.3.1 规定的基础上降低一级。

3.3.3 高层民用建筑的裙房内面积小于 500 m² 的房间,当设有自动灭火系统,并且采用耐火等级不低于 2 h 的隔墙、甲级防火门、窗与其他部位分隔时,顶棚、墙面、地面的装修材料的燃烧性能等级可在表 3.3.1 规定的基础上降低一级。

3.3.4 电视塔等特殊高层建筑的内部装修,装修织物应不低于 B_1 级,其他均应采用 A 级装修材料。

表 3.3.1 高层民用建筑内部各部位装修材料的燃烧性能等级

建 筑 物	建筑规模、性质	装修材料燃烧性能等级									
		顶棚	墙面	地面	隔断	固定家具	装饰织物				其他装饰材料
							窗帘	帷幕	床罩	家具包布	
高级旅馆	>800 座位的观众厅、会议厅;顶层餐厅	A	B_1	B_1	B_1	B_1	B_1	B_1		B_1	B_1
	≤800 座位的观众厅、会议厅	A	B_1	B_1	B_1	B_1	B_1	B_1		B_2	B_1
	其他部位	A	B_1	B_1	B_2	B_2	B_1	B_2	B_1	B_2	B_1
商业楼、展览楼、综合楼、商住楼、医院病房楼	一类建筑	A	B_1	B_1	B_1	B_2	B_1	B_1		B_2	B_1
	二类建筑	B_1	B_1	B_2	B_2	B_2	B_1	B_2		B_2	B_2
电信楼、财贸金融楼、邮政楼、广播电视楼、电力调度楼、防灾指挥调度楼	一类建筑	A	A	B_1	B_1	B_1	B_1	B_1		B_2	B_1
	二类建筑	B_1	B_1	B_2	B_2	B_2	B_1	B_2		B_2	B_2
教学楼、办公楼、科研楼、档案楼、图书馆	一类建筑	A	B_1	B_1	B_1	B_2	B_1	B_1		B_2	B_1
	二类建筑	B_1	B_1	B_2	B_2	B_2	B_1	B_2		B_2	B_2
住宅、普通旅馆	一类普通旅馆高级住宅	A	B_1	B_2	B_2	B_2	B_1		B_1	B_2	B_1
	二类普通旅馆普通住宅	B_1	B_1	B_2	B_2	B_2	B_2		B_2	B_2	B_2

注:①"顶层餐厅"包括设在高空的餐厅、观光厅等;
②建筑物的类别、规模、性质应符合国家现行标准《高层民用建筑设计防火规范》的有关规定。

3.4 地下民用建筑

3.4.1 地下民用建筑内部各部位装修材料的燃烧性能等级,不应低于表 3.4.1 的规定。

注:地下民用建筑系指单层、多层、高层民用建筑的地下部分,单独建造在地下的民用建筑以及平战结合的地下人防工程。

3.4.2 地下民用建筑的疏散走道和安全出口的门厅,其顶棚、墙面和地面的装修材料应采用 A 级装修材料。

3.4.3 单独建造的地下民用建筑的地上部分,其门厅、休息室、办公室等内部装修材料的燃烧性能等级可在表 3.4.1 的基础上降低一级要求。

3.4.4 地下商场、地下展览厅的售货柜台、固定货架、展览台等,应采用 A 级装修材料。

表 3.4.1　地下民用建筑内部各部位装修材料的燃烧性能等级

建筑物及场所	装修材料燃烧性能等级						
	顶棚	墙面	地面	隔断	固定家具	装饰织物	其他装饰材料
休息室和办公室等 旅馆和客房及公共活动用房等	A	B_1	B_1	B_1	B_1	B_2	B_2
娱乐场所、旱冰场等 舞厅、展览厅等 医院的病房、医疗用房等	A	A	B_1	B_1	B_1	B_1	B_2
电影院的观众厅 商场的营业厅	A	A	A	B_1	B_1	B_1	B_2
停车库 人行通道 图书资料库、档案库	A	A	A	A	A		

4 工业厂房

4.0.1 厂房内部各部位装修材料的燃烧性能等级,不应低于表 4.0.1 的规定。

表 4.0.1　工业厂房内部各部位装修材料的燃烧性能等级

工业厂房分类	建筑规模	装修材料燃烧性能等级			
		顶棚	墙面	地面	隔断
甲、乙类厂房 有明火的丁类厂房		A	A	A	A
丙类厂房	地下厂房	A	A	A	B_1
	高层厂房	A	B_1	B_1	B_2
	高度 >24 m 的单层厂房 高度 ≤24 m 的单层、多层厂房	B_1	B_1	B_2	B_2
无明火的丁类厂房 戊类厂房	地下厂房	A	A	B_1	B_1
	高层厂房	B_1	B_1	B_2	B_2
	高度 >24 m 的单层厂房 高度 ≤24 m 的单层、多层厂房	B_1	B_2	B_2	B_2

4.0.2 当厂房中房间的地面为架空地板时,其地面装修材料的燃烧性能等级不应低于 B_1 级。

4.0.3 装有贵重机器、仪器的厂房或房间,其顶棚和墙面应采用 A 级装修材料;地面和其他部位应采用不低于 B_1 级的装修材料。

4.0.4 厂房附设的办公室、休息室等的内部装修材料的燃烧性能等级,应符合表 4.0.1 的规定。

附录 A　装修材料燃烧性能等级划分

A.1 试验方法

A.1.1 A 级装修材料的试验方法,应符合现行国家标准《建筑材料不燃性试验方法》的规定。

A.1.2 B_1 级顶棚、墙面、隔断装修材料的试验方法,应符合现行国家标准《建筑材料难燃性试验方法》的规定;B_2 级顶棚、墙面、隔断装修材料的试验方法,应符合现行国家标准《建筑材料可燃性试验方法》的规定。

A.1.3 B_1 级和 B_2 级地面装修材料的试验方法,应符合现行国家标准《铺地材料临界辐射通量的测定辐射热源法》的规定。

A.1.4 装饰织物的试验方法,应符合现行国家标准《纺织织物阻燃性能测试垂直法》的规定。

A.1.5 塑料装修材料的试验方法,应符合现行国家标准《塑料燃烧性能试验方法氧指数法》、《塑料燃烧性能试验方法垂直燃烧法》《塑料燃烧性能试验方法水平燃烧法》的规定。

A.2 等级的判定

A.2.1 在进行不燃性试验时,同时符合下列条件的材料,其燃烧性能等级应定为 A 级:

A.2.1.1 炉内平均温度不超过 50℃;

A.2.1.2 试样平均持续燃烧时间不超过 20 s;

A.2.1.3 试样平均失重率不超过 50%。

A.2.2 顶棚、墙面、隔断装修材料,经难燃性试验,同时符合下列条件,应定为 B_1 级:

A.2.2.1 试件燃烧的剩余长度平均值 $\geqslant$ 150 mm。其中没有一个试件的燃烧剩余长度为零;

A.2.2.2 没有一组试验的平均烟气温度超过 200℃;

A.2.2.3 经过可燃性试验,且能满足可燃性试验的条件。

A.2.3 顶棚、墙面、隔断装修材料,经可燃性试验,同时符合下列条件,应定为 B_2 级:

A.2.3.1 对下边缘无保护的试件,在底边缘点火开始后 20 s 内,五个试件火焰尖头均未到达刻度线;

A.2.3.2 对下边缘有保护的试件,除符合以上条件外,应附加一组表面点火,点火开始后的 20 s 内,五个试件火焰尖头均未到达刻度线。

A.2.4 地面装修材料,经辐射热源法试验,当最小辐射通量大于或等于 0.45 W/cm^2 时,应定为 B_1 级;当最小辐射通量大于或等于 0.22 W/cm^2 时,应定为 B_2 级。

A.2.5 装饰织物,经垂直法试验,并符合表 A.2.5 中的条件,应分别定为 B_1 和 B_2 级。

表 A.2.5 装饰织物燃烧性能等级判定

级别	损毁长度/mm	续燃时间/s	阻燃时间/s
B₁	≤150	≤5	≤5
B₂	≤200	≤15	≤10

A.2.6 塑料装饰材料,经氧指数、水平和垂直法试验,并符合表 A.2.6 中的条件,应分别定为 B₁ 和 B₂。

表 A.2.6 塑料燃烧性能判定

级别	氧指数法	水平燃烧法	垂直燃烧法
B₁	≥32	1级	0级
B₂	≥27	1级	1级

A.2.7 固定家具及其他装饰材料的燃烧性能等级,其试验方法和判定条件应根据材料的材质,按本附录的有关规定确定。

附录 B 常用建筑内部装修材料燃烧性能等级划分举例

表 B

材料类别	级别	材料举例
各部位材料	A	花岗石、大理石、水磨石、水泥制品、混凝土制品、石膏板、石灰制品、粘土制品、玻璃、瓷砖、马赛克、钢铁、铝、铜合金等
顶棚材料	B₁	纸面石膏板、纤维石膏板、水泥刨花板、矿棉装饰吸声板、玻璃棉装饰吸声板、珍珠岩装饰吸声板、难燃胶合板、难燃中密度纤维板、岩棉装饰板、难燃木材、铝箔复合材料、难燃酚醛胶合板、铝箔玻璃钢复合材料等
墙面材料	B₁	纸面石膏板、纤维石膏板、水泥刨花板、矿棉板、玻璃棉板、珍珠岩板、难燃胶合板、难燃中密度纤维板、防火塑料装饰板、难燃双面刨花板、多彩涂料、难燃墙纸、难燃墙布、难燃仿花岗岩装饰板、氯氧镁水泥装配式墙板、难燃玻璃钢平板、PVC塑料护墙板、轻质高强复合墙板、阻燃模压木质复合板材、彩色阻燃人造板、难燃玻璃钢等
墙面材料	B₂	各类天然木材、木制人造板、竹材、纸制装饰板、装饰微薄木贴面板、印刷木纹人造板、塑料贴面装饰板、聚酯装饰板、复塑装饰板、塑纤板、胶合板、塑料壁纸、无纺贴墙布、墙布、复合壁纸、天然材料壁纸、人造革等
地面材料	B₁	硬PVC塑料地板、水泥刨花板、水泥木丝板、氯丁橡胶地板等
地面材料	B₂	半硬质PVC塑料地板、PVC卷材地板、木地板氯纶地毯等
装饰织物	B₁	经阻燃处理的各类难燃织物等
装饰织物	B₂	纯毛装饰布、纯麻装饰布、经阻燃处理的其他织物等
其他装饰材料	B₁	聚氯乙烯塑料、酚醛塑料、聚碳酸酯塑料、聚四氟乙烯塑料。三聚氰胺、脲醛塑料、硅树脂塑料装饰型材、经阻燃处理的各类织物等。另见顶棚材料和墙面材料内中的有关材料
其他装饰材料	B₂	经阻燃处理的聚乙烯、聚丙烯、聚氨酯、聚苯乙烯、玻璃钢、化纤织物、木制品等

附录 C　本标准用词说明

C.0.1 为便于在执行本标准条文时区别对待,对要求严格程度不同的用词说明如下。

(1)表示很严格,非这样做不可的:正面词采用"必须",反面词采用"严禁"。

(2)表示严格,在正常情况均应这样作的:正面词采用"应",反面词采用"不应"或"不得"。

(3)表示允许稍有选择,在条件许可时首先应这样作的:正面词采用"宜"或"可",反面词采用"不宜"。

C.0.2 条文中指定应按其他有关标准,规范执行时,写法为"应符合的规定"或"应按执行"。

附加说明　本规范主编单位、参加单位和主要起草人名单

主编单位:中国建筑科学研究院

参加单位:建设部建筑设计院

北京市消防局

上海市消防局

吉林省建筑设计院

轻工业部上海轻工业设计院

主要起草人:陈嘉桢、李引擎、孟小平、马道贞、潘丽、黄德龄、李庆民、许志祥、蔡守仁、王仁信

附录 3

名词解释

名　词	曾用名	说　　明
耐火极限		对任一建筑构件按时间–温度标准曲线进行耐火实验,从受到火的作用时起,到失去支持能力或完整性破坏或失去隔火作用时为止的这段时间,用小时表示
不燃烧材料		非燃烧材料是指在空气中受到火烧或高温作用时不起火,不燃烧、不碳化的材料。如建筑中采用的金属材料和天然或人工的无机矿物材料
不燃烧体		用非燃烧材料做成的构件
难燃烧材料		难燃烧材料是指在空气中受到受到火烧或高温作用时,难起火、难燃烧、难炭化,当火源移走后燃烧或微燃立即停止的材料。如沥青混凝土、经过防火处理的木材、用有机物填充的混凝土和水泥刨花板等
难燃烧体		用难燃烧材料做成的构件或用燃烧材料做成而用不燃烧材料做保护层的构件。
燃烧材料		燃烧材料是指在空气中受到火烧或高温作用时,立即起火或微燃,且移走火源后仍继续燃烧或微燃的材料,如木材等

续表

名　词	曾用名	说　明
燃烧体		用燃烧材料做成的构件
闪点		液体挥发的蒸气与空气形成混合物遇火源能够闪燃的最低温度(采用闭杯法测定)
爆炸下限		可燃蒸气、气体或粉尘与空气组成的混合物遇火即能发生爆炸的最低浓度(可燃蒸气、气体的浓度,按体积比计算)
甲类液体	易燃液体	闪点<28℃
乙类液体	可燃液体	28℃≤闪点<60℃的液体
丙类液体		闪点≥60℃的液体
沸溢性油品		含水率在0.3%~4.0%原油、渣油、重油等
甲级防火门		耐火极限不低于1.2 h的防火门
乙级防火门		耐火极限不低于0.9 h的防火门
丙级防火门		耐火极限不低于0.6 h的防火门
地下室		房间地面低于室外地面的高度超过该房间净高一半者
半地下室		房间地面低于室外地面的高度超过该房间净高1/3,且不超过1/2者
高层工业建筑		高度超过24 m的两层及以上的厂房、库房
高架仓库		货架高度超过7 m的机械化操作或自动化控制的货架库房
重要的公共建筑		性质重要、人员密集,发生火灾后损失大、影响大、伤亡大的公共建筑物。如省市级上的机关办公楼、电子计算机中心、通讯中心以及体育馆、影剧院、百货楼等
商业服务网点		建筑面积不超过300 m²的百货店、副食店及粮店、邮政所、储蓄所、饮食店、理发店、小修门市部等公共服务用房
明火地点		室内外有外露火焰或赤热表面的固定地点
散发火花地点		有飞火的烟囱或室外的砂轮、电焊、气焊(割)、非防爆的电气开关等固定地点
厂外铁路线		工厂(或分厂)、仓库区域外与全国铁路网、其他企业或原料基地衔接的铁路
厂内铁路线		工厂(或分厂)、仓库内部的铁路走行线、码头线、货场装卸线以及露天采矿场、储木场等地区内永久铁路
安全出口		凡符合规范规定的疏散楼梯或直通室外地平面的门
闷顶		吊顶与屋面板或上部楼板之间的空间
封闭楼梯间		设有能阻挡烟气的双向弹簧门的楼梯间。高层工业建筑的封闭楼梯间的门应为乙级防火门
防烟楼梯间		在楼梯间入口处设有前室(面积不小于6 m²,并设有防排烟装置)或设专供排烟用的阳台、凹廊等,且通向前室和楼梯间的门均为乙级防火门的楼梯间

续表

名　词	曾用名	说　　　明
天桥		主要供人员通行的架空桥
栈桥		主要用于输送物料的架空桥
防火水幕带		能起防火分隔作用的水幕,其有效宽度不应小于 6 m,供水强度不应小于 2 L/(s·m),喷头布置不应少于 3 排,且在其上部和下部不应有可燃构件和可燃物
消防水喉		装在消防竖管上带小水枪及消防胶管卷盘的灭火设备
消防用电设备		一般包括消防水泵、消防电梯、防烟排烟设备、火灾自动报警、自动灭火装置、火灾事故照明、疏散指示标志和电动的防火门、卷帘、阀门及消防控制室的各种控制装置等的用电设备

参 考 文 献

[1] GBJ 16—87.建筑设计防火规范[S].

[2] GB 50045—95.高层民用建筑设计防火规范[S].

[3] GB 50222—95.建筑内部装修设计防火规范[S].

[4] 中国建筑装饰协会编.中国建筑装饰协会室内建筑师培训教材[M].哈尔滨:哈尔滨工程大学出版社,2005.

[5] 王学谦主编.建筑防火[M].北京:中国建筑工业出版社,2000.

[6] 李引擎主编.建筑防火性能化设计[M].北京:化学工业出版社,2005.

[7] 蒋永琨主编.高层建筑防火设计手册[M].北京:中国建筑工业出版社,2000.

[8] 蒋永琨,王世杰主编.高层建筑防火设计实例[M].北京:中国建筑工业出版社,2004.

[9] 陈辉,等.高层建筑火灾安全学发展的新概念[J].新建筑,2000(5):66-68.

[10] GB 50011—2001.建筑抗震设计规范[S].

[11] 陈俊,文良谟.建筑物抗震[M].北京:水利电力出版社,1995.

[12] 武六元,等.2004年全国一级注册建筑师执业资格考试应试指导[M].北京:中国建材工业出版社,2004.

[13] 陈保胜.城市与建筑防灾[M].上海:同济大学出版社,2001.

[14] 陈保胜编著.建筑防灾设计[M].上海:同济大学出版社,1990.